普通高等教育“十二五”规划教材

（第三版）

测量学

邓念武　张晓春　金银龙　编
徐　晖　主审

中国电力出版社
CHINA ELECTRIC POWER PRESS

内 容 提 要

本书为普通高等教育“十二五”规划教材。全书共分十五章，主要内容包括水准仪及其使用、角度测量、距离测量和直线定向、全站仪测量、全球卫星定位系统简介、测量误差的基本知识、小地区控制测量、大比例尺地形图的测绘、地形图的应用、施工测量的基本工作、工业与民用建筑中的施工测量、隧洞施工测量、渠道测量、管道工程测量。本书前十章为普通测量学的基本知识，第十一至第十五章为工程测量部分。全书紧紧抓住测量学的基本概念和基本原理阐述，在内容上力求做到由浅入深，由具体到一般，内容简明扼要，图文结合，通俗易懂。

本书可作为普通高等院校水利水电工程、农田水利工程、水文水资源工程、港口航运工程、土木工程、建筑学、给排水工程、城市规划工程等专业的教材，也适用于相关专业工程技术人员学习参考。

图书在版编目（CIP）数据

测量学/邓念武，张晓春，金银龙编．—3版．—北京：中国电力出版社，2015.8（2019.3重印）
普通高等教育“十二五”规划教材
ISBN 978-7-5123-7635-9

Ⅰ.①测… Ⅱ.①邓… ②张… ③金… Ⅲ.①测量学-高等学校-教材 Ⅳ.①P2

中国版本图书馆CIP数据核字（2015）第086250号

中国电力出版社出版、发行
（北京市东城区北京站西街19号 100005 http://www.cepp.com.cn）
北京雁林吉兆印刷有限公司印刷
各地新华书店经售
*
2004年8月第一版
2015年8月第三版　　2019年3月北京第十二次印刷
787毫米×1092毫米　16开本　14印张　338千字
定价 **42.00** 元

前言

为了适应高等学校教学改革，同时顾及不同专业对《测量学》的要求，编者在第二版的基础上总结这五年来的教学实践经验，结合测绘领域的新技术和新方法修订本教材。全书紧紧抓住测量学的基本概念和基本原理进行阐述，在内容上力求做到由浅入深，由具体到一般，内容简明扼要，图文结合，通俗易懂。

本书由三大部分组成，内容涵盖测量的基本工作和误差的基本知识、控制测量、地形测量、施工测量等。其中第一部分包括第一章到第七章，本部分对测量仪器（水准仪、经纬仪、全站仪）的基本概念、基本原理、使用方法和误差来源进行了详细的介绍和分析；对全球定位系统（GNSS）的基本原理进行了介绍；对测量误差的来源、中误差和误差传播定律进行了系统的阐述；使读者不仅懂得如何使用仪器，而且懂得为什么如此使用仪器。第二部分包括第八章到第十章，主要介绍小地区控制测量、大比例尺地形图的测绘和地形图的应用。使读者理解控制测量和碎部测量由于精度要求的不一样，从而测量方法和计算方法有所区别，使读者熟悉经纬仪测绘法、全站仪方法、GNSS RTK 方法如何将地面上的地物和地貌按照一定比例测绘到地形图上，熟悉识读和使用地形图的基本方法；第三部分包括第十一章到第十五章，介绍了施工测量的基本工作后，针对不同专业的具体要求讲述了适合不同专业的施工测量方法。

本次修订加大了测绘行业的新仪器、新技术和新方法的介绍，将全站仪、GNSS 接收机在控制测量、碎部测量和施工放样中的应用结合具体的仪器进行了详尽的介绍，特别是加大了电子地图的成图方法和电子地图的应用等方面的介绍。

测量学是一门实践性很强的学科，为了更加方便学生用书，编者将与本书配套的复习思考题、练习题、实验指导书和记录表格、实习指导书和记录表格另外出版成册，并将记录表格设计成可撕页，方便学生单独使用和提交。

本书由武汉大学水利水电学院邓念武、张晓春、金银龙编写，其中张晓春编写第一、二、三、四、七章，金银龙编写第五、六、八、十、十一章，邓念武编写第九、十二、十三、十四、十五章。全书由武汉大学徐晖主审。

限于作者水平，缺点在所难免，敬请读者批评指正。

编者

2015 年 7 月

目录

前言

第一章　概述……1
　第一节　测量学的任务及其在工程建设中的作用……1
　第二节　地球的形状和大小……2
　第三节　地面点位的确定……3
　第四节　用水平面代替水准面的限度……6
　第五节　测量工作的基本原则……7
　第六节　测绘科学的发展概况……8

第二章　水准仪及其使用……10
　第一节　水准测量原理……10
　第二节　DS3 型微倾式水准仪及其使用……11
　第三节　水准测量的一般方法……14
　第四节　水准路线闭合差的调整和高程计算……17
　第五节　微倾式水准仪的检验和校正……18
　第六节　水准测量的误差及其消减方法……20
　第七节　自动安平水准仪……23
　第八节　精密水准仪……24
　第九节　数字水准仪……25

第三章　角度测量……28
　第一节　水平角测量原理……28
　第二节　DJ6 型光学经纬仪……28
　第三节　电子经纬仪……31
　第四节　水平角测量……33
　第五节　竖直角测量……37
　第六节　经纬仪的检验和校正……39
　第七节　经纬仪的测量误差及其消减方法……44

第四章　距离测量和直线定向……47
　第一节　距离丈量……47
　第二节　视距测量……52
　第三节　电磁波测距……55
　第四节　直线定向……61

第五章　全站仪测量 …… 66
第一节　全站仪的基本知识 …… 66
第二节　全站仪的基本结构 …… 68
第三节　全站仪的基本操作 …… 69
第四节　全站仪的误差和检验 …… 73

第六章　全球卫星定位系统简介 …… 76
第一节　概述 …… 76
第二节　GPS 测量原理 …… 78
第三节　GPS 接收机分类及 GPS 应用 …… 80
第四节　全球四大全球定位系统 …… 83

第七章　测量误差的基本知识 …… 86
第一节　测量误差的来源及其分类 …… 86
第二节　偶然误差的特性及算术平均值原理 …… 87
第三节　衡量精度的标准 …… 89
第四节　观测值函数的中误差——误差传播定律 …… 91
第五节　等精度直接平差 …… 95
第六节　测量精度分析示例 …… 98

第八章　小地区控制测量 …… 101
第一节　控制测量的概念 …… 101
第二节　导线测量 …… 102
第三节　小三角测量 …… 110
第四节　GNSS 控制测量 …… 114
第五节　高程控制测量 …… 126

第九章　大比例尺地形图的测绘 …… 130
第一节　地形图的基本知识 …… 130
第二节　大比例尺经纬仪测绘法测图 …… 136
第三节　全站仪数字化测图技术 …… 141
第四节　实时动态系统（GNSS RTK）测图技术 …… 145
第五节　地形图绘图软件介绍 …… 151

第十章　地形图的应用 …… 156
第一节　地形图的识读 …… 156
第二节　地形图应用的基本内容 …… 158
第三节　地形图在工程规划设计中的应用 …… 159
第四节　面积的测算 …… 164

第十一章　施工测量的基本工作……………………………………………… 166
第一节　概述………………………………………………………………… 166
第二节　放样的基本测量工作…………………………………………… 166
第三节　点的平面位置放样……………………………………………… 169
第四节　直线坡度的放样………………………………………………… 171
第五节　全站仪坐标放样………………………………………………… 172
第六节　GNSS RTK 坐标放样 ………………………………………… 173

第十二章　工业与民用建筑中的施工测量………………………………… 175
第一节　工业厂区施工控制测量………………………………………… 175
第二节　厂房柱列轴线的测设和柱基施工测量………………………… 179
第三节　民用建筑施工中的测量工作…………………………………… 181
第四节　建筑物的沉降观测与倾斜观测………………………………… 183
第五节　竣工总平面图的编绘…………………………………………… 186

第十三章　隧洞施工测量……………………………………………………… 187
第一节　概述………………………………………………………………… 187
第二节　洞外定线测量…………………………………………………… 188
第三节　洞内定线及断面放样…………………………………………… 190
第四节　隧洞水准测量…………………………………………………… 191
第五节　竖井传递开挖方向……………………………………………… 192

第十四章　渠道测量…………………………………………………………… 193
第一节　渠道选线测量…………………………………………………… 193
第二节　中线测量………………………………………………………… 194
第三节　纵断面测量……………………………………………………… 195
第四节　横断面测量……………………………………………………… 198
第五节　土方计算………………………………………………………… 200
第六节　边坡桩的放样…………………………………………………… 200
第七节　数字地形图在渠道测量中的应用……………………………… 201

第十五章　管道工程测量……………………………………………………… 205
第一节　管道中线测量…………………………………………………… 205
第二节　管道纵横断面测量……………………………………………… 207
第三节　管道施工测量…………………………………………………… 211
第四节　管道竣工测量…………………………………………………… 214

参考文献………………………………………………………………………… 216

第一章 概 述

第一节 测量学的任务及其在工程建设中的作用

测量学是测绘科学的重要组成部分，是研究地球的形状和大小，以及确定地球表面（包括空中、地面和海底）点位关系，并对这些空间位置信息进行处理、存储和管理的一门科学。

测绘科学是一门既古老又在不断发展的科学。根据研究对象和范围及采用技术的不同，测量学产生了许多分支科学：①大地测量学。它是研究地球表面上一个广大区域甚至整个地球的形状、大小、重力场及其变化，通过建立区域和全球三维控制网、重力网，以及利用卫星测量、甚长基线干涉测量等方法测定地球各种动态的理论和技术的学科。在大地测量学中，必须考虑地球曲率的影响。近年来，由于人造地球卫星的发射及遥感技术的发展，大地测量学又分为常规大地测量学和卫星大地测量学。②普通测量学。它是研究地球自然表面上一个小区域内测绘工作的理论、技术和方法的学科。由于地球半径很大，可以把这块球面视作平面而不考虑地球曲率的影响。③摄影测量学。它是研究利用电磁波传感器获取目标物的几何和物理信息，用以测定目标物的形状、大小、空间位置，判释其性质及相互关系，并用图形、图像和数字形式表达的理论和技术的学科。摄影测量学又可分为航天摄影测量学、航空摄影测量学、地面摄影测量学、水下摄影测量学。④地图制图学。它是研究地图的信息传输、空间认知、投影原理、制图综合和地图的设计、编制、复制以及建立地图数据库等的理论和技术的学科。⑤海洋测量学。它是研究海洋定位，测定海洋大地水准面和平均海面，海底和海面地形、海洋重力、磁力、海洋环境等自然和社会信息的地理分布，以及编制各种海图的理论和技术的学科。⑥工程测量学。它是研究工程建设和自然资源开发中各个阶段进行的控制测量、地形测绘、施工放样、变形监测以及建立相应信息系统的理论和技术的学科。

本书主要介绍普通测量学和部分工程测量学的基本知识，主要分为两部分：①地形测图，也称测定，它是利用各种测量仪器和工具，将地面上局部区域的地物和地面起伏按一定的比例尺缩小测绘成地形图，为工程建设的规划、设计和施工服务；②施工放样，也称测设，将图纸上规划、设计好的建筑物位置、尺寸测设于地面，作为施工依据。在建筑物的施工过程中，测量工作还要与施工进度紧密配合，以保证施工质量。另外，对于一些大型、重要的建筑物和构筑物，在施工和使用过程中，还要进行变形观测，以确保建筑物的安全。

在工农业建设和各类土木工程建设中，从勘测设计阶段到施工、竣工阶段，都需要进行大量的测绘工作，测绘工作贯穿于工程建设的各个阶段，例如：在工程的勘测设计阶段，选择厂址坝址，进行总平面图的设计和选择管道渠道线路等，都需要测绘各种大比例尺的地形图；在施工阶段，要将设计的建筑物的平面位置和高程在实地标定出来，作为施工的依据；待施工结束后，还要测绘竣工图，供日后扩建、改建和维修之用。另外，在工程的施工和使用过程中，还要对建筑物和构筑物的变形情况进行长期观测，掌握其变形规律，以确保建筑物和构筑物的安全和正常使用。由此可见，测量工作贯穿于工程建设的整个过程。因此，学习和掌握测量学的基本知识和技能是十分必要的。测量学是工程建设各专业的一门技术基础课。

第二节　地球的形状和大小

地球的自然表面是一个不规则的曲面，有陆地和海洋。陆地上最高处是我国西藏与尼泊尔交界处的珠穆朗玛峰，高出海平面8844.43m。海洋最深处是太平洋西部的马里亚纳海沟，深达10 911m。相对于地球半径（6371km）而言，这样的高低起伏是可以忽略不计的。考虑到地球表面上的陆地面积约占29%，而海洋面积约占71%，地球总的形状可以认为是被海水面包围的球体。设想有一个静止的海水面，向陆地延伸而形成一个封闭的曲面，曲面上每一点的法线方向和铅垂线方向重合，这个静止的海水面称为水准面。但海水受潮汐影响，时涨时落，所以水准面有无数个，其中平均高度的水准面称为大地水准面，测量工作中常以这个面作为点位投影和计算点位高度的基准面。

由于地球内部质量分布不均匀，地面上各点所受的引力大小不同，从而使得地面上各点的铅垂线方向产生不规则的变化，因此大地水准面实际上是一个有微小起伏的不规则曲面。如果将地面的点位投影到这个不规则的曲面上，是无法进行测量计算工作的。所以，在实际工作中，常选用一个能用数学方程表示并与大地水准面很接近的规则曲面，这样一个规则曲面就是旋转椭球面。旋转椭球面是绕椭圆的短轴旋转而成的椭球面（见图1-1），其大小可由长半径a，短半径b和扁率$\alpha[\alpha=(a-b)/a]$来表示。我国目前采用1975年第16届国际大地测量与地球物理协会联合推荐的数值，即：a=6 378 140m，α=1/298.257。

地球的形状和大小确定后，还要确定大地水准面与椭球面的相对关系，才能将地面上的观测成果推算到椭球面上。如图1-2所示，在适当地面上选定一点P（P点称为大地原点），令P点的铅垂线与椭球面上相应P_0点的法线重合，并使该点的椭球面与大地水准面相切，

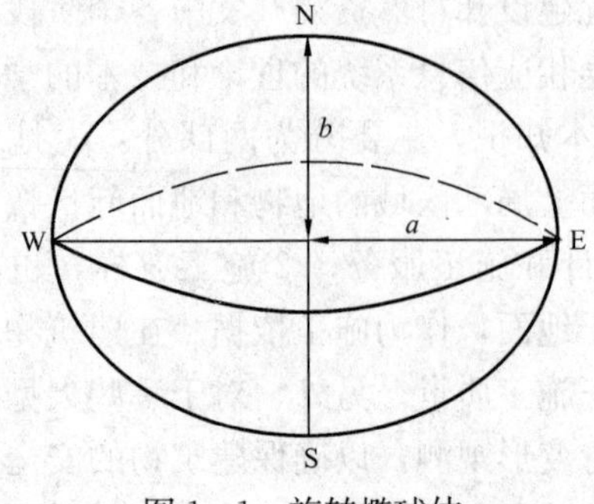

图1-1　旋转椭球体

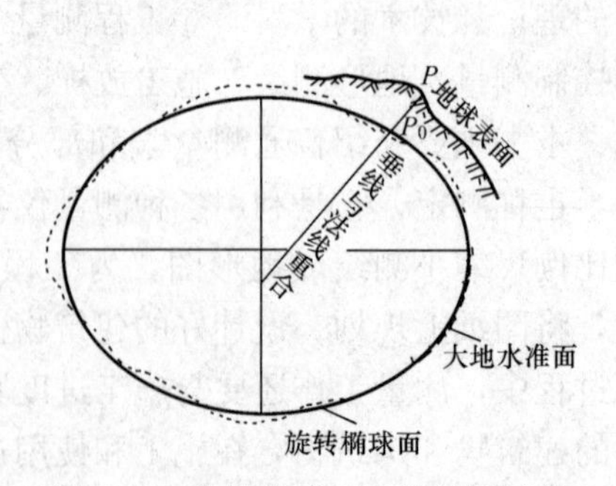

图1-2　大地水准面和旋转椭球体

而且使本国范围内的椭球面与大地水准面尽量接近。这项工作称为参考椭球面的定位。

我国于1954年建立了北京坐标系；后来根据最新测量数据，发现北京坐标系的有关定位参数与我国实际情况出入较大，在全国天文大地网整体平差后，于1980年将坐标系的原点设在陕西省泾阳县境内，根据该原点推算而得的坐标称为“1980年国家大地坐标系”。

由于参考椭球面的扁率很小，在普通测量中，常把参考椭球面近似地作为球面看待，其半径约为6371km。当测区范围较小时，又可把球面视为平面。

第三节 地面点位的确定

确定地面上一点的空间位置，包括确定地面点在参考椭球面上的投影位置（以坐标表示）和该点到大地水准面的铅垂距离（即高程）。

一、坐标

1. 地理坐标

地面点在球面上的位置用经纬度表示，称为地理坐标，如图1-3所示。N和S分别为地球的北极和南极，NS为地球的自转轴。设球面上有一点M，过M点和地球自转轴所构成的平面称为M点的子午面，子午面与地球表面的交线称为子午线，又称经线。按照国际天文学会规定，通过英国格林尼治天文台的子午面称为起始子午面，以它作为计算经度的起点，向东从0°～180°称东经，向西从0°～180°称西经。M点的子午面与起始子午面之间的夹角λ即为M点的经度。过M点的铅垂线与赤道平面之间的夹角φ即为M点的纬度。赤道以北从0°～90°称为北纬，赤道以南从0°～90°称为南纬。M点的经度和纬度已知，该点在地球表面上的投影位置即可确定。

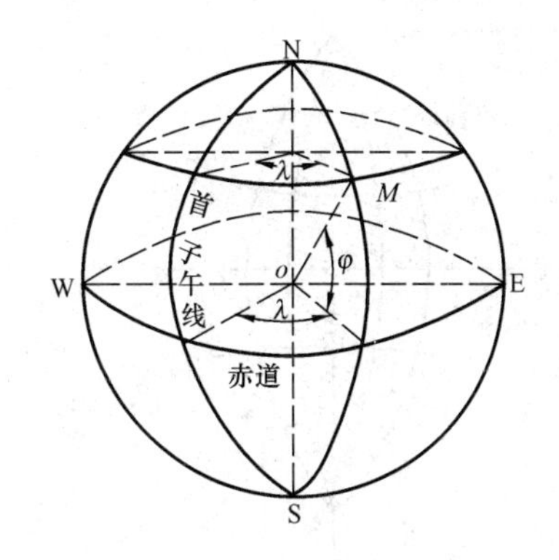

图1-3 地理坐标

2. 高斯平面直角坐标

当测区范围较大时，如果将它的球面部分展成平面，必然产生皱纹或裂缝，使图形发生变形。为此，必须采用适当的投影方法，建立一个平面直角坐标系统，以使变形限制在误差容许范围之内，这样既能保证地形图的精度，又便于工作。测量工作中，通常采用高斯横圆柱投影的方法来建立平面直角坐标系统。

高斯横圆柱投影的特点是，在很小的范围内将球面上图形投影到平面上后，图形的角度不变，即投影前后的形状是相似的，为简单起见，把地球作为一个圆球看待。其投影的方法是：设想把一个平面卷成一个横圆柱，套在圆球外面，使横圆柱的轴心通过圆球的中心，并使横圆柱与球面上的一根中央子午线NoS相切（见图1-4），将球面上的图形投影到横圆柱面上，然后将横圆柱面沿南北极的TT'和KK'切开并展开成平面，即可得

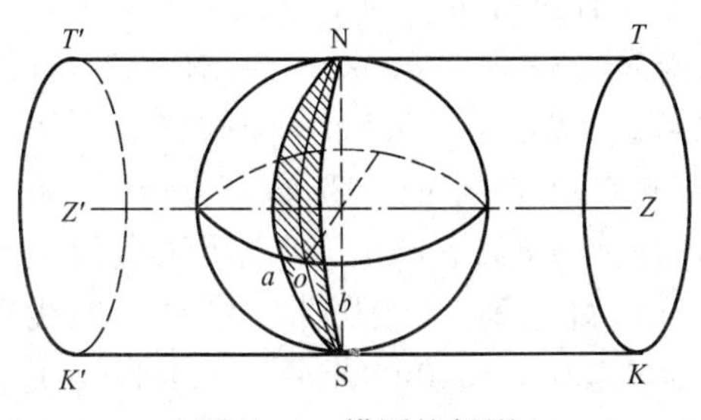

图1-4 横圆柱投影

投影到平面上相应的图形。此时，中央子午线长度保持不变，赤道与中央子午线为相互垂直的直线（见图 1-5）。

高斯投影平面上的中央子午线长度没有变形，而离中央子午线越远，变形就越大。为了使变形限制在允许范围内，可把地球按经线分成若干较小的带进行投影，带的宽度一般依经差分为 6°和 3°。

6°带是从格林尼治子午线算起，格林尼治子午线的经度为 0°，自西向东，经度每 6°为一带，中间的一条子午线，即是该带的中央子午线。从图 1-6 可以看出，第一个 6°投影带的中央子午线是东经 3°，第二带的中央子午线是东经 9°，依此类推，把地球分成 60 个投影带。而 3°带是从东经 1°30′开始，每隔 3°为一带，第一带的中央子午线是 3°，第二带的中央子午线是 6°，依此类推，把地球分成 120 个 3°带。在 6°带中，赤道处的宽度约为 660km，自赤道向两极其宽度逐渐减小。如以离开中央子午线的距离为 300km 计，其边缘部分的相对误差为 1/890，能满足 1∶25 000 或更小比例尺测图的精度要求。对于 1∶10 000 或更大比例尺测图，则需采用 3°带。

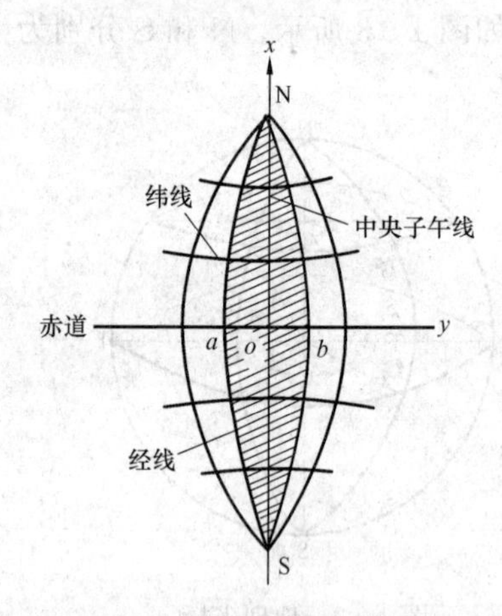

图 1-5　高斯投影展开图

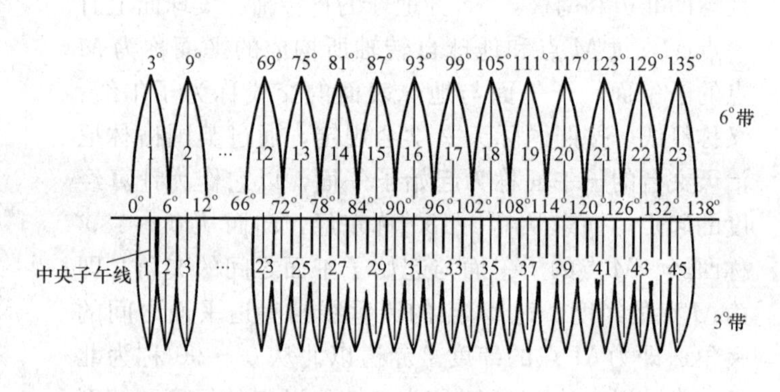

图 1-6　6°、3°带投影

每一带中央子午线的投影为平面直角坐标系的纵轴 x，所以也把中央子午线称为轴子午线，向上为正，向下为负；赤道的投影为平面直角坐标系的横轴 y，向东为正，向西为负，两轴的交点 o 为坐标原点（见图 1-5）。这种坐标系统是由高斯提出，后经克吕格改进的，故通常称其为高斯-克吕格坐标。

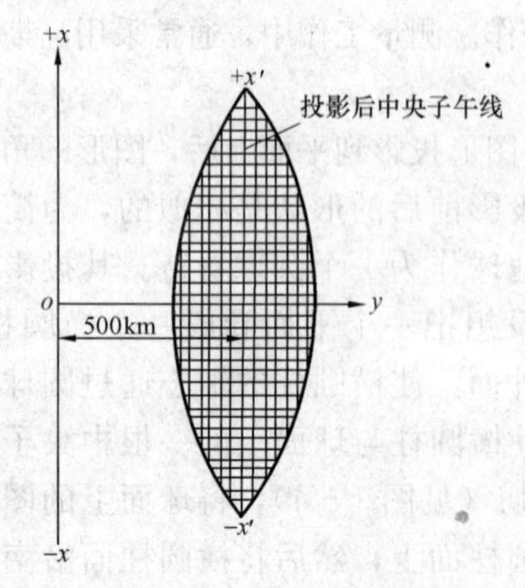

图 1-7　坐标纵轴西移

由于我国领土全部位于北半球，纵坐标值均为正值，而横坐标值有正有负，为了避免出现负值，规定将每一带的坐标原点西移 500km（见图 1-7），即每带的坐标原点 $x=0$，$y=500$km，同时将该点所在的投影带带号加在横坐标前。例如某点的坐标 $x=$ 6 048 075m，$y=$19 385 530m，则说明该点位于赤道以北6 048 075m 处，第 19 投影带，中央子午线以西 114 470m（385 530m−500 000m=−114 470m）。

用高斯平面直角坐标来表示地面点位，其计算相当繁杂，一般适用于大范围的测量工作。

3. 平面直角坐标

当测区范围较小时（半径不超过 10km），可把该部分球面视作平面，即直接将地面点沿铅垂线投影到水平面上（见图 1－8），用平面直角坐标表示它的投影位置。平面直角坐标系（见图 1－9）的原点为 o，测量上所用的平面直角坐标与数学中的有所不同：测量上的南北方向线为 x 轴，东西方向线为 y 轴，如地面上的一点 a（见图 1－9）的纵横坐标分别为 x_a 和 y_a；而象限Ⅰ、Ⅱ、Ⅲ、Ⅳ按顺时针方向排列。分析表明：数学中的三角函数可以不加改变地直接应用在测量计算中。

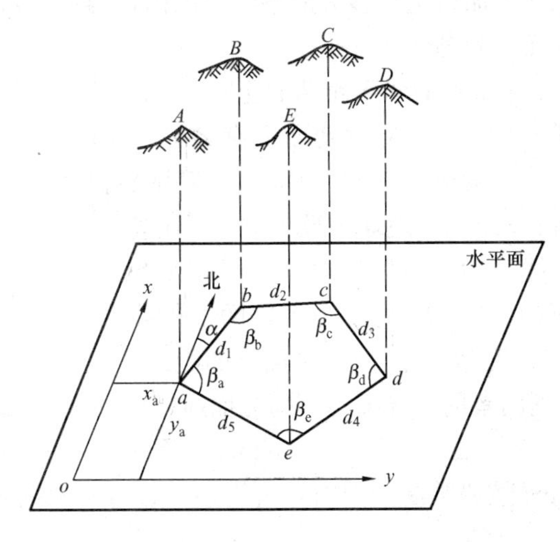

图 1－8 水平面投影

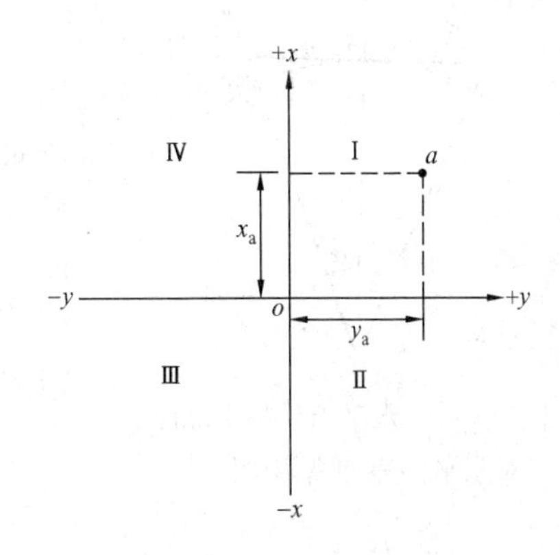

图 1－9 平面直角坐标

二、高程

1. 绝对高程

地面点沿铅垂线方向至大地水准面的距离称为该点的绝对高程或海拔，以 H 表示。如图 1－10 所示，地面点 A 和 B 的绝对高程分别为 H_A 和 H_B。

2. 相对高程

地面点沿铅垂线方向至某一假定水准面的距离称为该点的相对高程，亦称假定高程，以 H' 表示。在图 1－10 中，地面点 A 和 B 的相对高程分别为 H'_A 和 H'_B。

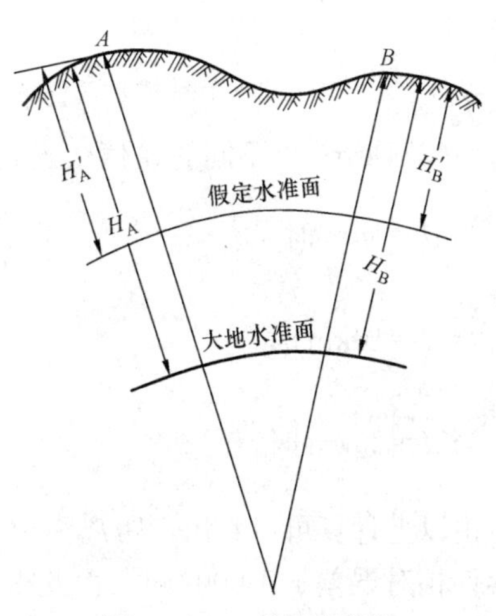

图 1－10 高程示意图

新中国成立后，我国所采用的高程基准是以青岛验潮站 1950～1956 年观测成果求得的黄海平均海水面作为高程基准面，称为“1956 年黄海高程系”。但由于验潮时段短、资料不足等原因，在 1987 年我国启用了“1985 年国家高程基准”，它是采用青岛验潮站 1950～1979 年的验潮资料计算确定的。

为了便于全国使用统一规定的高程基准面，在青岛市观象山洞内建立了水准原点，其高程为

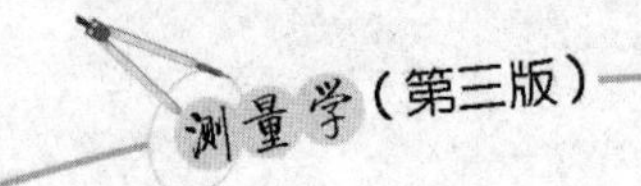

72.260m（原根据“1956年黄海高程系”推算的该水准原点的高程为72.289m）。全国统一布设的国家高程控制点（称水准点）都是以新的原点高程为准推算的。

在局部地区或个别独立工程，可选取某一水准面为起算面。即首先确定某个固定点高程，然后以此固定点为基准，测量其他各点高程。

第四节　用水平面代替水准面的限度

在普通测量中，当测区范围较小时，常以水平面代替水准面，这样可使绘图和计算工作大为简化。下面讨论在多大的测区范围内才容许用水平面代替水准面的问题。

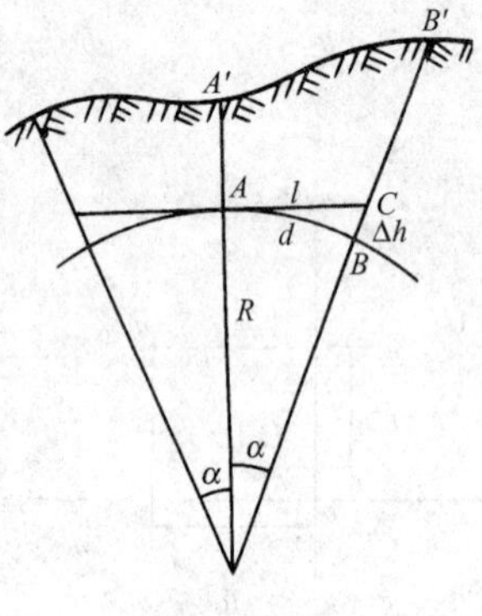

图1-11　水平面代替水准面对水平距离和高程的影响

一、地球曲率对水平距离的影响

如图1-11所示，设地面上有A'、B'两点，它们投影到球面的位置分别为A、B，AB圆弧的长度为d，其所对的圆心角为α，地球半径为R。现用切于A点的水平面代替球面（为讨论问题简单，可将大地水准面视为球面），地面上A'、B'两点在水平面上的投影位置分别为A、C，其长度为l，如以水平面上的距离l代替球面上的距离d，则两者的差异即为距离方面所产生的误差Δd为

$$\Delta d = l - d = R\tan\alpha - R\alpha \qquad (1-1)$$

将$\tan\alpha$按级数展开，因α角值很小，可只取前两项，式（1-1）变为

$$\Delta d = R\alpha + \frac{1}{3}R\alpha^3 - R\alpha = \frac{1}{3}R\alpha^3$$

因为$\alpha = \dfrac{d}{R}$

故
$$\Delta d = \frac{d^3}{3R^2}$$

$$\frac{\Delta d}{d} = \frac{d^2}{3R^2} \qquad (1-2)$$

取$R=6371\text{km}$，以不同的d值代入式（1-2），有

当$d=1\text{km}$时　$$\frac{\Delta d}{d} = \frac{1}{12\,177 \times 10^4}$$

当$d=10\text{km}$时　$$\frac{\Delta d}{d} = \frac{1}{122 \times 10^4}$$

当$d=20\text{km}$时　$$\frac{\Delta d}{d} = \frac{1}{30 \times 10^4}$$

由以上计算可以看出，距离为10km时，所产生的相对误差小于目前最精密距离丈量时的容许相对误差1/1 000 000。由此得出结论：在半径为10km的范围内，地球曲率对水平距离的影响可以忽略不计，即可把该部分球面当作水平面。

二、地球曲率对高程的影响

在图1-11中，地面点B'的高程为铅垂距离$B'B$，如以水平面代替球面，B'的高程为铅垂距离$B'C$，两者之差即为高程方面产生的误差Δh，由图1-11可以看出，$\angle CAB=\alpha/2$，因该角很小，以弧度表示，则有$\Delta h=d\times\alpha/2$。

因
$$\alpha=\frac{d}{R}$$

故
$$\Delta h=\frac{d^2}{2R} \tag{1-3}$$

以不同的d值代入式（1-3），则

当$d=1$km时　　$\Delta h=78.5$mm

当$d=0.1$km时　　$\Delta h=0.8$mm

以上计算表明：当距离为0.1km时，在高程方面的误差就接近1mm，这对高程测量的影响是很大的，所以尽管距离很短，地球曲率对高程的影响是必须予以考虑的。

第五节　测量工作的基本原则

地球表面的形态是复杂多样的，但主要可分为地物和地貌两大类。所谓地物，是指地面上的固定物体，如房屋、道路、河流等。所谓地貌，是指地面高低起伏的形态，如高山、平地、谷地等。在普通测量中，以水平面作为投影面，地面上各空间点都是采用正射投影并按比例缩小测绘到图纸上的。因此，测图的关键是测定一些地面点的空间位置，这样才能确定点与点之间的相对关系。

测图工作需要测定很多碎部点（包括地物点和地貌点）的平面位置和高程。如从某一碎部点开始，逐点施测，测量误差必将随着测量点数的增加而积累增大，最后达到不可容许的程度。因此，实际测量工作中常遵循“从整体到局部”的原则，采用“先控制后碎部”的测量程序。“从整体到局部”的原则是指测量工作的布局而言；而“先控制后碎部”的程序是指测量工作的先后顺序。

“先控制后碎部”的程序：如图1-12所示，在测区内先选择一些有控制意义的点，如A、B、C、D、E、F等点作为控制点，用较精密的方法测定这些点的平面位置和高程。然后根据这些控制点施测其周围的碎部点。采用这种“先控制后碎部”的测量程序，由于碎部点的位置都是从各控制点测定的，所以测量误差不会从一个碎部点传递到另一个碎部点。同时由于建立了统一的控制网，把碎部测量划分成几部分进行，可以加快测量进度。

对于建筑物的施工放样，也是遵循从整体到局部的原则。即首先在施工场地选定一些有控制意义的点，用精密测量的方法测定这些控制点的位置，建立施工控制网；然后利用控制点将设计在图纸上的建筑物测设于地面，称为建筑物的细部放样。

综上所述，无论是控制测量、碎部测量还是施工放样，其实质都是确定地面点的位置，而地面点间的相互位置关系是以水平角（方向）、距离和高差来确定的。因此，高程测量、水平角测量和距离测量是测量学的基本内容，测高程、测角和测距是测量的基本工作，观测、计算和绘图是测量工作的基本技能。

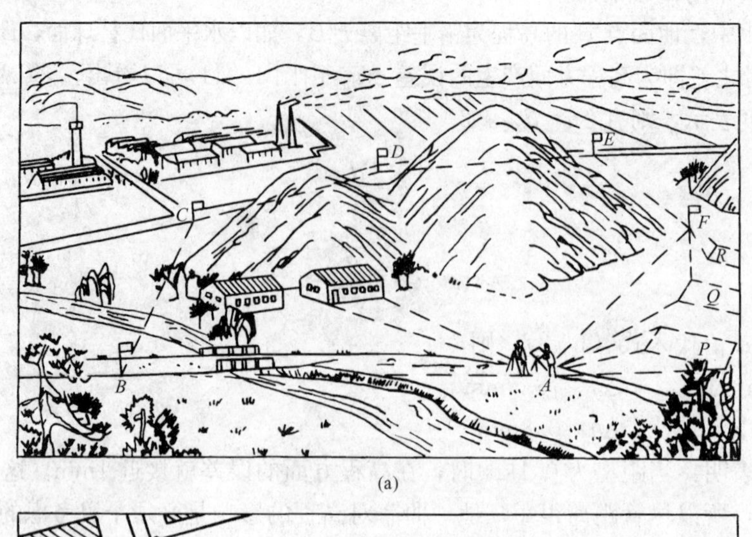

(a)

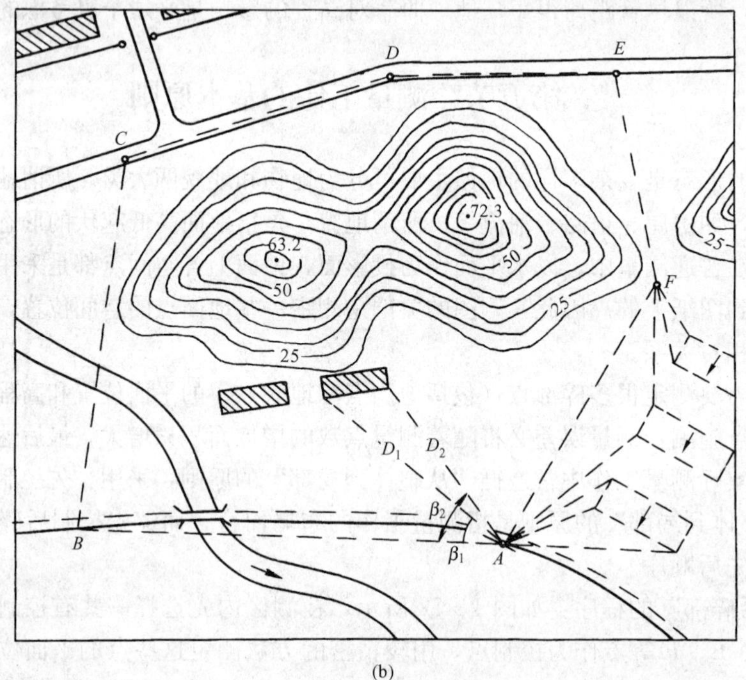

(b)

图 1-12　实物图和地形图

(a) 实物图；(b) 地形图

第六节　测绘科学的发展概况

测绘科学和其他科学一样，是由生产的需要而产生，并随着生产的发展而发展的。我国是世界文明古国之一，测绘科学在我国有着悠久的历史。远在 4000 多年前，夏禹治水时，就应用简单的工具进行测量。公元 3 世纪，我国伟大的制图学家裴秀，创立了“制图六体”，此“六体”即：道里（距离）、准望（方向）、高下（地势起伏）、方邪（地物形状）、遇直（河流、道路的曲直）、分率（比例尺），这是世界上最早的制图规范。春秋战国时，我国发明了指南针，促进了测量技术的发展，这是我国对于世界测量技术的伟大贡献。公元 724 年，太史监南宫说曾在河南北起滑县，经开封、许昌，南到上蔡，直接丈量了长达 300km 的子午线弧长，这是我国第一次用弧度测量的方法，测定地球的形状和大小，也是世界上最早的一次子午线弧长测量。元代的郭守敬拟订了全国纬度测量计划，共实测了 27 个点的纬度。清代康熙年间进行了大规模的大地测量工作，并在此基础上进行了全国范围的地形测量，最后制成“皇舆全览图”，成为世界上完成全国地形图最早的国家之一。

17 世纪初，测量学在欧洲得到较大发展。1608 年，荷兰的汉斯发明了望远镜，随后被应用到测量仪器上，使测绘科学产生了巨大变革。1617 年，荷兰人斯纳留斯首次进行了三角测量。随着第一次产业革命的兴起，测量的理论和方法不断得到发展。1687 年，牛顿发表了万有引力理论，提出了地球是一个旋转椭圆体。1794 年，高斯提出的最小二乘法理论，以及随后提出的精确的横圆柱投影，对测绘科学理论的发展起到了重要的推动作用。在 19 世纪，许多国家都进行了全国地形测量。20 世纪初，随着飞机的出现和摄影测量理论的发展，产生了航空摄影测量，又一次给测绘科学带来了巨大的变革。

新中国成立后，我国的测绘科学进入了一个蓬勃发展的新阶段，在 60 多年里取得了不少成就。在全国范围内测定了统一的大地控制网，完成了大量不同比例尺的地形图，进行了大量的工程建设测量工作，并研制了各种测绘仪器，满足生产需要。

新的科学技术的发展，大大推动了测绘科学的发展。20 世纪 60 年代，光电技术和微型电子计算机的兴起对测绘仪器和测量方法的变革起了很大推动作用。如利用光电转换原理及微处理器制成的电子经纬仪，可迅速地测定水平角和竖直角；应用电磁波在大气中的传播原理制成各种光电测距仪，可迅速精确地测定两点之间的距离；将电子经纬仪与电磁波测距仪融为一体的全站仪，可迅速测定和自动计算测点的三维坐标，自动保存观测数据，并将观测数据传输到计算机自动绘制地形图，实现数字化测图。随着人造地球卫星的发射和遥感技术的发展，利用航天遥感图像及扫描信息测绘地形图，随时监视自然界的变化，进行自然环境、自然资源的调查，不仅覆盖面积大，而且不受地理和气候条件的限制，极大地提高了功效。近期迅速发展的全球定位系统（Global Positioning System，GPS），人们只需在测点上安置 GPS 接收机，通过接收卫星信号，利用专门的数据处理软件，即可迅速获得测点的三维坐标，它已广泛用于军事和国民经济的各个领域。总之，目前的测量技术正向着多领域、多品种、高精度、自动化、数字化、资料储存微型化等方面发展。本书将在有关章节介绍上述部分新技术。

第二章 水准仪及其使用

第一节 水准测量原理

测量地面点高程的工作称为高程测量。按所使用的仪器和施测方法的不同，高程测量主要可分为水准测量和三角高程测量。水准测量是高程测量的主要方法，在国家高程控制测量、工程勘测和施工测量中被广泛采用。

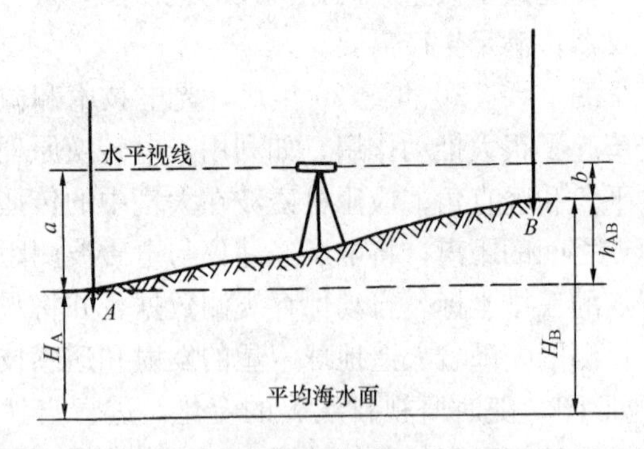

图 2-1 水准测量法测定地面点高程的基本原理

采用水准测量的方法测定地面点的高程，其基本原理如图 2-1 所示。已知 A 点的高程为 H_A，要测定 B 点的高程 H_B。在 A、B两点间安置一架能提供水平视线的仪器——水准仪，并在 A、B 两点上分别竖立带有分划的标尺——水准尺，利用水平视线读出 A 点尺上的读数 a 及 B 点尺上的读数 b，由图 2-1 可知 A、B 两点的高差为

$$h_{AB} = a - b \tag{2-1}$$

测量是由已知点向未知点方向前进的，即由 A（后）→B（前），一般称 A 点为后视点，a 为后视读数；B 为前视点，b 为前视读数。h_{AB} 为未知点 B 相对已知点 A 的高差，它总是等于后视读数减去前视读数。高差为正时，表明 B 点高于 A 点，反之则表明 B 点低于 A 点。

计算高程有两种方法：

（1）由高差计算 B 点高程，即

$$H_B = H_A + h_{AB} \tag{2-2}$$

（2）由仪器的视线高程计算 B 点高程。由图 2-1 可知 A 点的高程加后视读数就是仪器的视线高程，用 H_1 表示，即

$$H_1 = H_A + a \tag{2-3}$$

由此得 B 点的高程为

$$H_B = H_1 - b = H_A + a - b \tag{2-4}$$

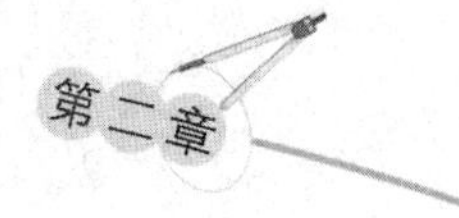

式（2－2）是直接用高差 h_{AB} 计算 B 点高程，称为高差法；式（2－4）是用仪器视线高程 H_1 计算 B 点高程，称为视线高法。

由以上分析可知

$$h_{AB}=H_B-H_A=-h_{BA}$$

第二节 DS3 型微倾式水准仪及其使用

一、DS3 型微倾式水准仪的构造

我国对水准仪按其精度从高到低分为DS05、DS1、DS3 和DS10 四个等级（其中D、S分别为“大地测量”和“水准仪”汉语拼音的第一个字母，05、1、3、10 表示水准仪每千米往返高差测量的中误差分别为±0.5mm、±1mm、±3mm、±10mm）。DS05 和 DS1 型用于精密水准测量，DS3 和 DS10 型用于普通水准测量。本节主要介绍 DS3 型微倾式水准仪（见图 2－2）。

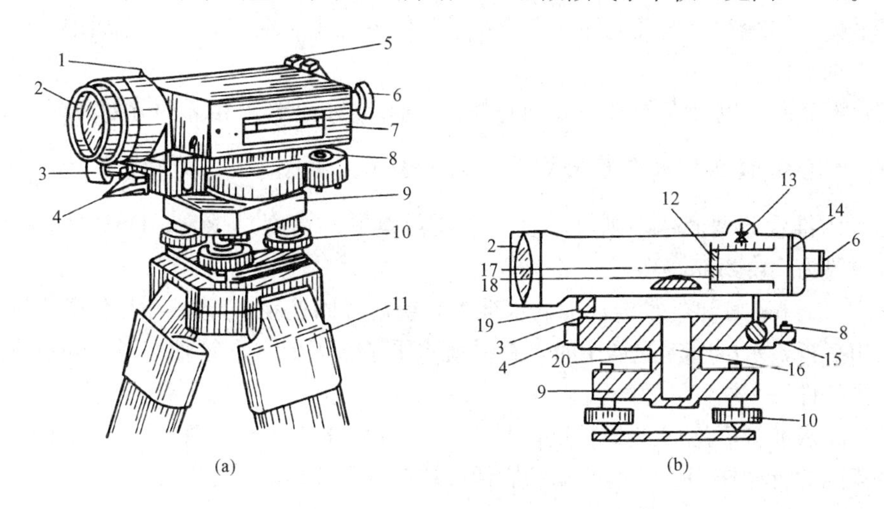

图 2－2 DS3 型微倾式水准仪

（a）外形图；（b）构造图

1—准星；2—物镜；3—微动螺旋；4—制动螺旋；5—缺口；6—目镜；7—水准管；8—圆水准器；9—基座；10—脚螺旋；11—三脚架；12—对光透镜；13—对光螺旋；14—十字丝分划板；15—微倾螺旋；16—竖轴；17—视准轴；18—水准管轴；19—微倾轴；20—轴套

DS3 型微倾式水准仪主要包括下列几部分：

（1）望远镜。望远镜由物镜、对光透镜、十字丝分划板和目镜等部分组成。如图 2－3 所示，根据几何光学原理可知，目标通过物镜及对光透镜的作用，在十字丝附近成一倒立的实像，由于目标离开望远镜的远近不同，通过转动对光螺旋令对光透镜在镜内前后移动，即

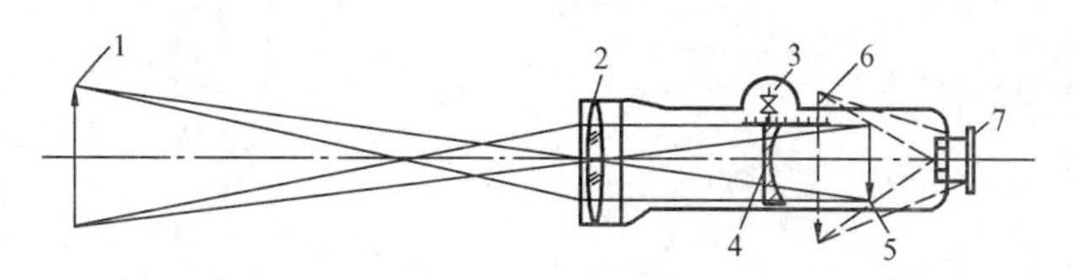

图 2－3 望远镜构造

1—目标；2—物镜；3—对光螺旋；4—对光凹透镜；5—倒立实像；6—放大虚像；7—目镜

可使其实像恰好落在十字丝平面上，再经过目镜的作用，将倒立的实像和十字丝同时放大，这时倒立的实像成为倒立而放大的虚像。其中放大虚像对眼睛的视角 β 与原目标对眼睛的视角 α 的比值，称为望远镜的放大率 V。国产 DS3 型水准仪望远镜的放大率一般为 28 倍。

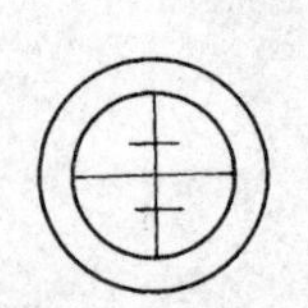

图 2-4　十字丝

十字丝是用以瞄准目标和读数的，其形式一般如图 2-4 所示。其中十字丝的交点和物镜光心的连线称为望远镜的视准轴，如图 2-2（b）所示，也就是用以瞄准和读数的视线。由上可知望远镜的作用一方面是提供一条瞄准目标的视线，另一方面是将远处的目标放大，提高瞄准和读数的精度。

（2）水准器。水准器是用来整平仪器的器具，分为管水准器和圆水准器两种。管水准器通常称为水准管，它是一个内表面磨成圆弧的玻璃管（见图 2-5），管内盛满酒精和乙醚的混合液，加热封闭，冷却后形成一空隙即为水准气泡。管内圆弧的中点为水准管零点，过水准管零点与圆弧相切的切线称为水准管轴。水准管利用液体受重力作用后气泡居于高处的特性，当气泡的中心与水准管的零点重合时，称为气泡居中，此时水准管轴也就处于水平位置。

水准管零点向两侧分别刻有 2mm 间隔的分划线，水准管上相邻两分划（即 2mm）间的弧长所对的圆心角值称为水准管分划值，以 τ 表示，由图 2-5 可知，$\tau''=\frac{2\text{mm}}{R}\rho''$（$\rho''=206\ 265''$）。水准管分划值越小则灵敏度（即仪器整平的精度）越高。DS3 型水准仪的水准管分划值一般为 $20''/2\text{mm}$。

由图 2-2（b）可知，水准仪上的水准管与望远镜固连在一起，当水准管轴与望远镜的视准轴互相平行，水准管气泡居中时，视线就水平了。因此水准管轴与视准轴平行是水准仪构造的主要条件。

为了提高水准管气泡居中的精度，目前生产的水准仪在水准管上方安装了一组符合棱镜，利用棱镜的折光作用使气泡两端的影像反映在直角棱镜上［见图 2-6（a）］。因此观测者

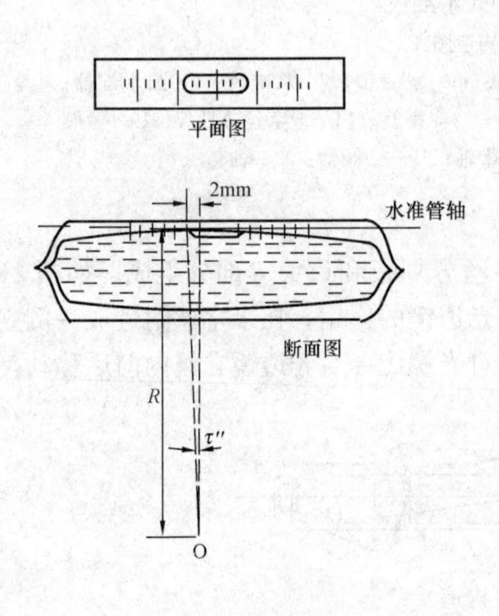

图 2-5　水准管

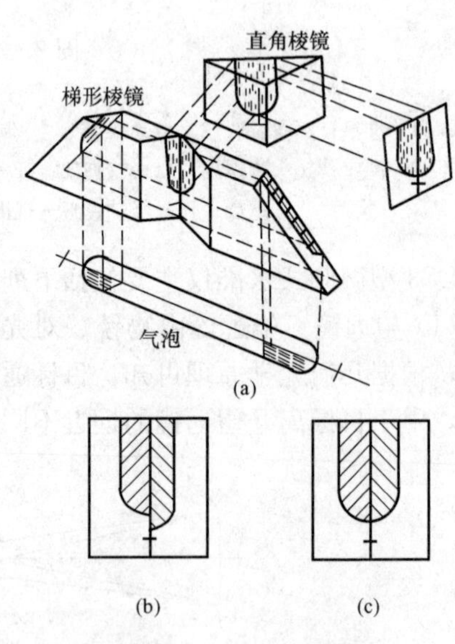

图 2-6　符合水准器

（a）符合棱镜；（b）不水平；（c）水平

可以很方便地从望远镜旁的小孔中直接观察到气泡两端的影像，当气泡两端各半个影像错开，表明气泡未居中［见图2－6（b）］，当气泡两端各半个影像符合一致时，则说明气泡居中［见图2－6（c）］。这种具有棱镜装置的水准器称为符合水准器。

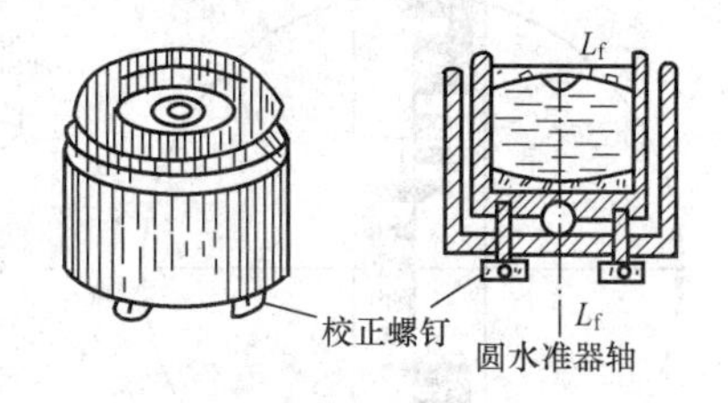

图2－7　圆水准器

圆水准器如图2－7所示，它是用一个圆柱形的玻璃盒装嵌在金属外壳内，顶部玻璃的内壁磨成球面，中央刻有小圆圈，其圆心即为圆水准器的零点，零点与球心的连线称为圆水准轴，以L_fL_f表示。水准仪上圆水准器的分划值一般为$8'/2mm$。

圆水准器安装在托板上，其轴线与竖轴平行，当圆水准器气泡居中时仪器的竖轴已基本处于铅直位置。由于圆水准器的分划值较大，精度较低，故只用于粗略整平仪器。

（3）托板。托板通过微倾轴等与望远镜相连接，在该部分有圆水准器、微倾螺旋、竖轴、制动螺旋及微动螺旋等［见图2－2（b）］。

（4）基座。基座包括轴套和脚螺旋。旋转脚螺旋可使圆水准器的气泡居中，达到粗略整平仪器的目的。

二、水准尺和尺垫

水准尺是水准测量中的重要工具之一，常用干燥而良好的木材制成，尺的形式有直尺和塔尺（见图2－8）。水准测量一般使用直尺，只有精度要求不高时才使用塔尺。

尺垫又称尺台，其形式有三角形、圆形等。测量时为了防止尺子陷入土中，常常将尺垫放在地上踏稳，然后把水准尺竖立在尺垫的圆球顶上（见图2－8）。

三、水准仪的使用

1．安置和粗略整平仪器

支开三脚架，将三脚插入土中，并令架头大致水平。利用连接螺旋使水准仪与三脚架固连，然后旋转脚螺旋使圆水准器的气泡居中，其方法如下。

如图2－9（a）所示，气泡不在圆水准器的中心而偏到1点，这表示脚螺旋A一侧偏高，此时可用双手按箭头所指的方向旋转脚螺旋A和B，即降低脚螺旋A，升高脚螺旋B，则气泡向脚螺旋B方向移动（气泡总是沿着左手拇指移动的方向移动），直至2点位置为止；再

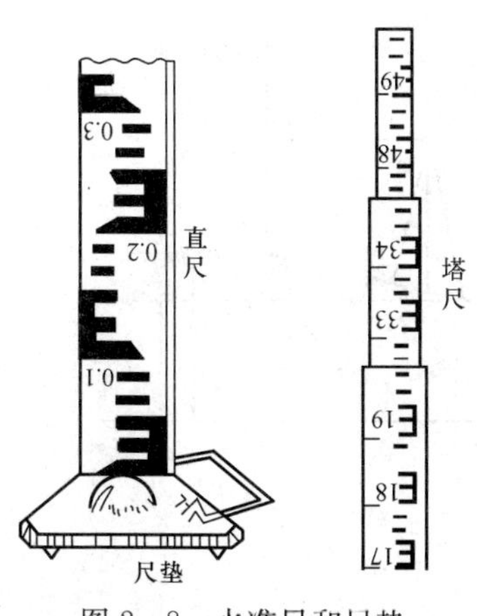

图2－8　水准尺和尺垫

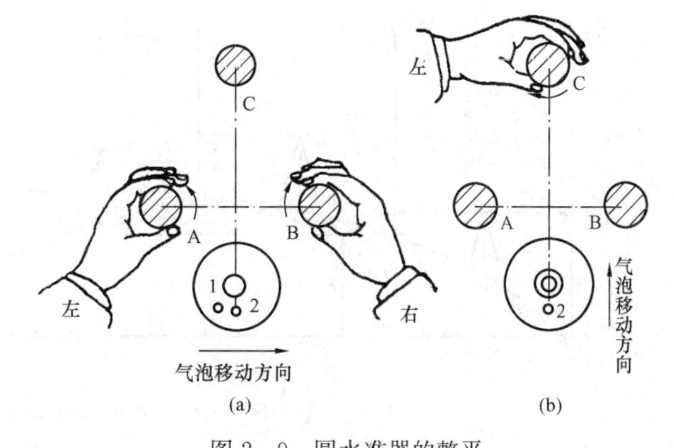

图2－9　圆水准器的整平

（a）双手旋转脚螺旋A和B；（b）旋转脚螺旋C

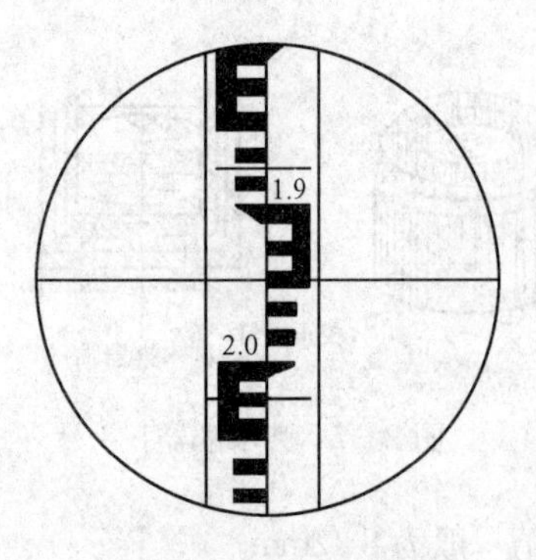

图 2-10　水准尺读数

旋转脚螺旋 C，如图 2-9（b）所示，使气泡从 2 点移到圆水准器的中心，这时仪器的竖轴大致铅直，亦即视线大致水平。

2. 瞄准水准尺

当仪器粗略整平后松开望远镜的制动螺旋，利用望远镜筒上的缺口和准星瞄准水准尺，拧紧制动螺旋，然后转动目镜使十字丝的成像清晰，再转动对光螺旋使水准尺的分划成像清晰，对光工作才算完成。这时如发现十字丝偏离水准尺，可利用微动螺旋使十字丝对准水准尺（见图 2-10）。

3. 精确整平和读数

转动微倾螺旋使水准管气泡精确居中［见图 2-6（c）］，然后立即利用十字丝中横丝读取尺上读数。如果水准仪的望远镜成倒像，则水准尺上倒写的数从望远镜中看成了正写的数，同时看到尺上刻划的注记是从上至下递增的。如图 2-10 所示，从望远镜中读得的读数为 1.946m。需要指出的是，目前生产的大多数水准仪的望远镜成正像。

第三节　水准测量的一般方法

一、水准测量的实施

水准测量是按一定的水准路线进行的，现仅就由一水准点（已知高程点）测定另一点（待定高程点）的高程为例，说明进行水准测量的一般方法。

如图 2-11 所示，已知 A 点高程，欲测 B 点的高程。在一般情况下，A、B 两点相距很远或高差较大，必须分段进行测量。首先将水准仪安置在 A 点与 TP_1 点之间，按照上节介绍的水准仪的使用方法施测，瞄准 A 点的水准尺，转动微倾螺旋使气泡居中，读取读数 a_1，接着瞄准 TP_1 点的水准尺，再转动微倾螺旋使气泡居中，读取读数 b_1。这样便求得 A 点和 TP_1 点之间的高差 $h_1 = a_1 - b_1$；如此继续下去，直至 B 点为止。

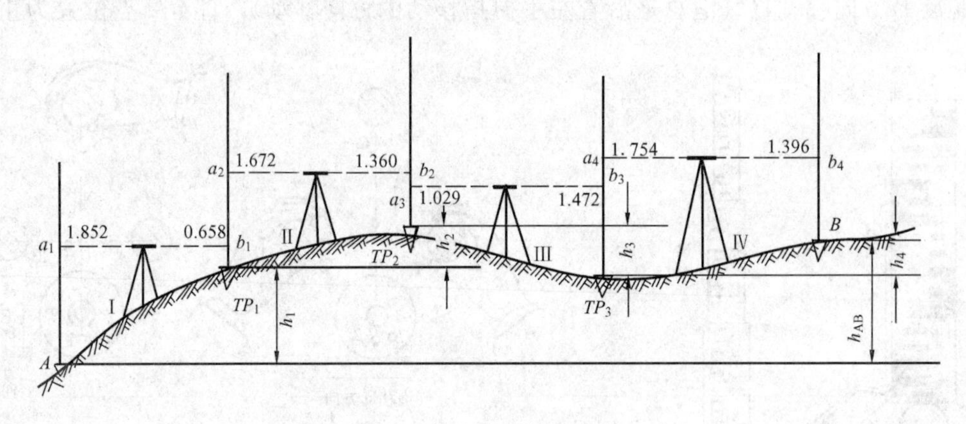

图 2-11　水准测量示意图

由图 2-11 可以看出

$$h_1 = a_1 - b_1$$

$$h_2 = a_2 - b_2$$
$$h_3 = a_3 - b_3$$
$$h_4 = a_4 - b_4$$

将上述各式相加即得 A、B 两点高差，即

$$h_{AB} = h_1 + h_2 + h_3 + h_4 = \sum h = (a_1 + a_2 + a_3 + a_4) - (b_1 + b_2 + b_3 + b_4) = \sum a - \sum b \tag{2-5}$$

则 B 点高程为

$$H_B = H_A + h_{AB} \tag{2-6}$$

从上例可知，通过 TP_1、TP_2 等点把高程从 A 点传递到 B 点，它们起着传递高程的作用，这些点称为转点。这些转点既有前视读数，也有后视读数。

在实际作业中，应按照一定的记录格式随测、随记、随算。图 2-11 中观测的数值分别记入表 2-1 中，并算出其高差和高程，在计算高差时应注意其正负。

表 2-1 中“计算的校核”是校核计算是否有误，其计算是按式（2-5）和式（2-6）进行的。

表 2-1　　水准测量记录

测站	测点	后视读数（m）		高差（m）		高程（m）	备注
		前视读数（m）		+	—		
1	A	后	1.852	1.194		71.632	1985 年国家高程基准
	TP_1	前	0.658			72.826	
2	TP_1	后	1.672	0.312			
	TP_2	前	1.360			73.138	
3	TP_2	后	1.029		0.443		
	TP_3	前	1.472			72.695	
4	TP_3	后	1.754	0.358			
	B	前	1.396			73.053	
计算的校核		Σ后 Σ前	6.307 −)4.886 +1.421	1.864 −)0.443 +1.421		73.053 −)71.632 +1.421	

二、水准测量的校核方法和精度要求

在水准测量中，测得的高差总是不可避免地含有误差。为了判断测量成果是否存在错误以及是否符合精度要求，必须采取相应的措施进行校核。

（一）测站校核

1. 改变仪器高法

在每个测站上，测出两点间高差后，可以重新安置仪器（升高或降低仪器 10cm 以上）再测一次，两次测得高差之差如果不超过容许值，则认为符合要求，并取其平均值作为最后结果，否则必须重测。

2. 双面尺法

有的水准尺划分为红、黑两面，且红面与黑面的刻划差一个常数，这样在一个测站上对每个测点既读取黑面读数，又读取红面读数，据此校核红、黑面读数之差以及由红、黑面测得高差之差是否在允许范围内。采用双面尺法不必重新安置仪器，从而节约了时间，提高了工效。

测站校核可以校核本测站的测量成果是否符合要求，但整个路线测量成果是否符合要求甚至有错，则不能判定。例如，假设迁站后，转点位置发生移动，这时测站成果虽符合要求，但整个路线测量成果都存在差错，因此，还需要进行下述的路线校核。

（二）路线校核

水准测量的路线形式有多种，下面对单一水准测量路线形式进行校核。

1. 闭合水准路线

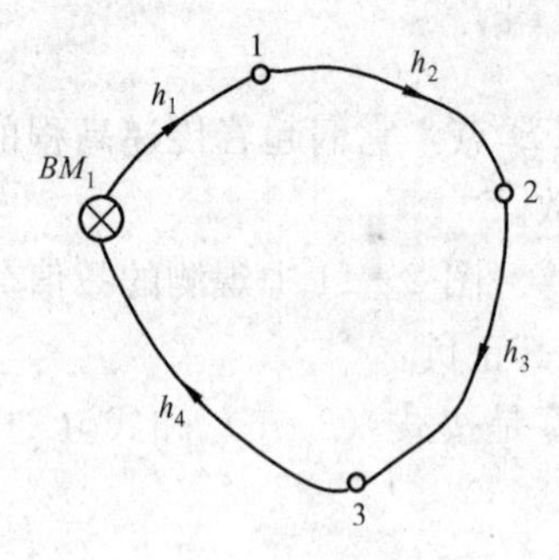

图 2-12　闭合水准路线

如图 2-12 所示，设水准点 BM_1 的高程为已知，由该点开始依次测定 1、2 点高程后，再回到 BM_1 点组成闭合水准路线。这时高差总和在理论上应等于零，即 $\sum h_{理}=0$。但由于测量含有误差，往往 $\sum h \neq 0$，而存在高差闭合差 Δh

$$\Delta h = \sum h_{测} \tag{2-7}$$

高差闭合差 Δh 的大小反映了测量成果的质量，闭合差的允许值 $\Delta h_{允}$ 视水准测量的等级不同而异，对等外水准测量而言，有

$$\left.\begin{aligned} &\text{平地} \quad \Delta h_{允} = \pm 40\sqrt{L}\,(\text{mm}) \\ &\text{山地} \quad \Delta h_{允} = \pm 10\sqrt{n}\,(\text{mm}) \end{aligned}\right\} \tag{2-8}$$

式中　L——路线长度，km；

n——测站数。

若高差闭合差的绝对值大于 $\Delta h_{允}$，说明测量成果不符合要求，应当重测。

2. 附合水准路线

如图 2-13 所示，设 BM_1 点的高程 $H_{始}$、BM_2 点的高程 $H_{终}$ 均为已知，现从 BM_1 点开始，依次测定 1、2 点的高程，最后附合到 BM_2 点上，组成附合水准路线。这时测得的高差总和应等于两水准点的已知高差（$H_{终}-H_{始}$）。实际上，两者往往不相等，其差值 Δh 即为高差闭合差，即

$$\Delta h = \sum h_{测} - (H_{终} - H_{始}) \tag{2-9}$$

高差闭合差的允许值与式（2-8）相同。

3. 支水准路线

如图 2-14 所示，从已知水准点 BM_1 开始，依次测定 1、2 点的高程后，既不附合到另一水准点，也不闭合到原水准点。但为了校核，应从 2 点经 1 点返测回到 BM_1。这时往测和返测的高差的绝对值应相等、符号相反。如果往返测得高差的代数和不等于零即为闭合差，即

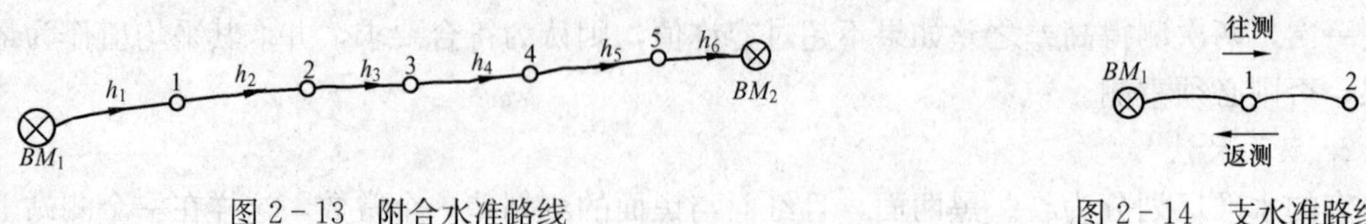

图 2-13　附合水准路线　　　　图 2-14　支水准路线

$$\Delta h = h_{往} + h_{返} \tag{2-10}$$

高差闭合差的允许值仍按式（2－8）计算，但路线长度或测站数以单程计。

第四节　水准路线闭合差的调整和高程计算

经过路线校核计算，如高差闭合差在允许范围内，说明测量成果符合要求，这时应将闭合差进行合理分配，使调整后的高差闭合差为零，并据此推算各测点的高程。

一、闭合和附合水准路线高差闭合差的调整

闭合和附合水准路线高差闭合差的调整，方法基本相同，现以附合水准路线为例来说明调整方法。

如图 2－13 所示，已知水准点 BM_1 的高程 $H_1=29.830$m，BM_2 点的高程 $H_2=43.640$m。路线长度和测得的高差列于表 2－2 中，其计算方法如下。

1. 高差闭合差的计算

闭合差 $\Delta h=\sum h_{测}-(H_{终}-H_{始})=13.876-(43.640-29.830)=+0.066(\mathrm{m})$

允许闭合差 $\Delta h_{允}=\pm 40\sqrt{L}\mathrm{mm}=\pm 40\sqrt{17.2}\mathrm{mm}\approx\pm 166(\mathrm{mm})$

$\Delta h<\Delta h_{允}$，说明观测成果符合要求，可进行闭合差调整。

2. 高差闭合差的调整

一般来说，水准测量路线越长或测站数越多，则误差越大，即误差与路线长度或测站数成正比。因此，高差闭合差的调整原则是：将闭合差反其符号，按路线长度或测站数成正比分配到各段高差观测值上。则高差改正值为

$$\left.\begin{aligned} \Delta h_i &= -\frac{\Delta h}{\sum L}\times L_i（以路线长成正比分配）\\ \text{或}\quad \Delta h_i &= -\frac{\Delta h}{\sum n}\times n_i（以测站数成正比分配）\end{aligned}\right\} \tag{2-11}$$

式中　$\sum L$——路线总长；

L_i——第 i 测段长度（$i=1$、$2\cdots$）；

$\sum n$——测站总数；

n_i——第 i 测段测站数。

在本例中，按与测站数成正比分配，则 BM_1 至第一点的高差改正值为

$$\Delta h_1 = -\frac{\Delta h}{\sum L}\times L_1 = -\frac{0.066}{17.2}\times 3.5 = -0.013\mathrm{m}$$

同法可求得其余各段高差的改正值，列于表 2－2 中第 4 栏内，所算得的高差改正值的总和应与闭合差的数值相等而符号相反，可用来校核计算是否有误。在计算中，如果因尾数取舍而不符合此条件，应通过适当修正使其符合。

应当指出，在坡度变化较大的地区，由于每千米安置测站数很不一致，闭合差的调整一般按测站数成正比分配；而在地势比较平坦的地区，每千米测站数相差不大，则可按路线长度成正比分配。

表 2-2　　附合水准路线高差闭合差的调整

点　号	路线长度（km）	高差（m）		改正后高差（m）	高程（m）	备　注
		观测值	改正值			
BM_1					29.830	1985 年国家高程基准
	3.5	+8.364	−0.013	+8.351		
1					38.181	
	1.5	−3.827	−0.006	−3.833		
2					34.348	
	2.3	+3.464	−0.009	+3.455		
3					37.803	
	3.5	+2.186	−0.013	+2.173		
4					39.976	
	3.9	−1.335	−0.015	−1.350		
5					38.626	
	2.5	+5.024	−0.010	+5.014		
BM_2					43.640	
∑	17.2	+13.876	−0.066	+13.810		

观测高差经过改正之后，即可根据它推算各点的高程，如表 2-2 中高程栏。

二、支水准路线高差闭合差的调整

支水准路线闭合差的调整是：取往测和返测高差绝对值的平均值作为两点的高差值，其符号与往测同；然后根据起点高程以各段平均高差推算各测点的高程。

第五节　微倾式水准仪的检验和校正

从水准仪的构造可知，水准仪是利用水准管气泡居中来保证视线水平的，因此水准管轴必须与视准轴平行，这样当水准管气泡居中时视线才是水平的，这是水准仪构造的主要条件。此外，仪器还应满足一些其他条件。而这些条件不是总能满足，因此进行测量之前必须对仪器进行检验和校正，使仪器各部分满足正确关系，以保证测量精度。

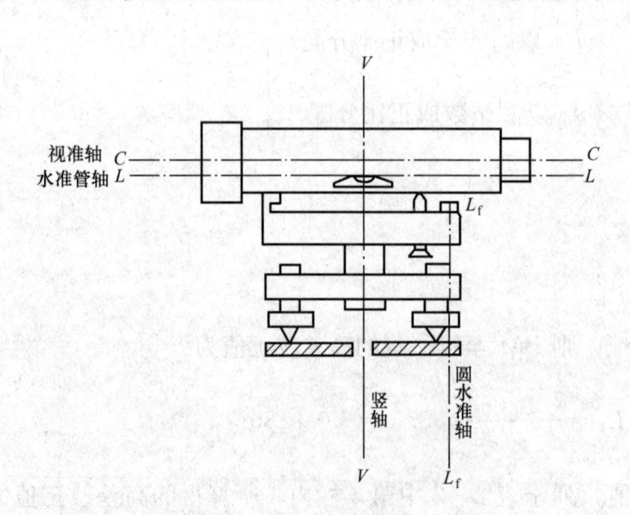

图 2-15　水准仪的轴线关系

水准仪各主要部分的关系可用其轴线来表示，如图 2-15 所示，水准仪各轴线应满足下列条件：

（1）圆水准器轴平行于仪器的竖轴，即 $L_fL_f // VV$；

（2）十字丝横丝垂直于竖轴；

（3）水准管轴平行于视准轴，即 $LL // CC$（主要条件）。

现介绍水准仪的检验和校正方法。

一、圆水准器轴平行于仪器竖轴的检验和校正

圆水准器是用来粗略整平水准仪的，如果圆水准器轴 L_fL_f 与仪器的竖轴 VV 不平行，则圆气泡居中时，仪器的竖轴不铅直。若竖轴倾斜过大，可能导致转动微倾螺旋到了极限还不能使水准管的气泡居中，因此必须对此项进行检验和校正。

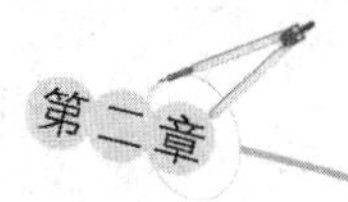

（1）检验。转动三个脚螺旋使圆水准器气泡居中，然后将望远镜旋转180°，如果气泡仍然居中则说明满足此条件，如果气泡偏离中央位置则需要校正。

（2）校正。如图2－16所示，假设望远镜旋转180°后气泡不在中心而在a位置，这表示校正螺钉1和校正螺钉2的一侧偏高。校正时，转动脚螺旋使气泡从a位置朝圆水准器中心方向移动偏离量的一半，到图示b位置，这时仪器的竖轴基本处于竖直位置，然后用三个校正螺钉（见图2－17）旋进或旋出（圆水准器的一侧升高或降低）使气泡居中。如此反复检验和校正，直至仪器转至任何位置，气泡始终位于中央为止。

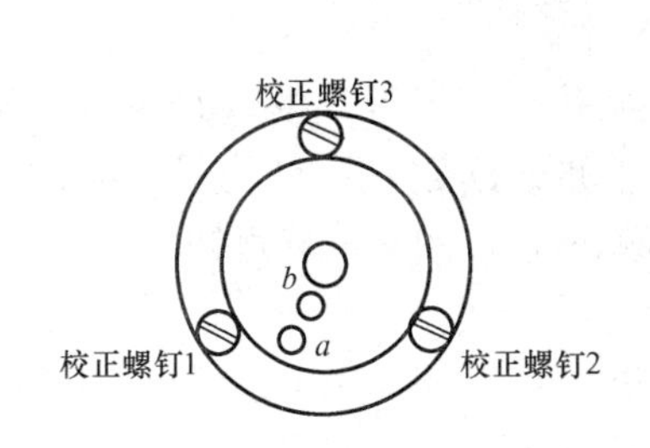

图2－16 圆水准器的校正

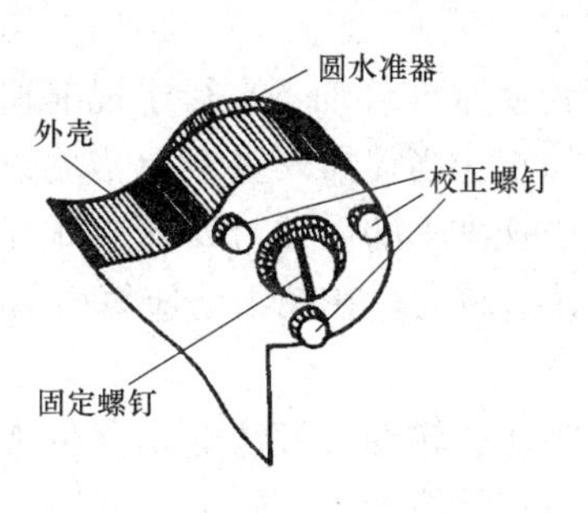

图2－17 圆水准器校正设备

二、十字丝横丝垂直于竖轴的检验和校正

水准测量是利用十字丝中横丝来读数的，当竖轴处于铅直位置时，如果横丝不水平［见图2－18（a）］，按横丝的左侧或右侧读数将产生误差。

（1）检验。用望远镜中横丝的一端对准某一固定标志A［见图2－18（a）］，旋紧制动螺旋，转动微动螺旋，使望远镜左右移动，检查A是否在横丝上移动，若偏离横丝［见图2－18（b）］，则需校正。

此外，也可采用挂垂球的方法进行检验。即将仪器整平后，观察十字丝的竖丝是否与垂球线重合，如不重合，则需校正。

（2）校正。校正装置有两种形式。图2－19（a）是打开目镜看到的情况，这时松开十字丝分划板座上四个固定螺钉，轻轻转动分划板座，使横丝水平［见图2－18（c）］，然后拧紧固定螺钉，盖上护盖。另一种如图2－19（b）所示，用螺丝刀松开望远镜上的埋头螺钉，转动十字丝分划板座，使横丝水平，然后把埋头螺钉旋紧。

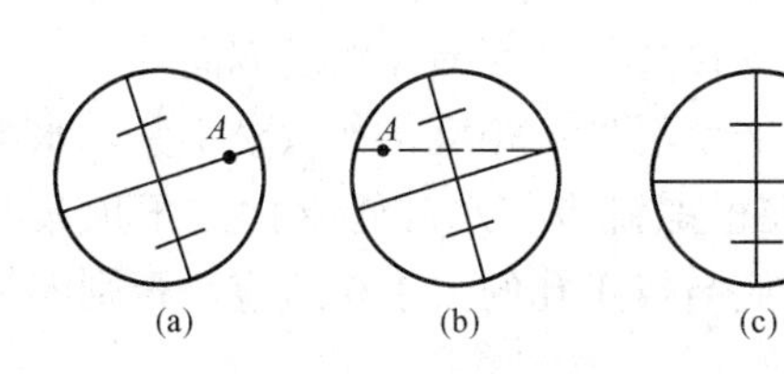

图2－18 十字线横丝的检验

（a）横丝不水平；（b）标志偏离横丝；（c）横丝水平

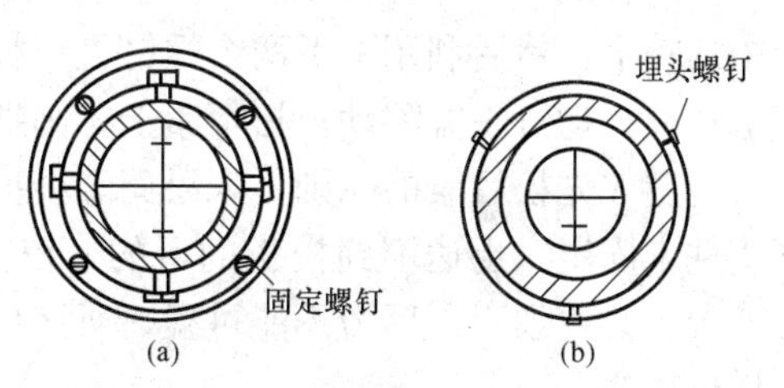

图2－19 十字丝分划板校正设备

（a）形式一；（b）形式二

三、水准管轴平行于视准轴的检验和校正

（1）检验。在比较平坦的地面上相距50m左右打两个木桩或放两个尺垫作为固定点A和B，立上水准尺。将仪器安置于距A点和B点的等距离处（见图2－20），转动微倾螺旋

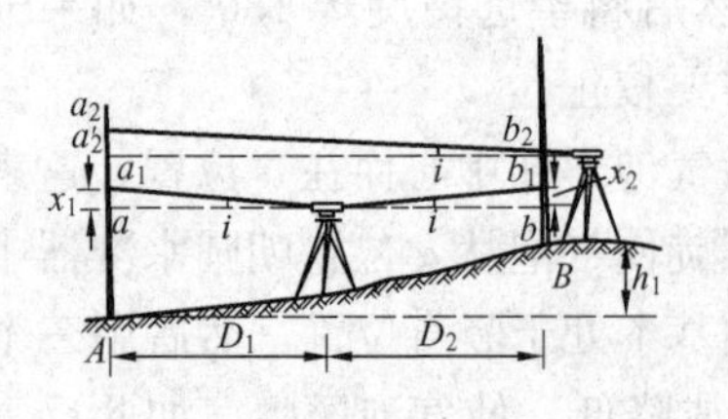

图 2－20　水准管轴平行于视准轴的检验

使符合气泡居中，分别读取 A、B 点上水准尺的读数 a_1 和 b_1，求得高差 $h_1=a_1-b_1$，此时即使视线是倾斜的，但因为仪器到两标尺的距离相等，故误差相等，即 $x_1=x_2$（$D_1\tan i=D_2\tan i$），由此求得的高差 h_1 还是正确的；然后将仪器安置于 B 点附近（距 B 点约 3m），令符合气泡居中后读取两水准尺读数 a_2 和 b_2，求得第二次高差 $h_2=a_2-b_2$。若 h_2 与 h_1 的差值不超过 3mm，则说明仪器的水准管轴平行于视准轴；若 h_2 与 h_1 的差值大于 3mm，则说明水准管轴不平行于视准轴，必须进行校正。

（2）校正。当仪器安置于 B 点附近时，因为仪器距 B 尺很近，距 A 尺较远，故水准管轴不平行于视准轴的误差对 b_2 影响很小，可以忽略，亦即读数 b_2 可认为是正确的，而读数 a_2 包含的误差较大，在校正前应算出 A 尺的正确读数 a'_2，从图 2－20 可知

$$a'_2=b_2+h_1 \tag{2-12}$$

校正方法：转动微倾螺旋，令在 A 尺上的读数恰为 a'_2，此时视线水平，但符合气泡不居中，用校正针拨动水准管上、下两个校正螺钉（见图 2－21），使气泡居中，水准管轴即平行于视准轴。为了检查校正是否完善，必须在 B 点附近重新安置仪器，分别读取 A、B 尺上读数 a_3 和 b_3，求得 $h_3=a_3-b_3$，若 h_3 与 h_1 之差不超过 3mm，则校正工作结束。

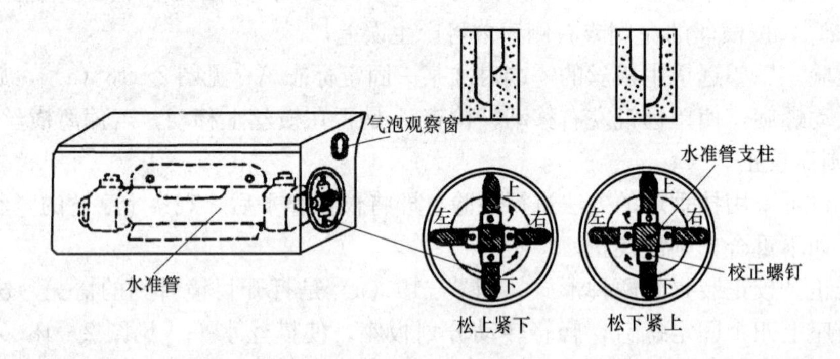

图 2－21　水准管的校正

水准管的校正螺钉往往是上下左右共 4 个（见图 2－21），校正时，先稍微松开左右两个中的一个，然后利用上下两个螺钉进行校正。例如松上紧下，则把该处水准管支柱升高，气泡住校正螺钉一方移动；松下紧上，则把该处水准管支柱降低，气泡往相反方向移动。校正时应遵守先松后紧的原则，未松而紧会把螺钉拧断或产生滑丝；相反，如只松不紧，水准管支柱未固定，也达不到校正的目的。校正完毕，各校正螺钉应与水准管支柱处于顶紧状态。校正时要细心，用力不能过猛，所用校正针的粗细应与校正孔的大小相适应，否则容易弄坏仪器。

第六节　水准测量的误差及其消减方法

在水准测量中，观测成果的好坏与观测条件有密切的关系，而观测条件又受仪器误差、观测误差和外界因素的影响。下面对水准测量误差的主要来源及消减方法进行分析和讨论。

一、仪器误差

1. 仪器校正不完善的误差

仪器虽经校正，但不可能绝对完善，还会存在一些残余误差，主要是水准管轴不平行于视准轴的误差。如前所述，观测时，只要将仪器安置于距前后水准尺等距离处就可消除这项误差。

2. 水准尺误差

水准尺误差包括刻划和尺底零点不准确等误差。观测前应对水准尺进行检验，尺底零点误差可采用测偶数站的方法消除。

二、观测误差

1. 视差

由于对光不完善而引起的误差称为视差。如图 2-22 所示，因为对光不完善，水准尺的成像面与十字丝面不重合，这时若观测者的眼睛靠近目镜从 a 点移到 b 点、c 点时，十字丝的交点在水准尺上的读数将相应为 a_1、b_1、c_1，这就使读数产生误差，因此观测时应消除视差。方法是：切实做好对光工作，即先转动目镜螺旋，使十字丝成像清晰；再转动对光螺旋使水准尺成像清晰，此时水准尺成像面与十字丝面相重合，消除了视差的影响。眼睛在目镜端上下移动时，读数不变。

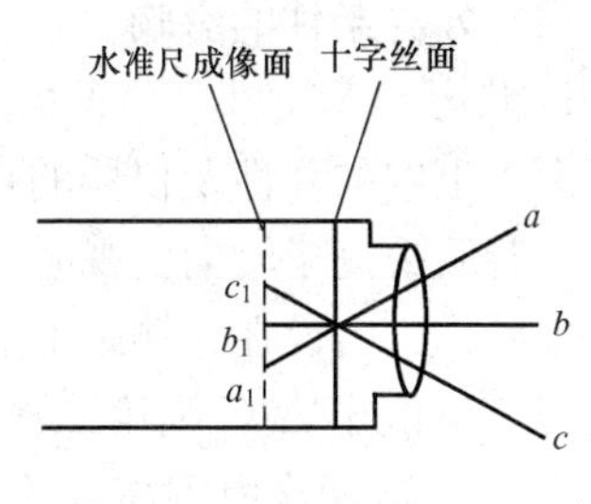

图 2-22 视差

2. 整平误差

利用符合水准器整平仪器的误差约为±0.075τ''（τ''为水准管分划值），若仪器至水准尺的距离为 D，则在读数上引起的整平误差为

$$m_{平} = \pm \frac{0.075\tau''}{\rho''} D \tag{2-13}$$

式中 ρ''——1 弧度所对应的秒数，$\rho''=206\ 265''$。

由式（2-13）可知，整平误差与水准管分划值及视线长度成正比。若以 DS3 型水准仪（$\tau''=20''/2\text{mm}$）进行等外水准测量，视线长 $D=100\text{m}$ 时，$m_{平}=\pm 0.73\text{mm}$。可见此时整平误差较大，因此在观测时必须切实使符合气泡居中，且视线不能太长，后视完毕转向前视，要注意重新转动微倾螺旋令气泡居中才能读数，但不能转动脚螺旋，否则将改变水准仪的高度而产生错误。此外，在晴天观测时，必须打伞保护仪器，特别要注意保护水准管。

3. 照准误差

人眼的分辨力，通常视角小于 $1'$ 就不能分辨尺上的两点，若用放大倍率为 V 的望远镜照准水准尺，照准精度为 $60''/V$，由此照准距水准仪 D 处水准尺的照准误差为

$$m_{照} = \pm \frac{60''}{V\rho} D \tag{2-14}$$

当 $V=30$，$D=100\text{m}$ 时，$m_{照}=\pm 0.97\text{mm}$。

若望远镜放大倍率较小或视线过长，尺子成像小，并显得不够清晰，照准误差将增大，故对各等级的水准测量，都规定了仪器应具有的望远镜放大倍率及视线最大长度。

4. 水准尺竖立不直的误差

如图 2-23 所示，若水准尺未竖直立于地面而倾斜时，其读数 b' 或 b'' 都比尺子竖直时的读数 b 要大，而且视线越高误差越大。故作业时应切实将尺子竖直，并且尺上读数不能太大，一般应不大于 2.7m。

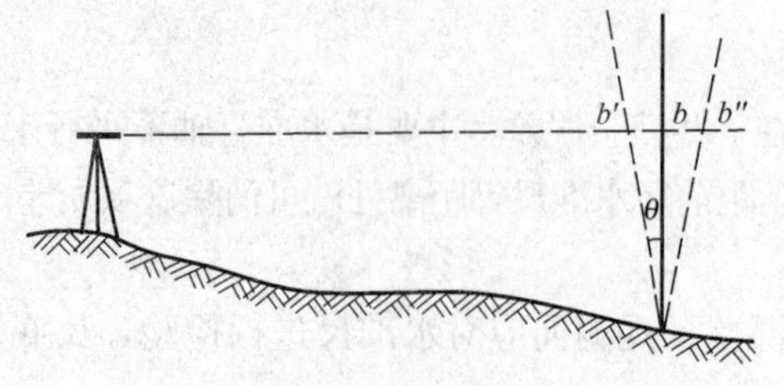

图 2-23　水准尺不竖直的误差

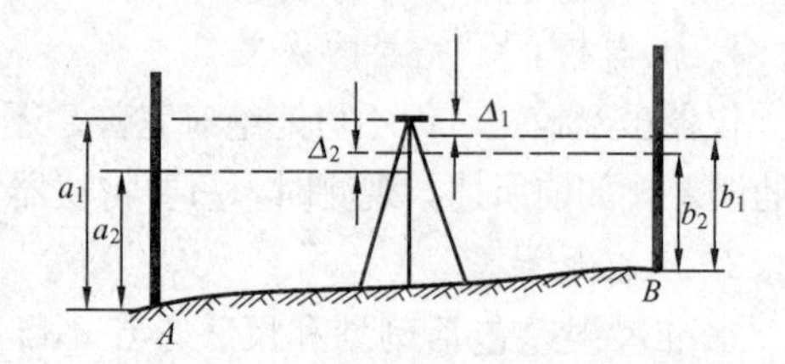

图 2-24　仪器下沉引起的误差

三、外界条件的影响

1. 仪器和尺垫升降的误差

由于土壤的弹性及仪器的自重，可能引起仪器上升或下沉，从而产生误差。如图 2-24 所示，若后视完毕转向前视时，仪器下沉了 Δ_1，使前视读数 b_1 小了 Δ_1，即测得的高差 $h_1=a_1-b_1$ 大了 Δ_1。设在一测站上进行两次测量，第二次先前视再后视，若从前视转向后视过程中仪器又下沉了 Δ_2，则第二次测得的高差 $h_2=a_2-b_2$ 小了 Δ_2。如果仪器随时间均匀下沉，即 $\Delta_2 \approx \Delta_1$，取两次所测高差的平均值，这项误差就可得到有效削弱。故在国家三等水准测量中，按后、前、前、后的顺序观测。

与仪器升降情况相类似。如转站时尺垫下沉，使所测高差增大，如上升则使高差减小。对一条水准路线采用往返观测取平均值，这项误差可以得到削弱。

2. 地球曲率的影响

在绪论中已经证明，地球曲率对高程的影响是不能忽略的。如图 2-25 所示，由于水准仪提供的是水平视线，因此后视和前视读数 a 和 b 中分别含有地球曲率误差 δ_1 和 δ_2，A、B 的高差应为 $h_{AB}=(a-\delta_1)-(b-\delta_2)$，但只要将仪器安置于距 A 点和 B 点等距离处，这时 $\delta_1=\delta_2$，$h_{AB}=a-b$，就可消除地球曲率的影响。

3. 大气折光的影响

众所周知，地球表面空气的密度随温度不同而异，在白天地表吸收太阳的照射热，地表温度高于空气温度，导致接近地表的空气密度小于远离地表的空气密度，光线从密度不同的空气通过将产生折射，如图 2-26 所示。由于折光的影响，水准仪在 A 尺和 B 尺上的读数并不是按照理想的水平线方向读得 a 和 b，而产生折射读得 a_1 和 b_1，其中 $r_1=a_1-a$，$r_2=b_1-b$，即为折光差。从图 2-26 中可以看出，仪器安置在距前后尺等距离处时 $r_1 \approx r_2$，折光差即可部分消除。为什么说是部分消除呢？因为折光差大小随着视线高度和地面覆盖物的不同而异，越接近地面折光差越大，尤其在中午时，由于太阳照射，地面水分蒸发，折光影响增大。所以在

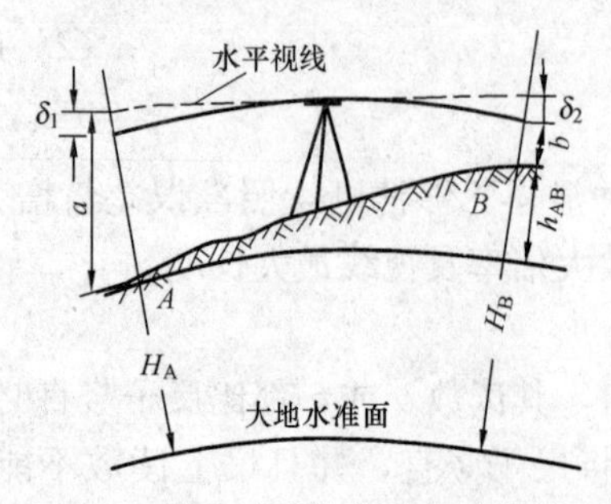

图 2-25　地球曲率引起的误差

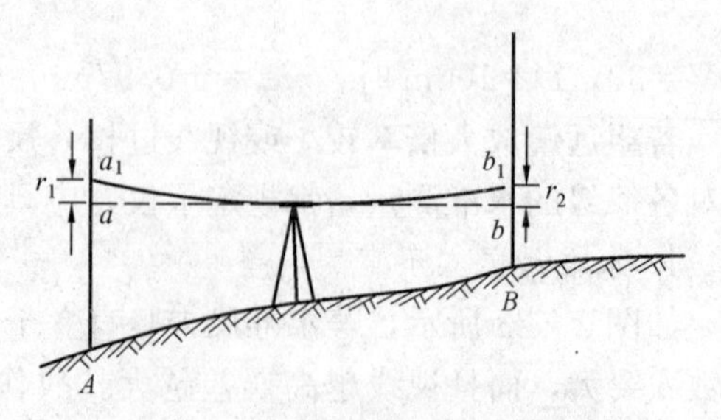

图 2-26　大气折光引起的误差

水准测量中，视线不能太接近地面，高度应在 0.3m 以上；前视和后视的地表应大致一样；视线尽可能避免跨越河流、塘堰等水面，否则应特别注意。

以上分析了有关误差的来源及其消减方法。实际上，由于误差产生的随机性，其综合影响将会相互抵消一部分。在一般情况下观测误差是主要的，但事物不是固定不变的，在一定条件下，其他因素也可能成为主要方面。测量者的任务之一就是掌握误差产生的规律，采取相应措施保证测量精度又提高工作效率。

第七节 自动安平水准仪

用微倾式水准仪进行水准测量时，必须使水准管气泡严格居中才能读数，这样费时较多。为了提高工效，人们研制了一种自动安平水准仪。使用这种仪器只需将圆水准器气泡居中，就可利用十字丝进行读数，从而加快了测量速度。图 2－27（a）所示为我国 DSZ3 型自动安平水准仪的外形，图 2－27（b）所示为它的剖面图。现以这种仪器为例介绍其构造原理和使用方法。

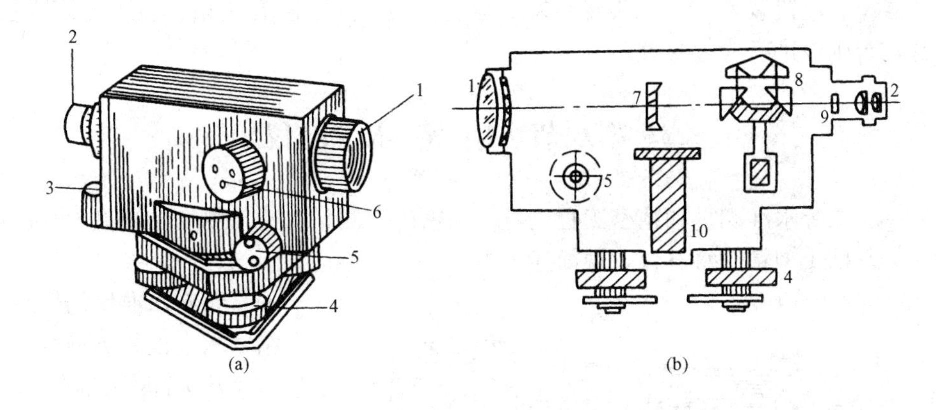

图 2－27 DSZ3 型自动安平水准仪

（a）外形图；（b）剖面图

1—物镜；2—目镜；3—圆水准器；4—脚螺旋；5—微动螺旋；6—对光螺旋；7—调焦透镜；8—补偿器；9—十字丝分划板；10—竖轴

一、自动安平水准仪的原理

如图 2－28 所示，当视线水平时，水平光线恰好与十字丝交点所在位置 K' 重合，读数正确无误，如果视线倾斜一个 α 角，十字丝交点移动一段距离 d 到达 K 处，这时按十字丝交点 K 读数，显然有偏差。如果在望远镜内的适当位置装置一个“补偿器”，使进入望远镜的水平光线经过补偿器后偏转一个 β 角，恰好通过十字丝交点 K，这样按十字丝交点 K 读出的数仍然是正确的。由此可知，补偿器的作用是使水平光线发生偏转，而偏转角的大小正好能够补偿视线倾斜所引起的读数偏差。因为 α 和 β 角都很小，从图 2－28 可知

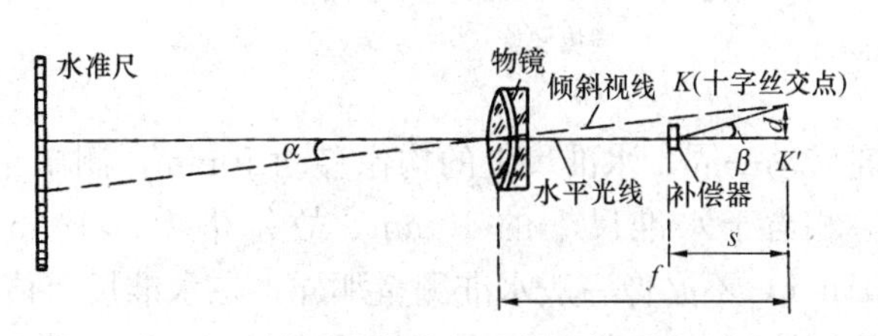

图 2－28 自动安平水准仪原理

$$f\alpha = s\beta \tag{2-15}$$

即

$$\frac{\beta}{\alpha} = \frac{f}{s} = n \tag{2-16}$$

式中 f——物镜和对光透镜的组合焦距；

s——补偿器至十字丝分划板的距离；

α——视线的倾斜角；

β——水平视线通过补偿器后的偏转角；

n——β与α的比值，称为补偿器的放大倍数。

在设计时，只要满足式（2-16）的关系，即可达到补偿的目的。

二、自动安平水准仪的使用

使用自动安平水准仪进行水准测量时，只要把仪器安置好，令圆水准器气泡居中，即可用望远镜瞄准水准尺读数。为了检查补偿器是否起作用，有的仪器有一个揿钮，按下揿钮可把补偿器轻轻触动，待补偿器稳定后，看尺上读数是否有变化，如无变化，说明补偿器正常。如仪器没有揿钮装置，可微微转动脚螺旋，如尺上读数没有变化，说明补偿器起作用，仪器正常，否则应进行检查修理。

第八节 精密水准仪

国家一、二等水准测量和精密工程测量（精密施工测量和建筑物变形观测等）往往需要使用DS05或DS1型精密水准仪，现简述如下。

一、精密水准仪的构造

精密水准仪的类型有多种，这里仅以Wild N3水准仪为例，介绍精密水准仪的构造及使用方法。N3型水准仪的外形如图2-29所示，其望远镜放大率为42倍，水准管分划值为10″/2mm，每千米往返测量高差中误差小于±0.5mm，属DS05型精密水准仪，适用于一、二等水准测量。

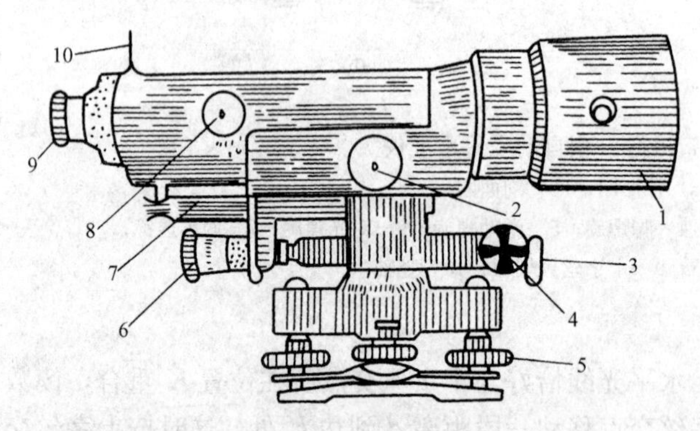

图2-29 Wild N3型水准仪外形图

1—楔形保护玻璃；2—平行玻璃板测微手轮；3—制动螺旋；4—微动螺旋；5—脚螺旋；6—微倾螺旋；7—水准器反光板；8—调焦螺旋；9—目镜；10—瞄准器

仪器的望远镜设有平行玻璃板及测微装置（见图2-30）。当转动测微轮时将带动平行玻璃板转动，水准尺的构像也随着移动，测微轮转动一周，水准尺上的构像移动10mm，测微轮带动望远镜内的测微尺，测微尺共100格，相当于水准尺上的10mm，故每格为0.1mm，从测微尺上可直读0.1mm，估读到0.01mm，不必像一般水准测量那样，在水准尺上估读，读数精度大为提高。

仪器配有一对3m长的铟瓦水准尺，铟瓦受温度影响较小，从而保证了尺长的稳定。水

准尺一侧为基本分划，尺的底部为零；另一侧为辅助分划，尺的底部一般从 3.0155m 起算（见图 2-31），用作测站校核。

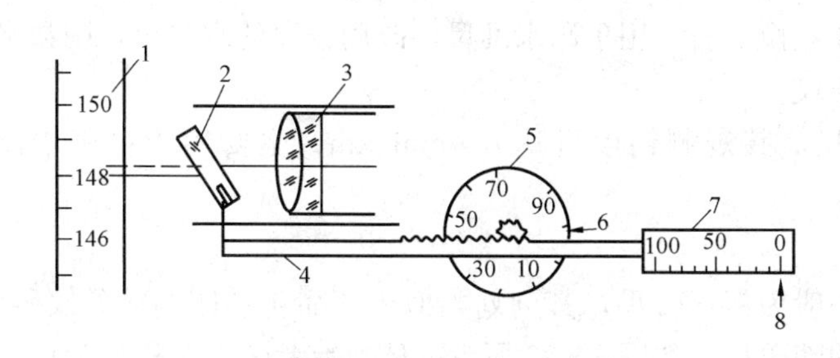

图 2-30 平行玻璃板测微装置

1—水准尺；2—平行玻璃板；3—物镜；4—联系杆；
5—测微轮；6—测微轮指标；7—测微尺；8—测微尺指标

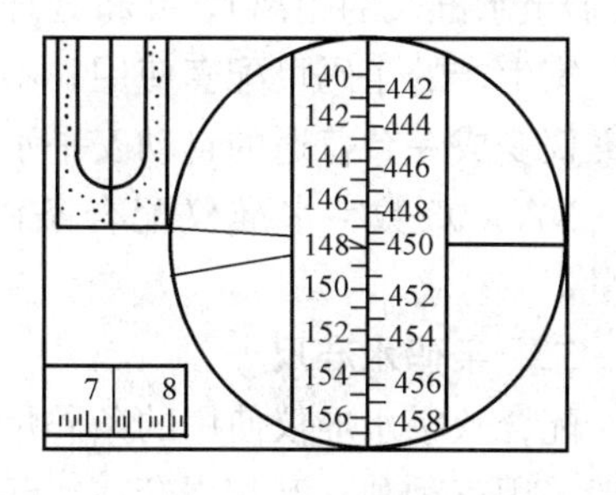

图 2-31 Wild N3 型水准仪读数

二、仪器的使用

操作步骤如下：

（1）安置仪器，转动三个脚螺旋令圆水准器的气泡居中。

（2）用望远镜照准水准尺，转动微倾螺旋，使符合水准器气泡严格居中。

（3）转动测微轮，令十字丝分划板的楔形丝正好夹住水准尺上基本分划的一条刻划，如图 2-31 中为 148（即 148cm），接着在测微尺上读出尾数，图中为 734（即 0.734cm），则整个读数为 148+0.734=148.734cm。辅助分划的读数方法与基本分划的读数方法相同。

第九节 数字水准仪

数字水准仪又称电子水准仪，它除了在望远镜内安置自动安平补偿器外，还增加了分光镜和光电探测器（CCD）等部件，配合使用条形码水准尺和图像处理电子系统，实现自动安平、自动读数、自动记录、检核、计算数据处理和存储，构成水准测量外业和内业的一体化，避免了读错、记错等差错，可自动多次测量，削弱外界条件变化的影响，大大提高观测精度和速度。

一、数字水准仪的原理

数字水准仪的主要技术是电子自动读数和数据处理系统，目前各厂家所采用的原理和方法各有差异，现仅以瑞士徕卡 NA3003 数字水准仪为例，简述如下。

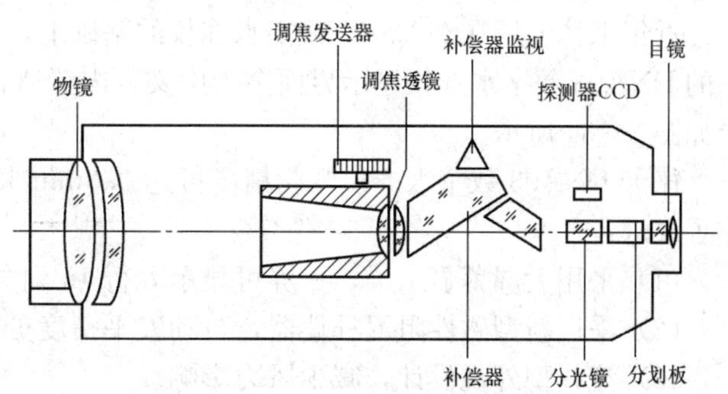

图 2-32 徕卡 NA3003 数字水准仪测量原理

如图 2-32 所示，望远镜照准水准尺并调焦，尺上的条形影像进入分光镜后，分光镜将其分为可见光和红外光两部分，可见光影像成像在分划板上，供目视观测，红外光影像成像在 CCD 探测器上，探测器将接收到的光图像转换成模拟信号，再转换为数字信号传至处理器，与仪器内原先存储的水准尺条形码数字信息进行相关比较，当两信号处于最佳相关位置时，即获得水平视线读数和视距读数（仪器至水准尺的距离），并将处理结果存储和显示于屏幕上。从上可知，数字水准仪应与相应厂家生产的条码尺配套使用，不能互换。若不用条码水准尺，改用普通的水准尺，则数字水准仪变成一台普通的自动安平水准仪。

NA3003 数字水准仪配合条码尺，其观测精度可达 0.4mm/km，主要用于精密水准测量。

二、条码水准尺

配合数字水准仪使用的条码尺一般为铟瓦带尺，其刻划类似于商品包装印刷的条纹码，一般采用三种独立互相嵌套在一起的编码尺。如图 2-33 所示，R 为参考码，A 和 B 为信息码，参考码 R 为三道等宽的黑色码条，以中间码条的中线为准，每隔 3cm 就有一 R 码，信息码 A 与信息码 B 位于 R 码的上、下两边，下边 10mm 处为 B 码，上边 10mm 处为 A 码，A 码与 B 码宽度按正弦规律改变，其信号波长分别为 33cm 和 30cm，最窄的码条宽度不到 1mm，这三种信号的频率和相位可以通过快速傅里叶变换（FFT）获得。条形码的另一面一般采用长度单位分划，适用于普通水准观测。

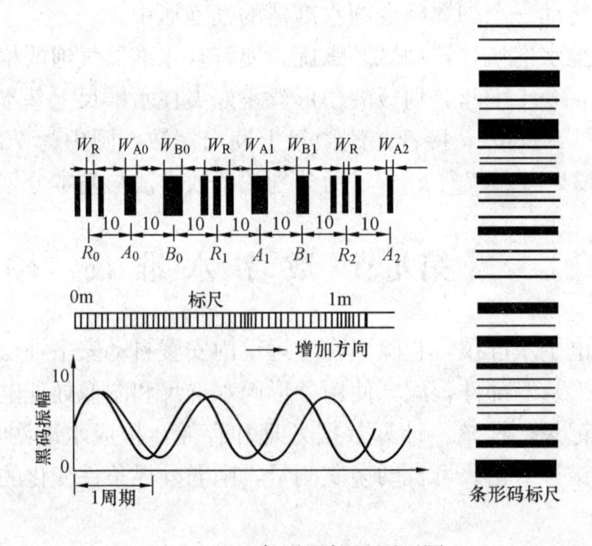

图 2-33　条形码标尺原理图

三、徕卡 DNA03 数字水准仪

近年来徕卡厂在 NA3003 数字水准仪的基础上，又研制了 DNA03 数字水准仪。销往我国的 DNA03 数字水准仪显示界面全为中文，内置适合我国水准测量规范的观测程序，其外形如图 2-34 所示。

徕卡 DNA03 数字水准仪观测精度可达 0.3mm/km，最小读数 0.01mm，并在下列方面作了改进：

（1）采用大屏幕显示屏，一屏可显示 8 行 15 列共 120 个汉字。

（2）采用新型磁性阻尼补偿器，自动安平精度更高。

（3）流线型外观设计，减少风力影响。

（4）可在多种测量模式中选择适当模式，减少外界条件的影响；若选用 Level-Adj 中

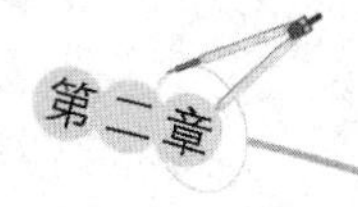

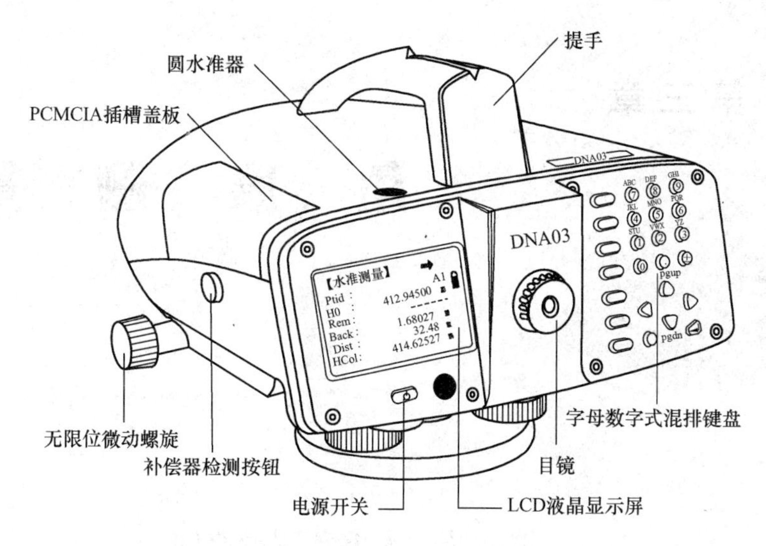

图 2-34　徕卡 DNA03 中文数字水准仪外形图

文水平差软件，可实现外业观测数据的全自动处理。

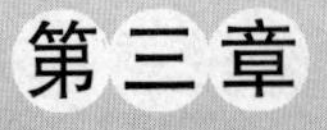

角度测量

第一节　水平角测量原理

在测量工作中，为了测定地面点的平面位置，往往需要测量水平角。所谓水平角，就是地面上两直线之间的夹角在水平面上的投影。如图3-1所示，在地面上有A、O、B三点，其高程不同，倾斜线OA和OB所夹的$\angle AOB$是倾斜面上的角。如果通过倾斜线OA、OB分别作竖直面与水平面相交，其交线oa与ob所构成的$\angle aob$就是水平角。

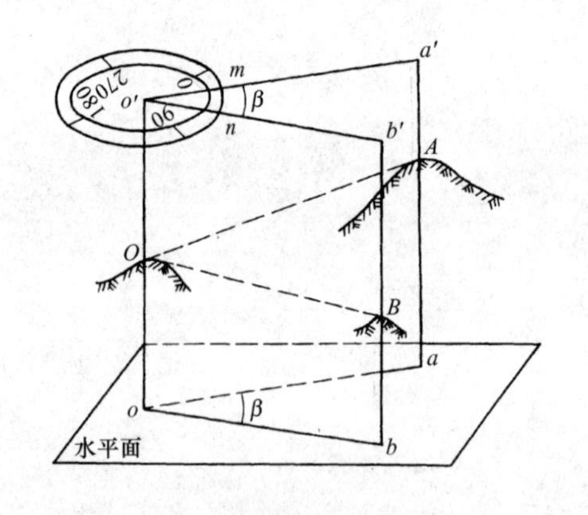

图3-1　水平角测量原理

怎样测定水平角$\angle aob$的大小呢？若在角顶O点（称为测站点）的铅垂线上放置一个与该铅垂线正交，且依顺时针方向刻有从0°～360°分划的水平度盘，通过OA、OB的两竖直面与水平度盘平面交于$o'a'$和$o'b'$，并设$o'a'$在水平度盘上的读数为m，而$o'b'$的读数为n，则

$$\angle aob = \angle a'o'b' = n - m = \beta$$

β就是水平角$\angle aob$的角值。

由此可知，测量水平角的仪器必须具备下列主要条件：

（1）必须有一个带刻度的圆盘，测角时能水平放置，且圆盘中心位于角顶O的铅垂线上。

（2）必须有一个能上下、左右转动用以瞄准目标的望远镜，且在仪器水平、望远镜上下转动时扫出一个竖直面。

经纬仪就是根据上述要求设计制造的。

第二节　DJ6型光学经纬仪

我国将经纬仪按精度从高到低分为DJ07、DJ1、DJ2、DJ6和DJ30五个等级，其中字母D、J分别为“大地测量”和“经纬仪”汉语拼音的第一个字母，07、1、2、6、30分别为该仪器一测回方向中误差的秒数。本节主要介绍普通测量中常用的DJ6光学经纬仪。

一、DJ6型光学经纬仪的构造

DJ6型光学经纬仪由照准部、水平度盘和基座三大部分组成，如图3-2所示。图3-3所示为DJ6型光学经纬仪三大部件及光路图。现将这三大部分的构造及其作用说明如下。

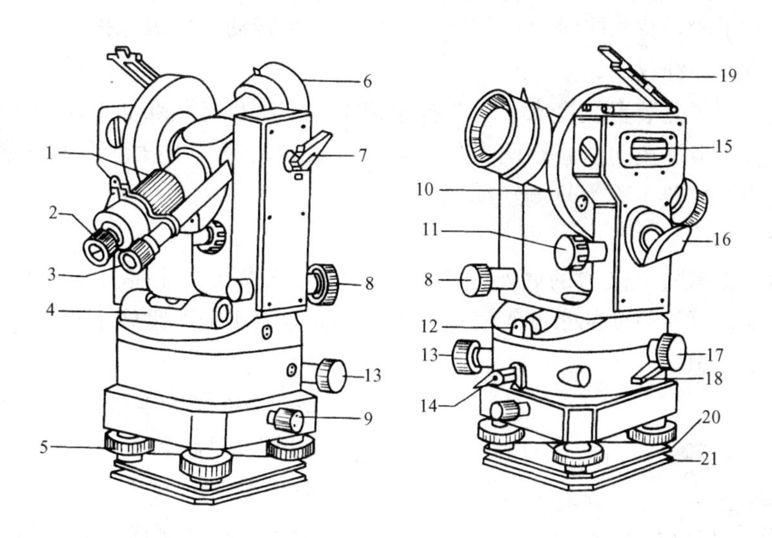

图3-2 DJ6型经纬仪外形图

1—对光螺旋；2—目镜；3—读数显微镜；4—照准部水准管；5—脚螺旋；6—物镜；7—望远镜制动螺旋；8—望远镜微动螺旋；9—中心锁紧螺旋；10—竖直度盘；11—竖盘指标水准管微动螺旋；12—光学对中器目镜；13—水平微动螺旋；14—水平制动螺旋；15—竖盘指标水准管；16—反光镜；17—度盘变换手轮；18—保险手柄；19—竖盘指标水准管反光镜；20—托板；21—压板

（一）照准部

如图3-3所示，照准部由望远镜、横轴、竖直度盘、读数显微镜、照准部水准管和竖轴等部分组成。

（1）望远镜。用来照准目标，它固定在横轴上，绕横轴而俯仰，可利用望远镜制动螺旋和微动螺旋控制其俯仰转动。

（2）横轴。是望远镜俯仰转动的旋转轴，由左右两支架支承。

（3）竖直度盘。由光学玻璃制成，用来测量竖直角。

（4）读数显微镜。用来读取水平度盘和竖直度盘的读数。

（5）照准部水准管。用来置平仪器，使水平度盘处于水平位置。

（6）竖轴。竖轴插入水平度盘的轴套中，可使照准部在水平方向转动。

（二）水平度盘部分

（1）水平度盘。它是用光学玻璃制成的圆环。在水平度盘上按顺时针方向刻有0°～360°的分划，用来测量水平角。在度盘的外壳附有照准部制动螺旋和微动螺旋，用来控制照准部与水平度盘的相对转动。当关紧制动螺旋，照准部与水平度盘连接，这时如转动微动螺旋，则照准部相对于水平度盘作微小的转动；若松开制动螺旋，则照准部绕水平度盘而旋转。

（2）水平度盘转动的控制装置。测角时水平度盘是不动的，这样照准部转至不同位置，可以在水平度盘上读数求得角值。但有时需要设定水平度盘在某一位置，就要转动水平度盘。控制水平度盘转动的装置有两种：

第一种是位置变动手轮，它又有两种形式。如图 3-2 中 17 是其中之一。使用时拨下保险手柄 18，将手轮推压进去并转动，水平度盘也随之转动，待转至需要位置后，将手松开，手轮退出，再拨上保险手柄，手轮就压不进。对于另一种形式的水平度盘变换手轮，使用时拨开护盖，转动手轮，待水平度盘至需要位置后，停止转动，再盖上护盖。具有以上装置的经纬仪，称为方向经纬仪。

第二种是利用复测装置改变水平。当扳手拨下时，度盘与照准部扣在一起同时转动，度盘读数不变；若将扳手拨向上，则两者分离，照准部转动时水平度盘不动，读数随之改变。具有复测装置的经纬仪，称为复测经纬仪。

（三）基座

基座是用来支承整个仪器的底座，用中心螺旋与三脚架相连接。基座上备有三个脚螺旋，转动脚螺旋，可使照准部水准管气泡居中，从而导致水平度盘处于水平位置，亦即仪器的竖轴处于铅垂状态。

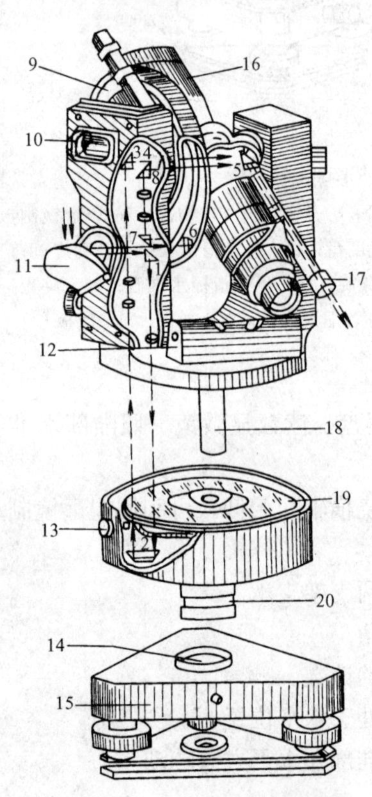

图 3-3 DJ6 型光学经纬仪三大部件及光路图

1、2、3、5、6、7、8—光学读数系统棱镜；4—分微尺指标镜；9—竖直度盘；10—竖盘指标水准管；11—反光镜；12—照准部水准管；13—度盘变换手轮；14—轴套；15—基座；16—望远镜；17—读数显微镜；18—内轴；19—水平度盘；20—外轴

二、DJ6 型光学经纬仪的读数方法

DJ6 型光学经纬仪的读数装置有分微尺测微器和单平行玻璃测微器两种，其中以前者居多。因此本章仅讲述分微尺测微器及其读数方法，国产 DJ6 型光学经纬仪，其读数装置大多属于此类。图 3-3 所示为仪器的光路系统，外来光线由反光镜 11 的反射，穿过毛玻璃经过棱镜 1，转折 90°将水平度盘照亮，此后光线通过棱镜 2 和 3 的几次折射到达刻有分微尺的聚光镜 4，再经棱镜 5 又一次转折，就可在读数显微镜里看到水平度盘的分划线和分微尺的成像。

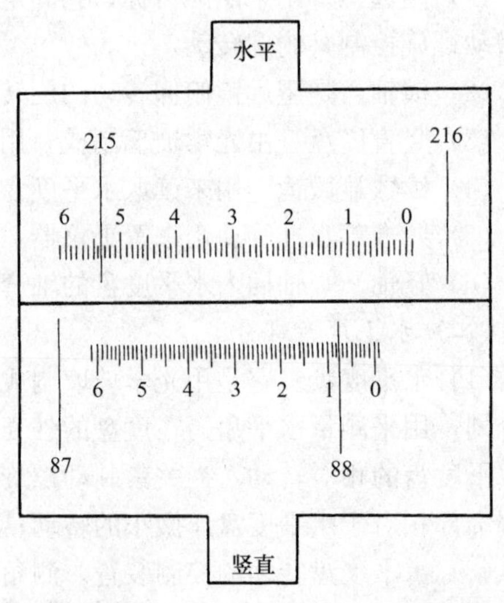

图 3-4 DJ6 型经纬仪的读数

竖直度盘的光学读数线路与水平度盘相仿。外来光线经过棱镜 6 的折射，照亮竖直度盘，再由棱镜 7 和 8 的转折，到达分微尺的聚光镜 4，最后经过棱镜 5 的折射，同样可在读数显微镜内看到竖直度盘的分划线和分微尺的成像。

图 3-4 的上半部是从读数显微镜中看到的水平度盘的像，只看到 215°和 216°两根刻划线，并看到刻有 60 个分划的分微尺。读数时，读取度盘刻划线落在分微尺内的那个读数，不足 1°的读数根据度盘刻划线在分微尺上的位置读出，并估计到 0.1′。图 3-4 中上半部读得水平度盘的读数为 215°53.6′；下半部是竖直度盘的成像，读数为 88°07.5′。

第三节　电子经纬仪

电子经纬仪是用光电测角代替光学测角的经纬仪，为测量工作自动化创造了有利条件。电子经纬仪具有与光学经纬仪类似的结构特征，测角的方法步骤与光学经纬仪基本相似，最主要的不同点在于读数系统——光电测角。电子经纬仪采用的光电测角方法有三类：编码度盘测角、光栅度盘测角及动态测角系统。现仅对编码度盘测角的原理作一简单介绍。

一、电子经纬仪测角原理

如图 3-5 所示，编码度盘为绝对式度盘，即度盘的每一个位置，都可读出绝对的数值。电子计数一般采用二进制。在码盘上以透光和不透光两种状态表示二进制代码“0”和“1”。若要在度盘上读出四位二进制数，则需在度盘上刻四道同心圆环，又称四条码道，表示四位二进制数码，在度盘最外圈刻的是透光和不透光相间的 16 个格，里圈为高位数，外圈为低位数，透光表示为“0”，不透光表示为“1”，沿径向方向由里向外可读出四位二进制数，如图由 0000 起，顺时针方向可依次读得 0001，0010…直到 1111，也就是十进制数 0～15。

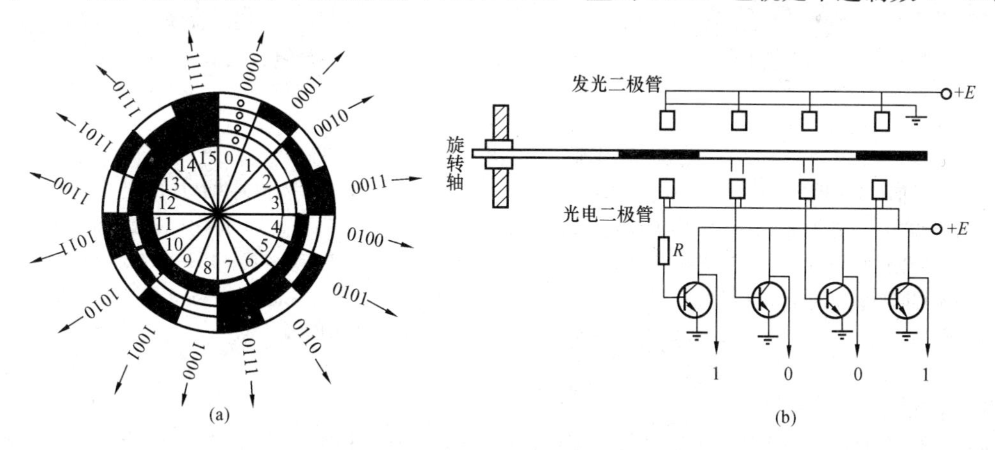

图 3-5　码盘读数原理

(a) 码盘；(b) 结构原理

实现码盘读数的方法是：将度盘的透光和不透光两种光信号，由光电转换器件转换成电信号，再送到处理单元，经过处理后，以十进制数自动显示读数值。其结构原理如图 3-5(b) 所示，四位码盘上装有 4 个照明器（发光二极管），码盘下面相应的位置上装有 4 个光电接收二极管，沿径向排列的发光二极管发出的光，通过码盘产生透光或不透光信号。被光电二极管接收，并将光信号转换为“0”或“1”的电信号，透光区的输出为“0”，不透光区的输出为“1”，四位组合起来就是某一径向上码盘的读数。如图 3－5（b）中输出为 1001。

设想观测时码盘不动，照明器和接收管（又称传感器）随照准部转动，便可在码盘上沿径向读出任何码盘位置的二进制读数。若码盘最小分划值为 10″，则度盘上最低位的码道将分成 360×60×6＝129 600 等分，需要以 17 条码道表示成二进制读数，相应地要用 17 个传感器组成光电扫描系统。

二、电子经纬仪的使用

如图 3－6 所示为我国南方测绘仪器公司生产的 ET－02 型电子经纬仪外形，其一测回方向中误差为±2″，角度最小显示 1″，采用 NiMH 可充电电池供电，充满电池可连续使用 8～10h，正倒镜位置面向观测者都具有 7 个功能键的操作板面（见图 3－7），其操作方法如下。

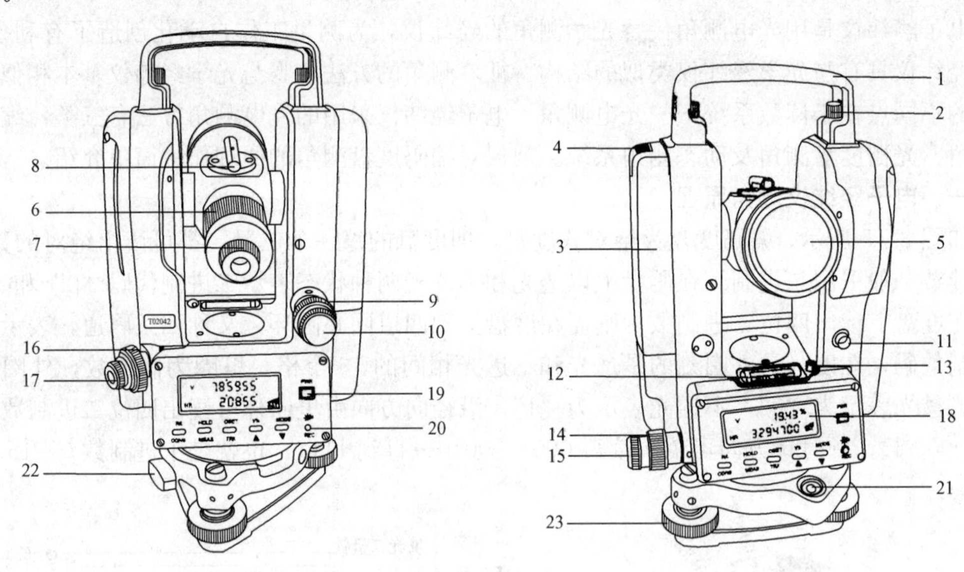

图 3－6　ET－02 型电子经纬仪外形图

1—手柄；2—手柄固定螺钉；3—电池盒；4—电池盒按钮；5—物镜；6—物镜调焦螺旋；7—目镜调焦螺旋；8—光学瞄准器；9—望远镜制动螺旋；10—望远镜微动螺旋；11—光电测距仪数据接口；12—管水准器；13—管水准器校正螺钉；14—水平制动螺旋；15—水平微动螺旋；16—光学对中器物镜调焦螺旋；17—光学对中器目镜调焦螺旋；18—显示窗；19—电源开关键；20—显示窗照明开关键；21—圆水准器；22—轴套锁定钮；23—脚螺旋

1. 开机

如图 3－7 所示，PWR 为电源开关键。当仪器处于关机状态时，按下该键，2s 后打开仪器电源；当仪器处于开机状态时，按下该键，2s 后关闭仪器电源。当打开仪器时，显示窗中字符“HR”右边的数字表示当前视线方向的水平度盘读数，字符“V”右边显示“OSET”，表示应令竖盘指标归零（见图 3－8）。

2. 键盘功能

在面板的 7 个键中，除 PWR 键外，其余 6 个键都具有两种功能，在一般情况下，执行按键上方所注文字的第一功能（测角操作），若先按 MODE 键，再按其余各键，则执行按键下方所注文字的第二功能（测距操作）。现仅介绍第一功能键的操作，第二功能键可参阅仪器操作手册。

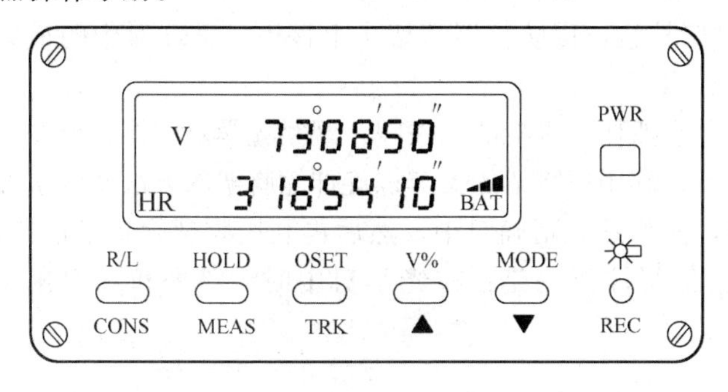

图 3-7 ET-02 型电子经纬仪操作面板

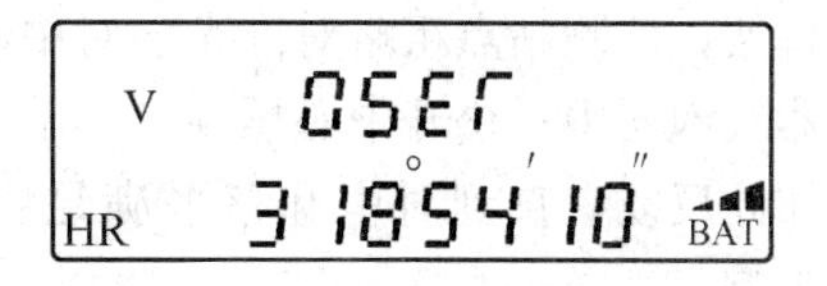

图 3-8 ET-02 型电子经纬仪开机显示内容

(1) R/L 键：水平角右/左旋选择键。按该键可使仪器在右旋或左旋之间转换。右旋相当于水平度盘为顺时针注记，左旋为逆时针注记。打开电源时，仪器自动处于右旋状态，字符“HR”和所显数字表示右旋的水平度盘读数，反之，“HL”表示左旋读数。

(2) HOLD 键：水平度盘读数锁定键。连续按该键两次，水平度盘读数被锁定，此时转动照准部，水平度盘读数不变，再按一次该键，锁定解除，转动照准部，水平度盘读数发生变化。

(3) OSET 键：水平度盘置零键。连续按该键两次，此时视线方向的水平度盘读数被置零。

(4) V%键：竖直角以角度制显示或以斜率百分比显示切换键。按该键可使显示窗中“V”字符右边的竖直角以角度制显示或以斜率百分比显示。

(5) ☼键：显示窗和十字丝分划板照明切换开关。照明灯关闭时，按该键即打开照明灯，再按一次则关闭。当照明灯打开 10s 内没有任何操作，则会自动关闭，以节省电源。

ET-02 型电子经纬仪还具有角度测量单位（360°或 400gon 等）、自动关机时间（30min 或 10min 等）、竖直角零位设定，角度最小显示单位（1″或 5″等）等设置功能，读者可参阅其操作手册。

第四节 水平角测量

经纬仪的主要用途是进行角度测量，角度测量包括水平角观测和竖直角观测，这里先叙述水平角观测的方法。

一、经纬仪的安置

在进行水平角测量之前，首先要将经纬仪对中和整平。对中的目的是使仪器的竖轴和水平度盘的中心对准水平角的顶点（测站点），而整平则是为了使水平度盘处于水平位置。现将对中和整平方法分别叙述如下：

1. 对中

安置三脚架于测站点上，挂上垂球，然后移动脚架，使垂球尖端粗略地对准测站点，此时要注意保持三脚架的架头大致水平，随即将脚架插入土中。其后，将经纬仪安置到三脚架上，不要拧紧连接螺旋，以便仪器可以在架头上微微平移，直到垂球尖端精确对准测站点为止。最后把连接螺旋拧紧，以防仪器从架头上摔下。垂球对中的最大偏差一般不应大于 3mm。

也可以采用光学对中器对中：两手分别抓住三脚架的两条腿，观察光学对中器，挪动三脚架，使测站点粗略对准光学对中器中点；利用三脚架的关节螺旋伸缩脚架的方法使圆水准器气泡居中；松开中心螺旋，移动仪器，使测站点精确对中，然后再利用脚螺旋整平仪器；如此反复，直到对中和整平满足要求。值得注意的是：在光学对中时，整平和对中相互影响。

2. 整平

仪器对中以后，就要进行整平。整平仪器是用基座上的三个脚螺旋来进行的，其方法如下：首先放松照准部的制动螺旋，使照准部水准管与一对脚螺旋的连线平行。两手按相反方向转动该对脚螺旋，使水准管的气泡居中，气泡移动的方向是与左手大拇指移动的方向一致，如图 3－9（a）所示；然后将照准旋转 90°，再转动第三个脚螺旋，使气泡居中，如图 3－9（b）所示。这样反复交替进行几次，直到水准管在任何位置时气泡都居中为止。在实际工作中，气泡偏离中心的误差不得超过半格。

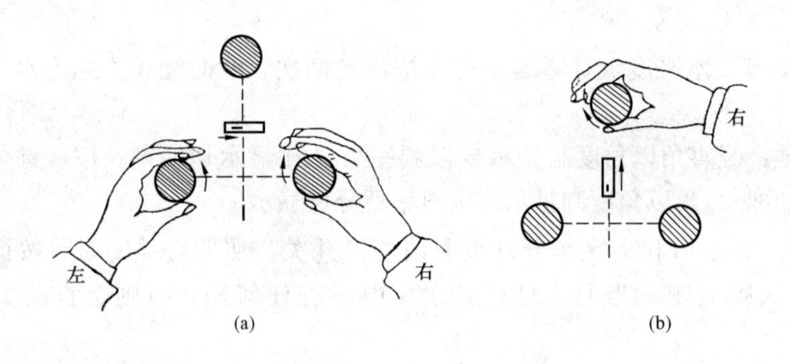

图 3－9　水准管整平方法

（a）双手转动脚螺旋；（b）转动第三个脚螺旋

二、水平角观测

测量水平角的方法有多种，常用的有测回法和全圆测回法。

1. 测回法

如图 3－10 所示，图中所表示的是水平度盘和观测目标的水平投影。现以 DJ6 型光学经纬仪为例说明用测回法测定水平角$\angle AOB$的操作步骤：

（1）将经纬仪安置在测站 O 点上，对中和整平。

（2）令照准部在盘左位置（竖直度盘在望远镜左侧，也称正镜），旋转照准部，瞄准左方目标 A，瞄准时应用竖丝的双丝夹住目标，或单丝平分目标。

（3）拨动度盘变换手轮，使水平度盘的读数略大于 0°（图 3－10 中为 0°01′06″），记入记录手簿。

（4）按顺时针方向转动照准部，瞄准右方目标 B（见图 3－11），读出水平度盘读数（表 3－1 中 68°48′18″）。算出瞄准左、右目标所得读数的差数：68°48′18″－0°01′06″＝68°47′12″。

此为上半测回角值。

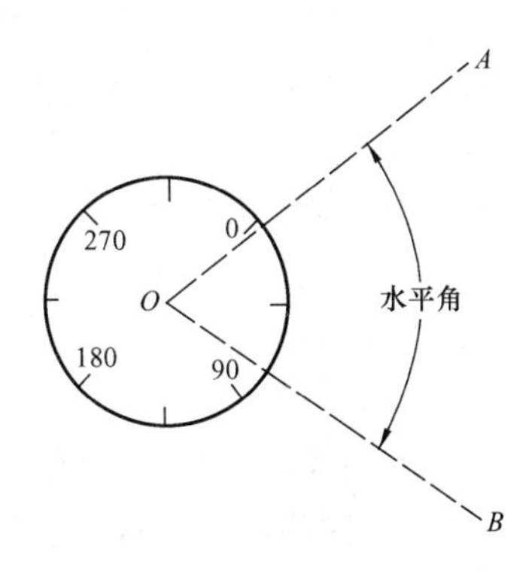

图 3－10 测回法测水平角

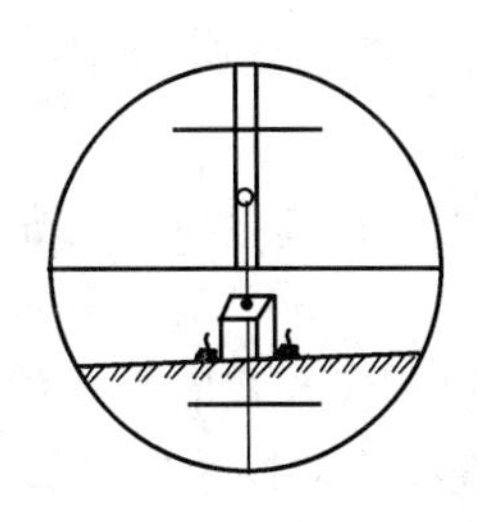

图3－11 经纬仪瞄准目标

表 3－1 **水平角观测记录（测回法）**

日期 ________年________月________日 观测者________

仪器 DJ6 型经纬仪 记录者________

测站（测回）	目标	竖盘位置	水平度盘读数 ° ′ ″	半测回角值 ° ′ ″	一测回角值 ° ′ ″	各测回平均角值 ° ′ ″	备注
O（1）	A	左	0 01 06	68 47 12	68 47 09	68 47 08	
	B		68 48 18				
	A	右	180 01 24	68 47 06			
	B		248 48 30				
O（2）	A	左	90 01 24	68 47 12	68 47 06		
	B		158 48 36				
	A	右	270 01 48	68 47 00			
	B		338 48 48				

（5）倒转望远镜成盘右位置（竖直度盘在望远镜右侧，也称倒镜），先瞄准左方目标 A 读数，再瞄准右方目标 B 读数，其具体操作与上半测回相同，测得的角值为 68°47′06″，称为下半测回的角值。取两个半测回的平均值作为一测回的角值。

在实际作业中，为了提高精度，往往要观测几个测回，测回与测回之间的差值一般不应超过 24″。同时，为了消减由于度盘刻划不均匀对测角的影响，在每个测回观测时，应变换度盘位置，变换数值按 180°/n 计算（n 个测回数）。例如要观测 3 个测回，则 180°/3＝60°，这样每测回的起始读数分别为 0°、60°和 120°附近。

2. 全圆测回法

有时在一个测站上往往要观测两个以上的方向，这时采用全圆测回法进行观测比较方便，其观测、记录及计算步骤如下。

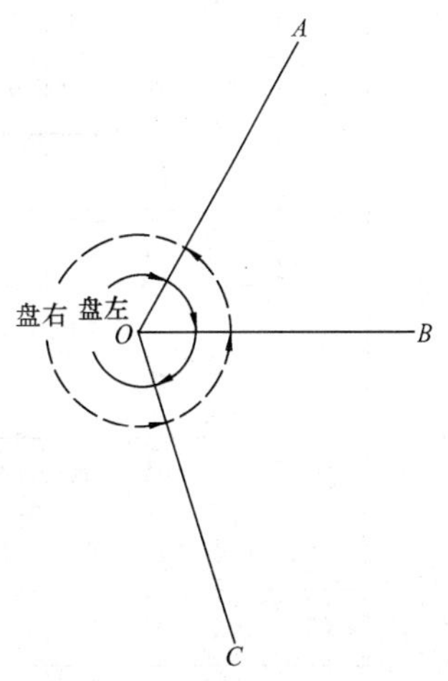

图 3－12 全圆测回法测量水平角

（1）如图 3－12 所示，将经纬仪安置在测站 O 上，使度盘读数略大于 0°，以盘左位置瞄准起始方向（又称零方向）A 点，按顺时针方向依次瞄准 B、C 各点，最后顺时针旋转又瞄准 A 点，将其读数分别记入表 3－2 第 3 栏内，即测完上半测回，在半测回中两次瞄准起始方向 A 的读数差称为“半测回归零误差”，一般不得大于 24″。

（2）倒转望远镜，以盘右位置瞄准 A 点，按逆时针方向依次瞄准 C、B 点，最后又瞄准 A 点，将其读数分别记入表 3－2 第 4 栏内（此时记录顺序为自下而上），即测完下半测回。

（3）为了提高精度，通常也要测几个测回。每个测回开始时也要变换度盘位置，变换值同测回法。

（4）计算盘左盘右平均值、归零方向值、各测回归零方向平均值和水平角值。如表 3－2 所示，在一个测回中同一方向的盘左、盘右读数取其平均值记在第 5 栏内，将起始方向 A 的两个数值取其平均值（例如在第一测回中 0°01′09″和 0°01′15″的平均值是 0°01′12″，即为 A 点的方向值，写在第 5 栏上方括号内）；然后将各方面的盘左、盘右平均值减去 A 方向平均值 0°01′12″，即得“归零方向值”（例如目标 B 的盘左、盘右平均值为 62°48′33″用此值减去 0°01′12″即得 B 点归零方向值 62°47′21），记于第 6 栏内。

各测回同一方向的归零方向值差数不得大于 24″，如在允许范围内，取其平均值得到“各测回归零方向平均值”，记于第 7 栏，将相邻归零方向平均值相减即得相邻方向所夹的水平角，记于第 8 栏。

表 3－2　　全圆测回法观测记录

日期 ________年________月________日　　观测者________

仪器　DJ6 型经纬仪　　记录者________

测站（测回）	目标	水平度盘读数		盘左、盘右平均值 $\frac{左+右\pm180°}{2}$	归零方向值	各方向归零方向平均值	水平角值
		盘左	盘右				
1	2	3	4	5	6	7	8
		° ′ ″	° ′ ″	° ′ ″	° ′ ″	° ′ ″	° ′ ″
				(00 01 12)			
O（1）	A	0 01 06	180 01 12	0 01 09	0 00 00	0 00 00	
	B	62 48 36	242 48 30	62 48 33	62 47 21	62 47 19	62 47 19
	C	151 20 24	331 20 24	151 20 24	151 19 12	151 19 13	88 31 54
	A	0 01 12	180 01 18	0 01 15			208 40 47
				(90 01 10)			
O（2）	A	90 01 06	270 01 06	90 01 06	0 00 00		
	B	152 48 30	332 48 24	152 48 27	62 47 17		
	C	241 20 30	61 20 18	241 20 24	151 19 14		
	A	90 01 18	270 01 12	90 01 15			

第五节 竖直角测量

一、竖直角测量的概念

在测量工作中，为了测定两点之间的高差或水平距离，经常要进行竖直角测量。竖直角就是在竖直面内视线方向与水平线的夹角。如图 3-13（a）所示，当视线在水平线之上，其竖直角为仰角，取正号；如图 3-13（b）所示，当视线在水平线之下，则为俯角，取负号。

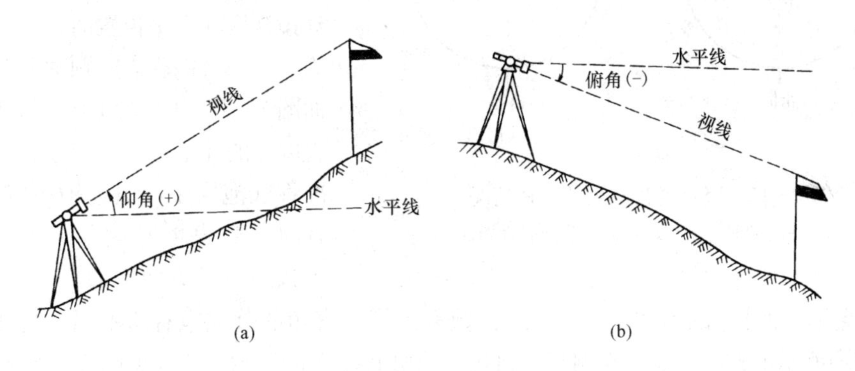

图 3-13　竖直角的概念

（a）视线在水平线之上；（b）视线在水平线之下

二、竖直度盘和读数系统

竖直度盘是用来测量竖直角的，图 3-14 所示为 DJ6 型光学经纬仪的竖直度盘和读数系统示意图。竖直度盘固定在望远镜横轴的一端，随望远镜在竖直面内一起俯仰转动，为此必须有一固定的指标读取望远镜视线倾斜和水平时的读数。竖直度盘指标水准管 7 与一系列棱镜透镜组成的光具组 10 为一整体，它固定在竖直度盘指标水准管微动架上，即竖直度盘水准管微动螺旋可使竖直度盘指标水准管作微小的俯仰运动，当水准管气泡居中时，水准管轴水平，光具组的光轴 4 处于铅垂位置，作为固定的指标线，用以指示竖直度盘读数。

当望远镜视线水平、竖直度盘指标水准管气泡居中时，指标线所指的读数应为 0°、90°、180°或 270°（图 3-14 中为 90°），此读数是视线水平时的读数，称为始读数。因此测量竖直角时，只要测读视线倾斜时的读数（简称读数），即可求得竖直角，但一定要在竖盘水准管气泡居中时才能读数。

现在有一种竖直度盘指标能自动补偿的经纬仪，它取消了竖直度盘指标水准管，而安装一个自动补偿装置。具有这种装置的经纬仪，

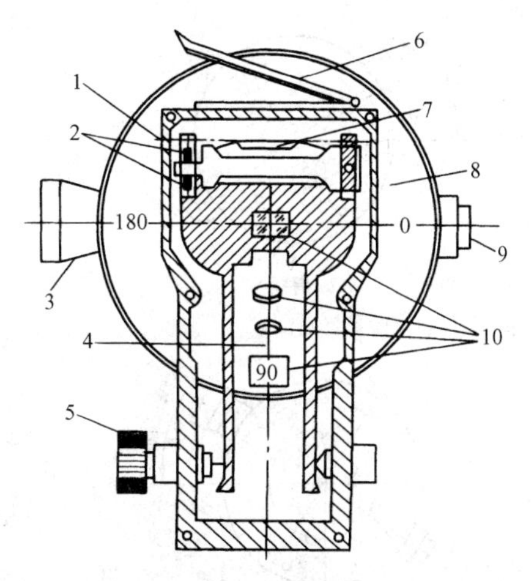

图 3-14　DJ6 型光学经纬仪竖直度盘和读数系统

1—竖直度盘指标水准管轴；2—竖直度盘指标水准管校正螺钉；3—望远镜；4—光具组光轴；5—竖直度盘指标水准管微动螺旋；6—竖直度盘指标水准管反光镜；7—竖直度盘指标水准管；8—竖直度盘；9—目镜；10—光具组的透镜棱镜

当仪器稍有微量倾斜时，它会自动调整光路使读数仍为水准管气泡居中时的数值，正常情况下，这时的指标差为零，故也称自动归零装置。其原理与自动安平水准仪相同。使用这种仪器能在整平后立即照准目标进行竖直角观测，简化了操作程序，节省了观测时间。

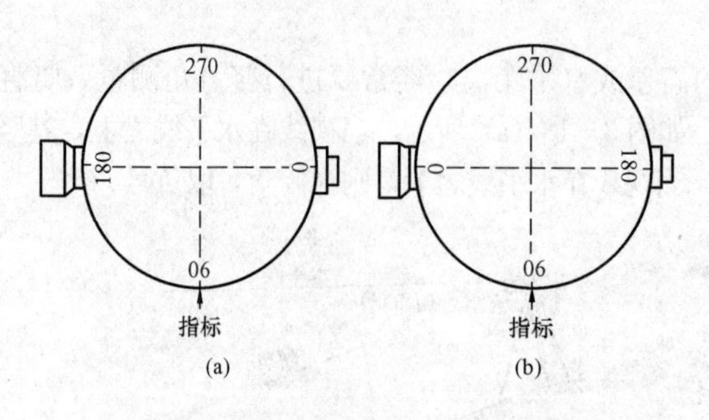

图 3－15　竖直度盘刻划的两种情况

（a）注记顺时针增加；（b）注记逆时针增加

三、竖直角的计算

竖直度盘分划线的注记方式，按仪器的类型不同而异。如图 3－15（a）所示，竖直度盘指标水准管气泡居中，望远镜视线在水平位置时，竖直度盘读数为 90°，其注记是按顺时针方向增加。而图 3－15（b）为 DJ6－1 型经纬仪竖直度盘的注记形式，当竖直度盘指标水准管气泡居中，望远镜视线在水平位置时，竖直度盘读数为 90°，但注记却按逆时针方向增加。

由于竖直度盘注记的形式不同，根据读数来计算竖直角的公式也有所不同。当度盘注记为图 3－15（a)所示形式时，盘左观测某一目标，设竖直度盘的读数为 L［见图 3－16（a)］，倒转望远镜，盘右仍瞄准该目标，设竖直度盘的读数为 R［见图 3－16（b)］。

由图 3－16（a）：盘左时　　竖直角 $\alpha_{左}=90°-L$　　(3－1)

由图 3－16（b）：盘右时　　竖直角 $\alpha_{右}=R-270°$　　(3－2)

当度盘注记为图 3－15（b）所示形式时，由竖直度盘读数求得竖直角的公式为

由图 3－17（a）：盘左时　　竖直角 $\alpha_{左}=L-90°$　　(3－3)

由图 3－17（b）：盘右时　　竖直角 $\alpha_{右}=270°-R$　　(3－4)

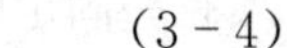

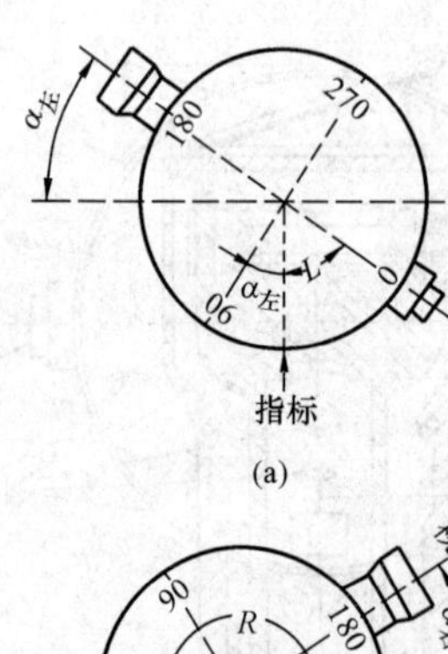

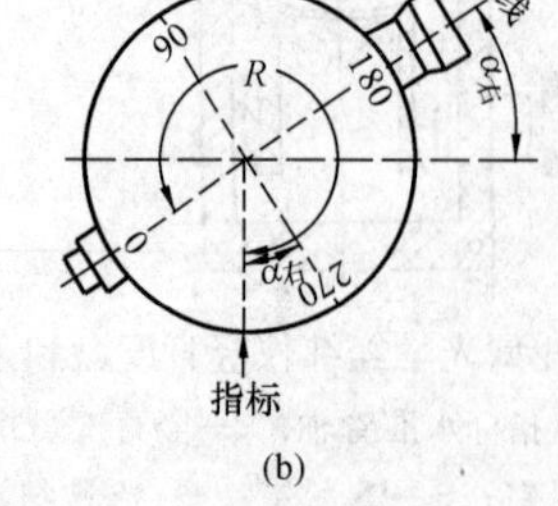

图 3－16　竖直度盘顺时针注记时公式推导示意图

（a）盘左；（b）盘右

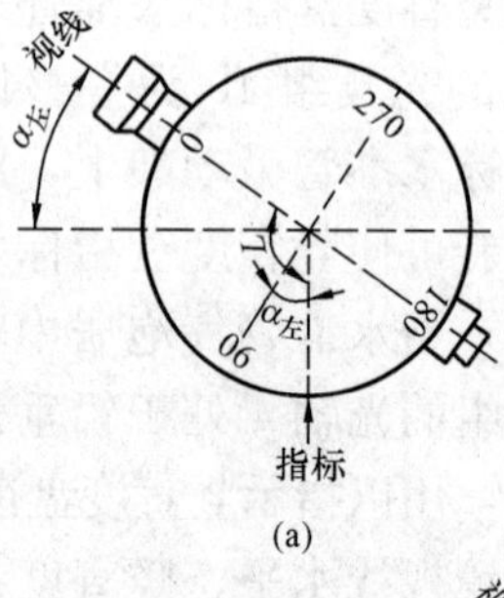

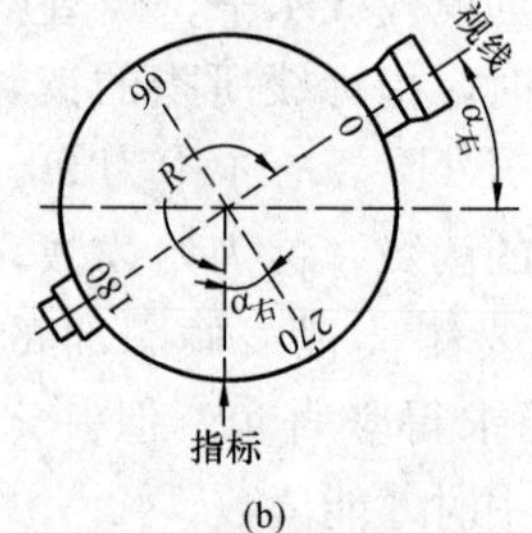

图 3－17　竖直度盘逆时针注记时公式推导示意图

（a）盘左；（b）盘右

综上所述，可得出计算竖直角的法则如下：

（1）盘左时，当望远镜仰起，若读数增加，则竖直度盘逆时针注记。

（2）盘左时，当望远镜仰起，若读数减少，则竖直度盘顺时针注记。

应当指出，因为竖直角是视线和水平线的夹角，而当视线水平时，在竖直度盘上的读数总是一个常数。所以进行竖直角观测时，只瞄准所测目标，令竖直度盘指标水准管气泡居中，并读取其竖直度盘读数，即可利用式（3－1）～式（3－4）求得该目标的竖直角，而不必读取视线水平时的读数。

四、竖直角观测

观测竖直角前，盘左将望远镜仰起，观察读数的增减（本例为减少），据此确定竖直度盘始读数及竖直角的计算公式，然后按下述步骤观测。

（1）如图3－13所示，将经纬仪安置于测站A，经对中、整平后，用盘左位置瞄准目标B，以十字丝中横丝瞄准目标。

（2）转动竖直度盘指标水准管微动螺旋，使指标水准管气泡居中，读取竖直度盘读数L（83°37′12″），记入观测手簿中（见表3－3），算得竖直角为＋6°22′48″。

表3－3　竖直角观测记录

测　站	目　标	竖直度盘位置	竖直度盘读数	半测回竖直角	一测回竖直角	备　注
			° ′ ″	° ′ ″	° ′ ″	
A	B	盘左	83 37 12	6 22 48	＋6 22 51	瞄准目标高度为2.0m
		盘右	276 22 54	6 22 54		
A	C	盘左	99 40 12	－9 40 12	－9 40 36	瞄准目标高度为1.2m
		盘右	260 19 00	－9 41 00		

（3）倒转望远镜，用盘右位置再次瞄准目标B，令竖直度盘指标水准管气泡居中，读取竖盘读数R（276°22′54″），算得竖直角为＋6°22′54″。

（4）取盘左、盘右的平均值（＋6°22′51″），即为观测B点一测回的竖直角。若精度要求较高时，可测若干测回取平均值作为观测成果。

第六节　经纬仪的检验和校正

从水平角测量的原理可知，测量水平角时，经纬仪的水平度盘必须处在水平位置。仪器整平后，望远镜俯仰转动时，视准轴绕横轴旋转所形成的平面应是一个竖直面。为了满足这些条件，在进行角度测量之前，应对经纬仪进行检验和校正。

经纬仪各主要部件的关系，可用其轴线来表示，如图3－18所示。经纬仪各轴线应满足下列条件：

（1）照准部水准管轴垂直于竖轴，即$LL \perp VV$；

（2）十字丝竖丝垂直于横轴；

（3）视准轴垂直于横轴，即$CC \perp HH$；

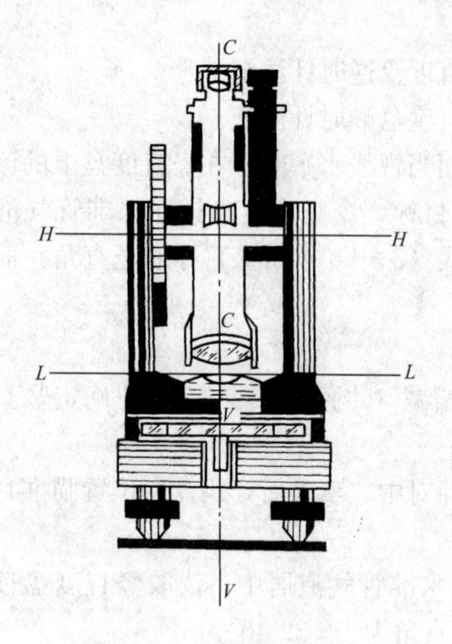

图 3-18 经纬仪主要轴线

（4）横轴垂于竖轴，即 $HH \perp VV$。

现将经纬仪的检验校正方法介绍如下。

一、照准部水准管轴垂直于竖轴的检验和校正

1. 检验

先使仪器大致整平，转动照准部使照准部水准管平行于一对脚螺旋的连线，并转动该对脚螺旋使水准管气泡居中。然后将照准部旋转 180°，此时水准管也旋转了 180°，若气泡偏离中央，表明水准管轴不垂直竖轴，这是因为水准管的两个支柱（见图 3-19）不等长的缘故。

2. 校正

用校正针拨动水准管一端的校正螺钉，使气泡退回偏离的一半，再旋转脚螺旋，使气泡居中。此项校正要反复进行几次，直到旋转照准部到任意位置，水准管气泡居中为止。

为什么校正时只校正气泡偏离的一半呢？如图 3-20（a）所示，若水准管的两支柱不等长，气泡虽然居中，因水准管轴 $L'L'$ 不平行于水平度盘而交成一个小角 α，此时经纬仪的竖轴也偏离铅垂线一个小角 α。

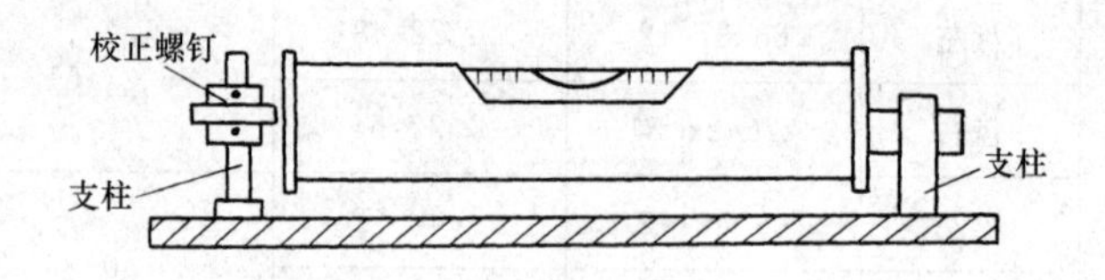

图 3-19 照准部水准管

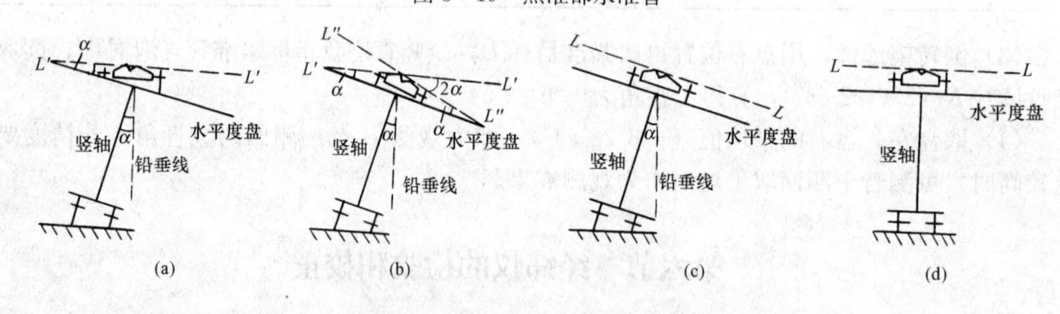

图 3-20 照准部水准管的校正

（a）步骤一；（b）步骤二；（c）步骤三；（d）步骤四

水准管随照准部旋转 180°后［见图 3-20（b）］，竖轴的位置没有改变，但由于水准管支柱的高低端交换了位置，使水准管轴位于新的位置 $L''L''$，$L''L''$ 与 $L'L'$ 之间的夹角为 2α，这时气泡不再居中。而从中央向另一端走了一段弧长，这段弧长即为 2α 的角度。由图 3-20（a）可知，由于水准管两支柱不等长而引起的水准管轴与水平度盘间的夹角为 α，因此只要校正 α 角的弧段，即可使水准管轴 LL 平行于水平度盘。因水平度盘与竖轴是垂直的，所以此时水准管轴也就垂直于竖轴了［见图 3-20（c）］。调整脚螺旋使气泡居中，竖轴即处于铅垂位置［见图 3－20（d)］。

二、十字丝竖丝垂直于横轴的检验和校正

1. 检验

整平仪器后，用十字丝竖丝瞄准一清晰目标，固定照准部制动螺旋和望远镜制动螺旋，转动望远镜微动螺旋使望远镜上下微动，如果目标始终在竖丝上移动，则条件满足，否则应进行校正。

2. 校正

卸下目镜处分划板护盖，如图 3－21 所示，用螺丝刀松开 4 个十字丝环固定螺钉，转动十字丝环使竖丝处于竖直位置，然后把 4 个螺钉拧紧。

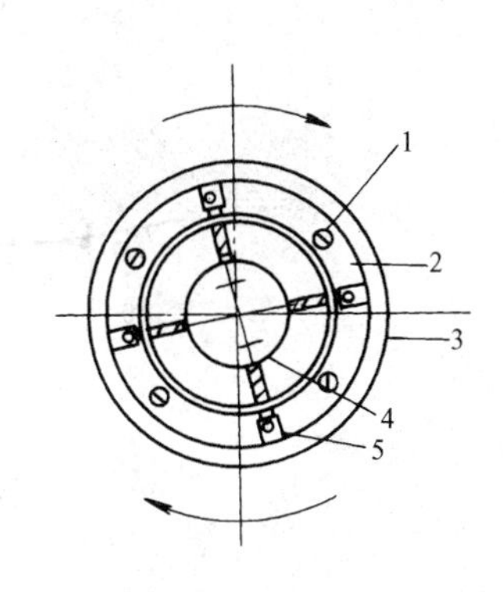

图 3－21　十字丝分划板的校正
1—十字丝分划板固定螺钉；2—十字丝分划板座；3—望远镜镜筒；4—十字丝分划板；5—十字丝校正螺钉

三、视准轴垂直于横轴的检验和校正

1. 检验

整平仪器后，望远镜在盘左位置瞄准一个与仪器大致同高的目标 M，读取水平度盘数 $m_{左}$。倒转望远镜（盘右）瞄准同一点 M，读得读数为 $m_{右}$。若盘左、盘右两读数 $m_{左}$ 和 $m_{右}$ 之差不等于 180°，它与 180°的差数就是视准轴不垂直于横轴的误差的两倍，称为“两倍的视准误差”，用 c 表示。

例如：盘左时读数　$m_{左}=3°02'30''$

　　　盘右时读数　$m_{右}=183°02'42''$

$$2c=183°02'42''-(3°02'30''+180°)=+12''$$

$$c=+06''$$

其原理如下：视准轴不垂直于横轴是由于十字丝分划板所处的位置不正确而引起。如图 3－22（a）所示，设十字丝交点不在正确位置 K 而在 K'（偏向于横轴的 H 端），致使盘左时视线不与横轴垂直，当瞄准 M 点时，必须使望远镜向左转动一个 c 角才能瞄准目标，此时度盘读数为 $m_{左}$ 比正确读数 m 读小了一个 c 角，则

$$m=m_{左}+c \tag{3-5}$$

盘右时［见图 3－22（b)］，十字丝交点 K'仍偏向于横轴 H 端，K'在 K 的右边，瞄准目标 M 点时，必须使望远镜向右转动一个 c 角才能瞄准目标 M 点，这时读数 $m_{右}$ 比正确读数 $m\pm180°$读大了一个 c 角，即

$$m\pm180°=m_{右}-c \tag{3-6}$$

将式（3－5）加式（3－6）得

$$m=\frac{1}{2}(m_{左}+m_{右}\pm180°) \tag{3-7}$$

将式（3－5）减式（3－6）得

$$c=\frac{1}{2}(m_{右}-m_{左}\mp180°) \tag{3-8}$$

从式（3－7）可以看出，由于盘左读小了 c 角，盘右读大了 c 角，取平均值，就可消除视准误差 c 的影响。

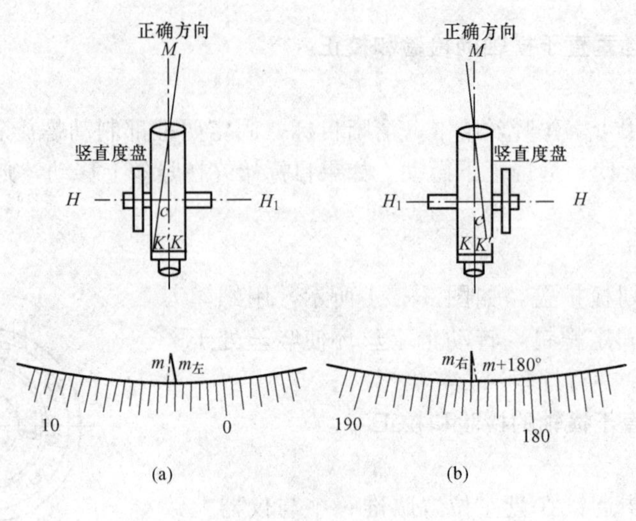

图 3-22　视准误差

（a）盘左；（b）盘右

2. 校正

上述检验后，保持仪器在盘右位置（为了避免重新瞄准目标，以盘右位置校正较为方便）。首先算出盘右位置的正确读数（盘左读数±180°后，再与盘右读数平均，上例中为183°02′36″），然后转动照准部的水平微动螺旋，使读数恰为求出的盘右位置的正确读数，此时十字的竖丝即离开目标（见图 3-23），然后旋下十字丝校正螺钉的护盖，略微松动十字丝分划板上下校正螺钉 C 和 D，用一松一紧的方法拨动左右两颗校正螺钉 A 和 B，使十字丝的竖丝对准目标 M，校正后，重新拧紧上下校正螺钉 C 和 D。这一工作需反复进行，直至视准误差 C 不超过 30″为止。

四、横轴垂直于竖轴的检验和校正

1. 检验

整平仪器，在盘左位置将望远镜瞄准墙上高处 M 点（见图 3-24），固定照准部和水平度盘，令望远镜俯至水平位置，根据十字丝交点在墙上标出一点 m_1；然后倒转望远镜，在盘右位置仍瞄准高点 M，使望远镜俯至水平位置，同法在墙上标出一点 m_2。若 m_1 与 m_2 两点不重合，表明横轴不垂直于竖轴，需要校正。

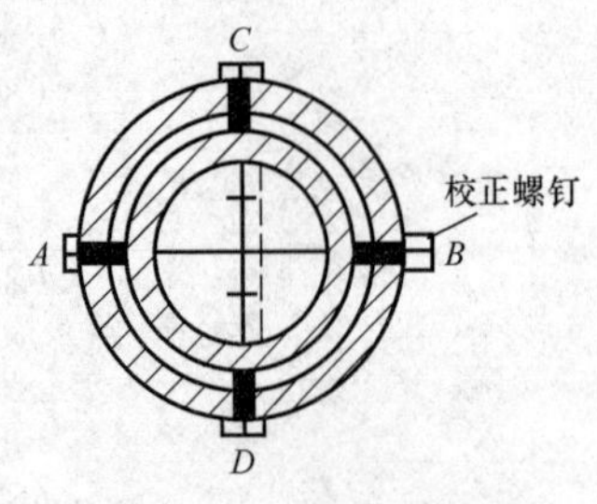

图 3-23　视准误差的校正

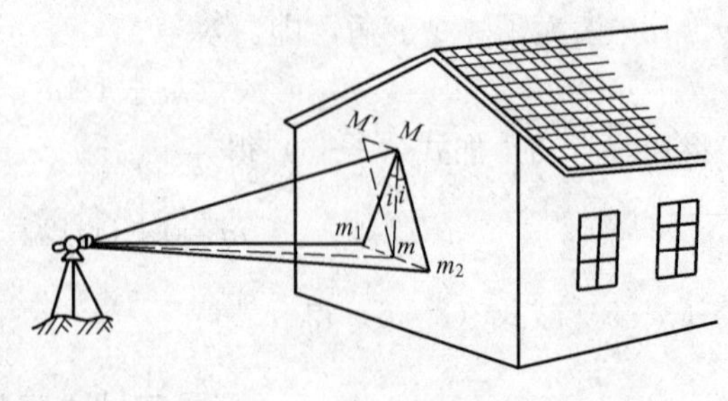

图 3-24　横轴误差的校正

2. 校正

用尺子量出 m_1、m_2 之间的距离，取其中点 m，用照准部微动螺旋将望远镜的十字丝交

点对准 m 点；然后仰起望远镜至 M 的高度，此时十字丝交点必然不再与原来的 M 点重合而对着另一点 M'（见图 3－24）。校正时，由于各种经纬仪的横轴结构不同，所校正的部位不一样。但不管哪一类仪器，校正此项条件的基本方法是升高或降低横轴的一端，使十字丝交点对准 M 点为止。此项校正工作应由有经验的工作人员在室内进行。由于光学经纬仪的横轴多用磷青铜制成，轴系耐磨，且密封安装，一般出厂时已保证横轴与竖轴的垂直关系，作业人员只用检验即可。

五、竖直度盘指标差的检验和校正

本章第五节指出，在正常情况下，当望远镜的视线处于水平位置，竖直度盘指标水准管气泡居中时，竖直度盘上的读数应该是一个整数（90°、270°或 0°、180°），如果不是，它与整数的差数即为竖直度盘指标差。

1. 检验

整平仪器，用盘左和盘右观测同一目标，分别读取竖直度盘读数（读数时竖盘指标水准管的气泡需严格居中），根据竖直度盘读数所算得的两个竖直角应相等；否则，其差数即为竖直度盘指标差的两倍。

为什么其差数即为指标差的两倍呢？如图 3－25（a）所示，当视线水平，竖直度盘指标水准管的气泡居中时，指标线不正好对着 90°，而存在竖直度盘指标差 i，此时，若以盘左位置瞄准目标 M［见图 3－25（b）］，则得

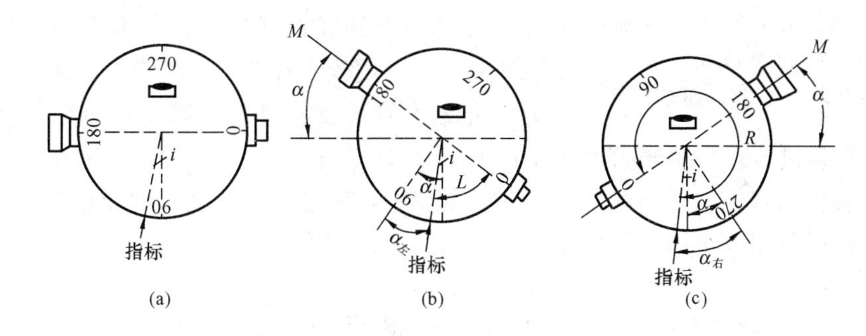

图 3－25　竖直度盘指标差

（a）气泡居中；（b）盘左；（c）盘右

盘左时测得的竖直角　　$\alpha_{左}=90°-L$

正确的竖直角　　$\alpha=\alpha_{左}+i$　　（3－9）

若以盘右位置瞄准同一目标 M［见图 3－25（c）］，则得

盘右时测得的竖直角　　$\alpha_{右}=R-270°$

正确的竖直角　　$\alpha=\alpha_{右}-i$　　（3－10）

将式（3－10）减式（3－9）得

$$i=\frac{\alpha_{右}-\alpha_{左}}{2} \qquad (3-11)$$

将竖直角的计算公式带入式（3－11）得

$$i=\frac{L+R-360°}{2} \qquad (3-12)$$

将式（3－9）加式（3－10）得

$$\alpha = \frac{\alpha_{左} + \alpha_{右}}{2} \tag{3-13}$$

例如：盘左时竖直度盘的读数为 $L=75°43'$，则 $\alpha_{左}=+14°17'$

盘右时竖直度盘的读数为 $R=284°18'$，则 $\alpha_{右}=+14°18'$

其指标差为 $i=\frac{L+R-360°}{2}=\frac{75°43'+284°18'-360°}{2}=+30''$

正确竖直角为 $\alpha=\frac{\alpha_{左}+\alpha_{右}}{2}=\frac{14°18'+14°17'}{2}=+14°17'30''$

2. 校正

因为检验指标差时，一般都是先用盘左观测，再用盘右观测，仪器最后处在盘右状态，所以根据正确的竖直角算出盘右时正确的竖直度盘读数来进行校正较为方便。在本例中，盘右时正确的竖直度盘读数为 $14°17'30''+270°=284°17'30''$。

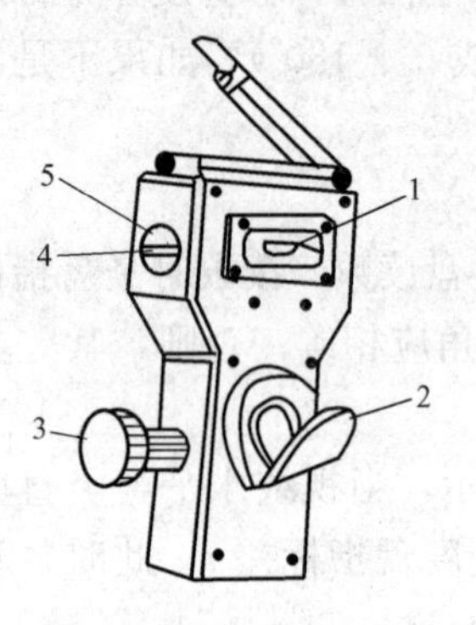

图 3-26　竖直度盘指标差的校正

1—竖直度盘指标水准管；2—反光镜；3—竖直度盘指标水准管微动螺旋；4—水准管支架；5—水准管校正螺钉

校正时，望远镜仍然对准原来目标，旋转竖直度盘指标水准管微动螺旋，使竖直度盘读数恰为算出的盘右正确读数，此时竖直度盘指标处于正确位置而竖直度盘指标水准管气泡不居中，于是打开竖直度盘指标水准管的盖板，即可看到竖直度盘指标水准管的两颗校正螺钉（见图 3-26），用校正针拨动校正螺钉，采用先松后紧的办法，把水准管的支柱升高或降低，直至气泡居中。此项校正也应反复进行，直至竖直度盘指标差小于 24″为止。

对于具有自动归零装置的经纬仪，若长期使用，装置也会变动，因而也应检验有无指标差存在。若指标差超限必须加以校正，一般送专业机构检修。

第七节　经纬仪的测量误差及其消减方法

一、水平角测量误差

在进行水平角测量时，观测成果不能绝对避免误差，产生误差的原因有很多，主要为仪器误差、观测误差、仪器对中误差和照准点偏心误差等。

1. 仪器误差

经纬仪虽然经过校正，但难免还有残余误差存在，只要在观测时采取相应措施，这些残余误差大多数是可以消除的。例如，视准轴不垂直于横轴以及横轴不垂直于竖轴的误差，可以用盘左和盘右两个位置观测，取其平均值来消除。但照准部水准管轴不垂直于竖轴的残余误差是不能用盘左、盘右观测的方法来消除的，因此在测角时应细心地整平仪器，使竖轴竖直。

度盘刻划不均匀的误差，在目前用刻度机刻划的情况下误差很小。当水平角的观测精度要求较高时，可多观测几个测回，而在每测回开始时，变动度盘位置（如测回法所述），使读数均匀地分配在度盘各个位置，以消减这种误差的影响。

2. 观测误差

主要是照准误差和读数误差。这种误差除了与仪器的性能相关，还取决于观测员的感觉器官和技术熟练程度。

一般认为，人的眼睛能判别 60″的角，即小于 60″的角度，靠肉眼就判别不出来。如用望远镜来判别，望远镜的放大率越大，瞄准目标越清楚，照准误差就越小，故望远镜可以判别 60″/V（V 为望远镜放大率）的角度。例如：望远镜的放大率为 30 倍，则这个望远镜可以判别 2″的角度；但是，如果观测员操作不正确，对光不完善，也会发生较大的照准误差，故观测时应注意做好对光和瞄准工作。

读数误差首先取决于测微尺的精度，例如：对 DJ6 型光学经纬仪的读数误差为 6″；但是，如果读数时不仔细，其误差可能会增大一倍，这种情况应尽量避免。

3. 仪器对中误差

在观测水平角时，由于仪器对中不精确，致使度盘中心未对准测站点 O 而偏至 O' 点（见图 3－27），此种现象称为测站点偏心，而 OO' 间的距离 e 称为测站点的偏心距。

设 $\angle AOB=\beta$ 是要观测的角度，现由 O 点作 $OA' /\!/ O'A$，$OB' /\!/ O'B$，则由图 3－27 可看出，$\angle AO'B=\angle A'OB'$，对中误差对水平角的影响为

$$\Delta\beta=\beta-\beta'=\delta_1+\delta_2$$

因偏心距 e 是一个小值，故 δ_1 和 δ_2 应为小角，于是可把 e 近似地作为一段小圆弧看待，故得

$$\Delta\beta=\delta_1+\delta_2=\left(\frac{e}{S_1}+\frac{e}{S_2}\right)\rho'' \qquad (3-14)$$

$$\rho''=206\ 265''$$

式中　S_1、S_2——分别为 OA 和 OB 的边长。

从式（3－14）中可以看出：偏心距 e 越大或边长 S 越短，则对水平角观测的影响越大。故在边长甚短或测角精度要求较高的情况下，应特别注意减小仪器对中误差。

4. 照准点偏心误差

若标杆斜立，而瞄准标杆顶部，致使瞄准部位与地面标点不在同一铅垂线上，这时将产生照准点偏心差（见图 3－28）。

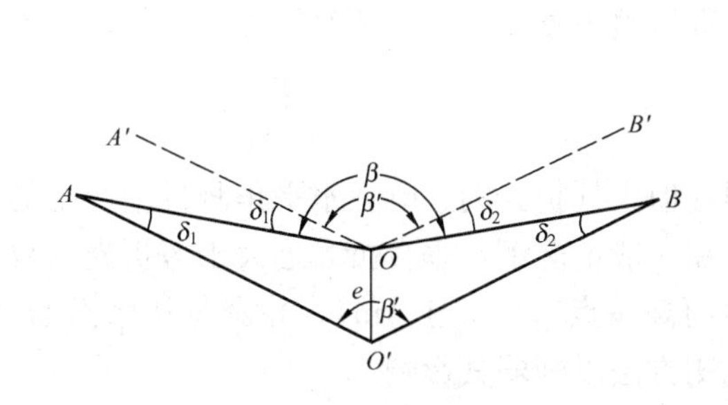

图 3－27　仪器对中误差

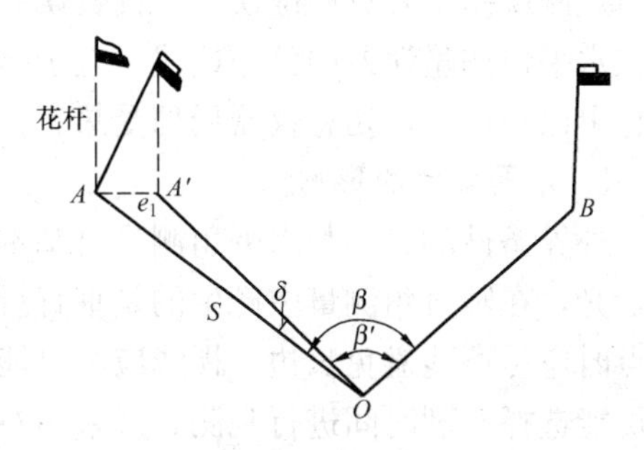

图 3－28　照准点偏心误差

图 3－28 中 O 为测站点，A 和 B 都是照准点，如果在 A 点上所立的标杆不正，此时所测得的水平角不是正确的 β 而是 β'，两者之差为

$$\Delta\beta=\beta-\beta'=\delta=\frac{e_1}{S}\rho'' \qquad (3-15)$$

式中　S——OA 的边长；

e_1——照准点偏心距。

当在 B 点的标杆不正时，亦可发生此种情况。

从式（3-15）可以看出，偏心距 e_1 越小或边长 S 越长，则误差也越小。因此测量时应将标杆竖直，边长不宜太短，瞄标目标时应尽量瞄准标杆的最下部。

5. 外界条件的影响

外界条件的影响是多方面的。如大气中存在温度梯度，视线通过大气中不同的密度层，传播的方向不是一条直线而是一条曲线（见图 3-29），这时在 A 点的望远镜视准轴处于曲线的切线位置即已照准 B 点，切线与曲线的夹角 δ 即为大气折光在水平方向所产生的误差，称为旁折光差。旁折光差 δ 的大小除与大气温度梯度有关外，还与距离 d 的平方成正比，故观测时对于长边应特别注意选择有利的观测时间（如阴天）。此外，视线应离障碍物 1m 以外，否则旁折光会迅速增大。

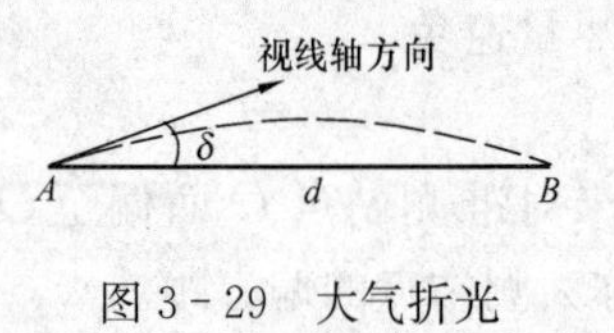

图 3-29　大气折光

又如，在晴天由于受到地面辐射热的影响，瞄准目标的像会产生跳动；大气温度的变化导致仪器轴系关系的改变；土质松软或风力的影响，使仪器的稳定性较差等都会影响测角的精度。因此，视线应离地面在 1m 以上；观测时必须打伞保护仪器；仪器从箱子里拿出来后，应放置半小时以上，令仪器适应外界温度再开始观测；安置仪器时应将脚架踩牢等。总之，要设法避免或减小外界条件的影响，才能保证应有的观测精度。

二、竖直角测量误差

1. 仪器误差

仪器误差主要有竖直度盘刻划误差、竖直度盘偏心差及竖直度盘指标差。其中竖直度盘刻划误差不能采用改变度盘位置加以消除。在目前仪器制造工艺中，竖直度盘刻划误差是较小的，一般不大于 0.2″。而竖直度盘指标差可采用盘左盘右观测取平均值的方法加以消除。

2. 观测误差

观测误差主要有照准误差、读数误差和竖直度盘指标水准管整平误差。其中，前两项误差在水平角测量误差中已作论述，至于指标水准管整平误差，除观测时认真整平外，还应注意打伞保护仪器，切忌仪器局部受热。

3. 外界条件的影响

外界条件的影响与水平角测量时基本相同，但大气折光的影响在水平角测量中产生的是旁折光，在竖直角测量中产生的是垂直折光。在一般情况下，垂直折光远大于旁折光，故在布点时应尽可能避免长边，视线应尽可能离地面高一点（应大于 1m），并避免从水面通过，尽可能选择有利时间进行观测，并采用对向观测方法以削弱其影响。

第四章

距离测量和直线定向

第一节 距离丈量

一、丈量距离的工具

丈量距离所用的工具是由丈量所需要的精度决定的，主要有钢卷尺、皮尺及测绳，其次还有花杆、测钎等辅助工具。

1. 钢卷尺

钢卷尺一般用薄钢片制成（见图4-1），其长度有15、20、30、50m等。有的钢卷尺全尺刻划到毫米，有的只在0～1dm之间刻至毫米，其余部分刻至厘米。钢卷尺用于较高精度的距离丈量，如控制测量及施工放样中的距离丈量等。

2. 皮尺

如图4-2所示，皮尺是用麻布织入金属丝等制成，其长度有20、30、50m等。皮尺伸缩性较大，故使用时不宜浸于水内，不宜用力过大。皮尺丈量距离的精度低于钢卷尺，只适用于精度要求较低的丈量工作，如渠道测量、土石方测算等。

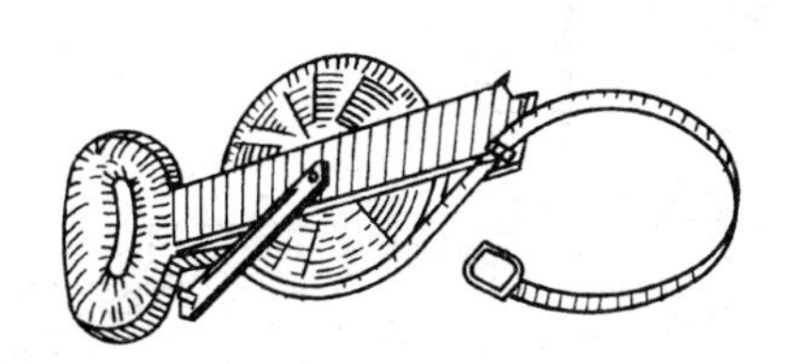

图4-1 钢卷尺

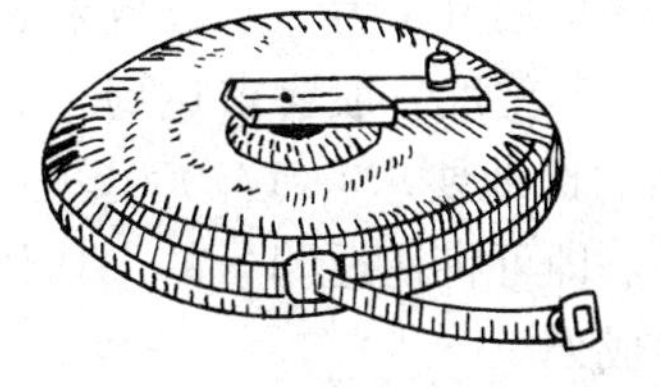

图4-2 皮尺

3. 测绳

测绳是由金属丝和麻绳制成，长度为50～100m。由于它丈量距离的精度低，所以一般只用在渠道测量及河道勘测等工作中。

4. 辅助工具

辅助工具有花杆和测钎等。花杆用于标定直线端点点位及方向，测钎用于标定尺子端点的位置及计算丈量过的整尺段数。

二、钢卷尺量距的一般方法

1. 在平坦地面上丈量水平距离

如图 4-3 所示，欲丈量 AB 直线，丈量之前先要进行定线，定线可用目测法在 AB 间用花杆定直线方向。当精度要求较高时，应用经纬仪定线。

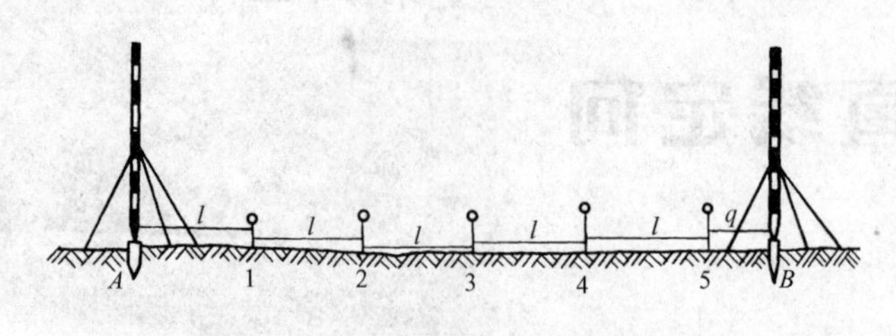

图 4-3　钢卷尺量距的一般方法

丈量距离时，后测手拿尺子的零端和一根测钎，立于直线的起点 A。前测手拿尺子另一端和测钎数根，沿 AB 方向前进至一整尺 1 处，前测手听后测手指挥，将尺子放在 AB 直线上，两人抖动并拉紧尺子（注意尺子不能扭曲），当后测手将零点对准 A 点，发出“好”的信号，前测手就将一根测钎对准尺子末端刻划插于地上，同时回发“好”的信号。这就完成一整尺段的丈量工作。然后两人抬起尺子，沿 AB 方向继续前进，等后测手走到 1 点时停止前进，用同样方法丈量 2、3 等整尺段。最后量不足一整尺的距离 q。设尺子长度为 l，则所量 AB 直线长度 L 为

$$L = nl + q \tag{4-1}$$

式中　L——直线的总长度；

l——尺子长度（尺段长度）；

n——尺段数；

q——不足一尺段的余数。

在实际丈量中，为了校核和提高精度，一般需要进行往返丈量。往测和返测之差称为较差，较差与往返丈量长度平均值之比，称为丈量的相对误差，用以衡量丈量的精度。例如：一条直线的距离，往测为 208.926m，返测为 208.842m，则其往返平均值为 $L_{平} = 208.884$m，相对误差为

$$K = \frac{|L_{往} - L_{返}|}{L_{平}} = \frac{|208.926 - 208.842|}{208.884} \approx \frac{1}{2487}$$

相对误差应用分子为 1 的分数来表示，在平坦地区量距，其精度一般要求达到 1/2000 以上，在丈量困难的山地要求在 1/1000 以上。上例符合精度要求，即可将往返测量的平均值 $L_{平}$ 作为丈量的最终成果。

2. 在倾斜地面丈量水平距离

（1）平量法。如图 4-4（a）所示，当地面坡度不大时，可将尺子拉平，然后用垂球在地面上标出其端点，则 AB 直线总长度计算式为

$$L = l_1 + l_2 + \cdots + l_n \tag{4-2}$$

这种量距的方法产生误差的因素很多，因而精度不高。

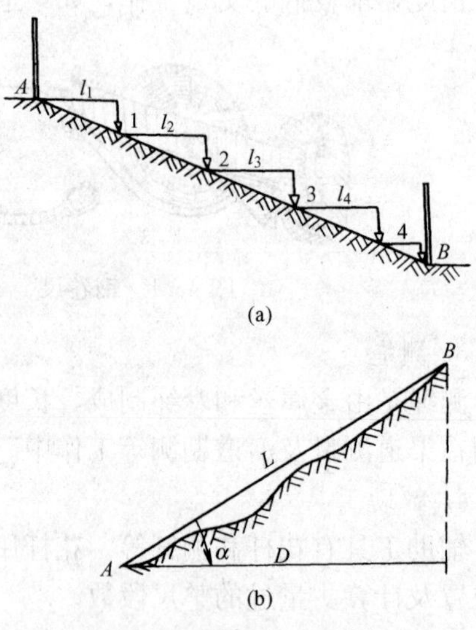

图 4-4　倾斜地面量距

（a）平量法；（b）斜量法

（2）斜量法。如果地面坡度比较均匀，可沿斜坡丈量出倾斜距离 L，并测出倾斜角 α［见

图 4-4（b）]，然后改算成水平距离 D，即

$$D = L\cos\alpha \tag{4-3}$$

三、钢卷尺量距的精密方法

对于小三角测量中的基线丈量和施工放样中有些部位的测设，常要求量距精度达到 1/10 000～1/40 000，这就要求用如下精密方法进行量距。

1. 定线

（1）清除在基线方向内的障碍物和杂草。

（2）根据基线两端点的固定桩用经纬仪定线，沿定线方向用钢卷尺进行概量，每一整尺段打一木桩，木桩需高出地面 3cm 左右，木桩间的距离应略短于所使用钢卷尺的长度（例如短 5cm），并在每个桩桩顶按视线划出基线方向和其垂直向的短直线（见图 4-5），其交点即为钢卷尺读数的标志。

2. 量距

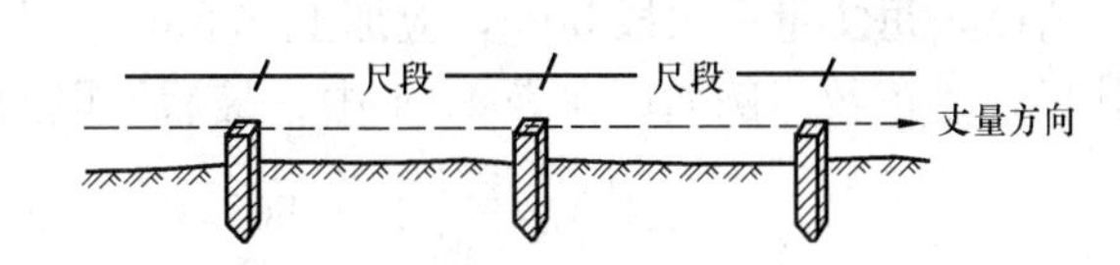

图 4-5 钢卷尺量距的精密方法

用检定过的钢卷尺丈量相邻木桩之间的距离。丈量时，将钢卷尺首尾两端紧贴桩顶，并用弹簧秤施以钢卷尺检定时相同的拉力（一般为 98N，即通常所说 10kg 力），同时根据两桩顶的十字交点读数，读至毫米。读完一次后，将钢卷尺移动 1～2cm，再读两次，根据所读的三对读数即可算得三个丈量结果，三个长度间最大互差若小于 3mm，则取其平均值作为该尺段的丈量数值。每测一尺段均应记载温度，估读到 0.1℃，以便计算温度改正数。逐段丈量至终点，不足整尺段同法丈量，即为往测（记载格式见表 4-1）。往测完毕后，应立即进行返测，若备有两盘比较过的钢卷尺，亦可采用两尺同向丈量。

表 4-1　　基线丈量记录与计算表

尺段	次数	前尺读数（m）	后尺读数（m）	尺段长度（m）	尺段平均长度（m）	温度 t / 温度改正 Δl_t（mm）	高差 h / 倾斜改正 Δl_h（mm）	尺长改正 Δl（mm）	改正后的尺段长度（m）	备注
A～1	1	29.930	0.064	29.866	29.865 0	25.8	+0.272	+2.5	29.868 4	钢卷尺名义长度为 30m，在标准温度和标准拉力下实际长度为 30.002 5m
	2	29.940	0.076	29.864		+2.1	−1.2			
	3	29.950	0.085	29.865						
1～2	1	29.920	0.015	29.905	29.905 7	27.5	+0.174	+2.5	29.910 4	
	2	29.930	0.025	29.905		+2.7	−0.5			
	3	29.940	0.033	29.907						
…	…	…	…	…	…	…	…	…	…	
	…	…	…	…						
	…	…	…	…						
14～B	1	1.880	0.076	1.804	1.805 0	27.5	−0.065	+0.2	1.804 2	
	2	1.870	0.064	1.806		+0.2	−1.2			
	3	1.860	0.055	1.805						

3. 测定桩顶间高差

用水准仪按一般水准测量方法测定各段桩顶间的高差，以便计算倾斜改正数。

4. 尺段长度的计算

每次往测和返测的结果，应进行尺长改正、温度改正和倾斜改正，以便算出直线的水平长度，各项改正数的计算方法如下。

（1）尺长改正。由于金属质量和刻划的精度影响，钢卷尺出厂时含有一定的误差。或者经长期使用，受外界条件的影响，钢卷尺的长度也可能发生变化。为此，在丈量距离之前，应对钢卷尺进行检验以求得钢卷尺的实际长度。设被检验钢卷尺的名义长度为 l_0，与标准尺比较求得实际长度为 l，则尺长改正值 Δl 为

$$\Delta l = l - l_0 \tag{4-4}$$

如表 4-1 给出的实例中，钢卷尺的名义长度为 30m，在标准温度 $t=20$℃和标准拉力 10kg（98N）时，其实际长度为 30.002 5m，则尺长度改正数为

$$\Delta l = 30.0025 - 30 = 0.0025\text{m} = 2.5\text{mm}$$

所以，每丈量一尺段 30m，应加上 2.5mm 的尺长改正数；不足 30m 的尺段，按比例计算其尺长改正数。例如，在表 4-1 中，最后一段的尺段长为 1.805 0m，其尺长改正值为

$$\Delta l = +\frac{2.5}{30} \times 1.8050 = +0.0002\text{m} = 0.2\text{mm}$$

计算时应注意，当钢卷尺比标准尺长时改正值取正号，反之取负号。

（2）温度改正。设钢卷尺在检定时的温度为 t_0，而丈量时的温度为 t，则一尺段长度的温度改正数 Δl_t 为

$$\Delta l_t = \alpha(t - t_0)l \tag{4-5}$$

式中 α——钢卷尺的膨胀系数，一般为 0.000 012/℃；

l——钢卷尺的长度。

表 4-1 算例中，第一尺段 $l=29.8650$m，$t=25.8$℃，$t_0=20$℃，则该尺段的温度改正数为

$$\Delta l_t = 0.000012 \times (25.8 - 20) \times 29.8650\text{m} = +0.0021\text{m} = 2.1\text{mm}$$

（3）倾斜改正。如图 4-6 所示，设一尺段两端的高差为 h，量得的倾斜长度为 l，将倾斜长度化为水平长度 d 应加入的改正数为 Δl_h，其计算公式推导如下。

$$h^2 = l^2 - d^2 = (l-d)(l+d)$$

$$l - d = \frac{h^2}{l+d}$$

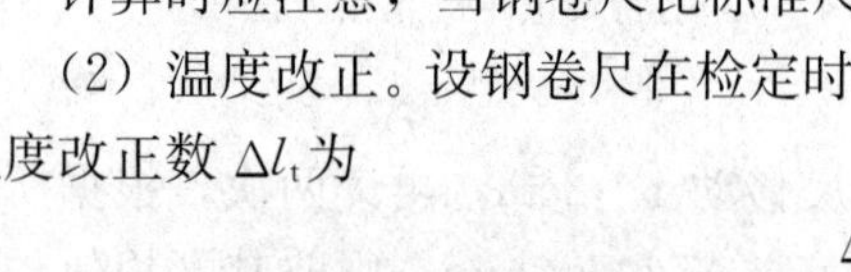

因改正数 Δl_h 很小，在上式分母中可近似地取 $d=l$，则 Δl_h 为

$$\Delta l_h = -\frac{h^2}{2l} \tag{4-6}$$

图 4-6 倾斜校正

式（4-6）中的负号是由于水平长度总比倾斜长度要短，所以倾斜改正数总是负值。以表 4-1 中第一尺段为例，该尺段两端的高差 $h=+0.272$m，倾斜长度 $l=29.8650$m，则按式（4-6）中算得倾斜改正数

$$\Delta l_h = -\frac{0.272^2}{2 \times 29.8650} = -1.2\text{mm}$$

每尺段进行以上三项改正后，即得改正后尺段的长度为

$$L = l + \Delta l + \Delta l_t + \Delta l_h \tag{4-7}$$

5. 计算全长

将各个改正后的尺段长度相加，即得往测（或返测）的全长。如往返丈量相对误差小于允许值，则取往测和近测的平均值作为基线的最后长度。

四、钢卷尺检定简介

钢卷尺的检定，是将待检验的钢卷尺与已知实际长度的标准尺进行比较，求得两者间的差值，给出被检钢卷尺的尺长方程式。例如某 30m 钢卷尺的尺长方程式为

$$L_{30} = 30\text{m} + 2.5\text{mm} + 1.2 \times 10^{-5} \times 30 \times 10^{3} \times (t - t_0)\text{mm} \tag{4-8}$$

式中 +2.5mm——尺长改正数；

1.2×10^{-5}——1m 钢卷尺温度每变化 1℃的温度改正数。

标准尺应由国家计量单位检定认可，并有尺长方程式的尺，一般采用铟钢带尺或线尺，工程单位在要求不高时，亦可采用检定过质量较好的钢卷尺作为标准尺。

检定钢卷尺宜在恒温室或温度变化很小的地下室内进行，野外比尺时宜在阴天进行。

检定方法简介如下：

(1) 在一定长度（如 30m）的平台上，两端备有良好的标志，将标准尺与被检钢卷尺平放好，待尺子与室温一致后，即可开始检定。

(2) 将标准尺施以 10kg 拉力，测定两端标志间的水平距离，一般应丈量 6～10 次，并读取测前测后温度各一次。

(3) 同法用被检钢卷尺测定两标志间的水平距离，丈量次数可为 6 次。

(4) 被检钢卷尺测完后，再用标准尺测定一次。

计算方法为：首先用标准尺的尺长方程式将两标志间长度计算出来，然后归算成标准温度（一般为 20℃）下的长度，这就是已知的实际长度。再算出被检钢卷尺丈量两标志间的名义长度，并将其归算到标准温度。用实际长度 l 减去名义长度 l_0 即得在标准温度下的尺长改正数。

在精度要求较高的情况下，必须考虑钢卷尺刻划不均匀的误差，因此亦可进行每 5m 和每米检定，例如某 30m 钢卷尺，0～5m 可进行每米检定，其余可按每 5m 检定。

若需进行悬空丈量，则应按悬链进行检定，以求得钢卷尺悬链时的尺长方程式。

五、距离丈量误差及其消减方法

丈量距离时不可避免地存在误差。为了保证丈量所要求的精度，必须了解距离丈量的误差来源，并采取相应的措施消减其影响。现分述如下。

1. 尺长本身的误差

钢卷尺本身存在有一定误差，规范规定：国产 30m 长的钢卷尺，其尺长误差不应超过±8mm。如用未经检定的钢卷尺量距，以其名义长度进行计算，则包含有尺长误差。对于 30m 长的距离而言，则最大可达±8mm。若尺长改正数未超过尺长的 1/10 000，且丈量距离又短，一般可不加尺长改正。其他情况下应加入尺长改正。

2. 温度变化的误差

钢卷尺的膨胀系数 $\alpha = 0.000\ 012/℃$，每米每度温差变化仅 1/80 000；但当温差较大、距离较长时，影响也不小，故精密量距应进行温度改正。由于空气温度与钢卷尺本身的温度往往存在差异，故有条件时尽可能用点温度计测定钢卷尺本身的温度，并在尺段上不同位置

测定 2～3 点的温度取其平均值。

3. 拉力误差

如果丈量不用弹簧秤衡量拉力，仅凭手臂感觉，最大的拉力误差可达 5kg（49N）左右，对于 30m 长的钢卷尺则可产生±1.9mm 的误差，故在精密量距时最好用弹簧秤使其拉力与钢卷尺检定时的拉力相同。

4. 丈量本身的误差

如一般量距时的对点及插测钎的误差，这在平坦地区使其不超过一定限度还是容易做到的，但在倾斜地区量距时，则需特别仔细，并用垂球进行投点及对点。又如读数误差，如果一般量距时仅读至厘米，其凑整误差是较大的，故为了达到较好的精度，一般量距也应和精密量距一样读至毫米。

5. 钢卷尺垂曲的误差

钢卷尺悬空丈量时，中间下垂而产生的误差称为垂曲误差。检定钢卷尺时，可把尺子分悬空与水平两种情况予以检定，得出各自相应的尺长改正值，在悬空测量时，可以利用悬链方程式进行尺长改正。

6. 钢卷尺不水平的误差

钢卷尺不水平会产生距离增长的误差。对一条 30m 的钢卷尺而言，若尺两端的高差达 0.4m，则产生 0.002 67m 的误差，其相对误差为 1/11 250。在一般量距中，有人从旁目估水平，使尺段两端高差不足 0.4m 是不难办到的；因此，该项误差实际很小，一般量距可不加改正。但对精密量距，则应测出尺段两端的高差，进行倾斜校正。

7. 定线误差

钢卷尺丈量时若偏离直线定线方向，则成一折线，距离量长了，这与上述钢卷尺不水平相似，仅一个是竖直面内的偏斜，一个是水平面内的偏斜。使用标杆目估定线，使每 30m 整尺段偏离直线方向不大于 0.4m 是完全办得到的，实际情况会更小，故该项误差也是较小的。但在精密量距中则应考虑其影响，而应使用经纬仪定线。

第二节 视 距 测 量

在实际测量工作中，当测区地形起伏较大，如用钢卷尺量距和用水准仪测定高差，势必发生困难，这时可以采用视距测量的方法，同时测定两点间的水平距离和高差。这种方法虽然精度较低，但速度较快，所以在低精度测量工作中得到广泛的应用。

在经纬仪望远镜的十字丝分划板上，刻有与横丝平行并且等距离的两根短丝称为视距丝（见图 4-7）。利用视距丝、视距尺（也可用水准尺代替）和经纬仪上的竖直度盘就可以进行视距测量。

一、视距测量原理

1. 望远镜视线水平时

如图 4-7 所示，在 A 点上安置仪器，照准在 B 点上竖立的视距尺。当望远镜的视线水平时，望远镜的视线与视距尺面垂直。对光后，视距尺的像落在十字丝分划板的平面上，这时尺上 G 点和 M 点的像与视距丝的 g 和 m 重合。为便于说明，根据光学原理，可以反过来把 g 点和 m 点当作发光点，从这两点发出的平行光轴的光线，经折射后必定通过物镜的前

焦点 F，交于视距尺 G、M 两点。

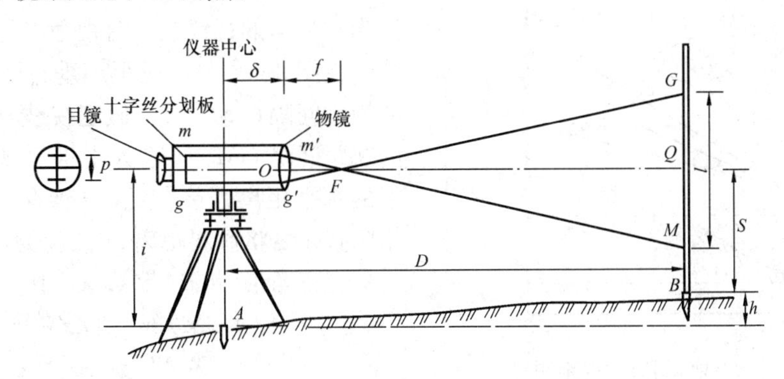

图 4-7　视线水平时视距测量

由图 4-7 中的相似三角形 GFM 和 $g'Fm'$ 可以得出

$$\frac{GM}{g'm'} = \frac{FQ}{FO}$$

式中　$GM=l$——视距间隔；

$FO=f$——物镜焦距；

$g'm'=p$——十字丝分划板上两视距丝的固定间距。

于是

$$FQ = \frac{FO}{g'm'} \times GM = \frac{f}{p} \times l$$

从图 4-7 可以看出，仪器中心离物镜前焦点 F 的距离为（$\delta+f$），其中 δ 为仪器中心至物镜光心的距离。故仪器中心至视距尺水平距离为

$$D = \frac{f}{p} \times l + (f + \delta) \tag{4-9}$$

式中　$\frac{f}{p}$、（$f+\delta$）——分别称为视距乘常数和视距加常数。

令

$$\frac{f}{p} = K, f + \delta = C$$

则式（4-9）可改写为

$$D = Kl + C \tag{4-10}$$

为了计算方便起见，在设计制造仪器时，通常令 $K=100$，对于内对光望远镜，由于设计仪器时使 C 值接近于零，故加常数 C 可以不计。这样，测站点 A 至立尺点 B 的水平距离为

$$D = Kl \tag{4-11}$$

从图 4-7 中可以看出，当视线水平时，为了求得 A、B 两点间的高差，用尺子量取仪器高 i，读出视距尺的中丝读数 S，则 A、B 两点的高差为

$$h = i - S \tag{4-12}$$

2. 望远镜视线倾斜时

在地形起伏较大的地区进行视距测量时，必须把望远镜的视线放在倾斜位置才能看到视距尺（见图 4-8）。如果视距尺仍垂直地竖立于地面，则视线就不再与视距尺面垂直，因而

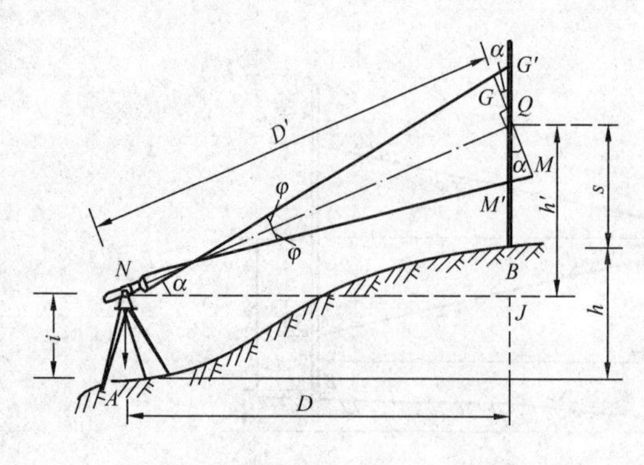

图 4-8　视线倾斜时的视距测量

上面导出的公式就不再适用。为此，下面将讨论当望远镜的视线倾斜时视距测量的原理。

在图 4-8 中，视距尺垂直竖立于 B 点时的视距间隔 $G'M'=l$，假定视线与尺面垂直时的视距间隔 $GM=l'$。为了推算视线倾斜情况下的水平距离，首先要将 l 改化为 l'，然后根据竖直角 α 将倾斜距离 D' 改化为水平距离 D。

在三角形 MQM' 和 GQG' 中

$$\angle MQM' = \angle GQG' = \alpha$$

$$\angle QMM' = 90° - \varphi$$

$$\angle QGG' = 90° + \varphi$$

式中 φ 为上（或下）视距丝与中丝间的夹角，其值一般约为 $17'$ 左右，是一个小角，所以 $\angle QMM'$ 和 $\angle QGG'$ 可近似地看作为直角，这样可得出

$$l' = GM = QG'\cos\alpha + QM'\cos\alpha = (QG' + QM')\cos\alpha$$

而

$$QG' + QM' = G'M' = l$$

故有

$$l' = l\cos\alpha \tag{4-13}$$

应用式（4-11）和式（4-13）可得出 NQ 的长度，即倾斜距离 D' 为

$$D' = Kl' = Kl\cos\alpha$$

再利用直角三角形 QJN 将 D' 化为水平距离 D 得

$$D = D'\cos\alpha = Kl\cos^2\alpha \tag{4-14}$$

经纬仪横轴到 Q 点的高差 h'（称初算高差），亦可从直角三角形 QJN 中求出

$$h' = D'\sin\alpha = Kl\cos\alpha\sin\alpha = \frac{1}{2}Kl\sin 2\alpha \tag{4-15}$$

或

$$h' = D\tan\alpha$$

而 A、B 两点间的高差 h 为

$$h = h' + i - s \tag{4-16}$$

式中　i——仪器高；

s——十字丝的中丝在视距尺上的读数（见图 4-8）。

当十字丝的中丝在视距尺上的读数恰好为仪器高 i，即 $s=i$ 时，由式（4-16）得

$$h = h' \tag{4-17}$$

二、视距测量方法

（1）将经纬仪安置在测站点 A 上（见图 4-8），对中和整平。

（2）量取仪器高 i，量至厘米即可。

（3）判断竖直角计算公式。本例盘左望远镜仰起竖直度盘读数减少，竖直角计算公式为 $\alpha=90°-L$。

（4）将视距尺立于欲测的 B 点上，盘左瞄准视距尺，并使中丝截取视距尺上某一整数 s 或仪器高 i，分别读出上下丝和中丝读数，将下丝读数减去上丝读数得视距间隔 l。

（5）在中丝不变的情况下，读取竖直度盘的读数（读数前必须使竖直度盘指标水准管的气泡居中），并将竖直度盘读数化算为竖直角 α。

(6) 根据测得的 l、α、s 和 i 按式(4－14)～式(4－16)计算水平距离 D 和高差 h，再根据测站的高程计算出测点的高程（见表 4－2）。

表 4－2　　视距测量记录表

测站名称　A　　仪器　J6 型经纬仪　　测站高程　47.36m　　仪器高　i=1.47m

测点	上丝读数 下丝读数 (m)	视距间隔 l (m)	中丝读数 s (m)	竖直度盘读数 ° ′	竖直角 ° ′	水平距离 D (m)	初算高差 h' (m)	高差 h (m)	测点高程 H (m)
1	2.253 1.747	0.506	2.00	86　59	+3　01	50.46	+2.66	+2.13	49.49
2	1.915 1.025	0.890	1.47	95　17	−5　17	88.25	−8.16	−8.16	39.20

三、视距测量误差

1. 仪器误差

视距乘常数 K 对视距测量的影响较大，而且其误差不能采用相应的观测方法加以消除，故使用一架新仪器之前，应对 K 值进行检定。另外，竖直度盘指标差的残余部分，可采用盘左、盘右观测取竖直角的平均值来消除。

2. 观测误差

进行视距测量，视距尺竖得不铅直，将使所测得的距离和高差存在误差，其误差随视距尺的倾斜而增加，故测量时应注意将尺竖直。另外在估读毫米位时应十分小心。

3. 外界影响

由于风沙和雾气等原因造成视线不清晰，往往会影响读数的准确性，最好避免在这种天气进行视距测量。另外，从上、下两视距丝出来的视线，通过不同密度的空气层将产生垂直折光差，特别是接近地面的光线折射更大，所以上丝的读数最好离地面 0.3m 以上。

在一般情况下，读取视距间隔的误差是视距测量误差的主要来源，因为视距间隔乘以常数 K，其误差也随之扩大 100 倍，对水平距离和高差影响都较大，故进行视距测量时，应认真读取视距间隔。

从视距测量原理可知，竖直角误差对水平距离影响不显著，而对高差影响较大，故用视距测量方法测定高差时应注意准确测定竖直角。读取竖直度盘读数时，应严格令竖直度盘指标水准管气泡居中。

第三节　电磁波测距

电磁波测距是利用光波或微波作为载波以测定两点之间的距离。它与钢卷尺量距和视距测量相比，具有测程长、精度高，方便简捷，几乎不受地形限制等优点。目前，电磁波测距仪可分为三种：①用微波段的无线电波作为载波的微波测距仪；②用激光作为载波的激光测距仪；③用红外光作为载波的红外光电测距仪。后两种又统称光电测距仪。微波和激光测距仪多属长程测距，测程可达 60km；红外光电测距仪属中、短程测距，测程一般在 15km 以内，在工程测量中使用较广泛。本节主要介绍红外光电测距仪的基本原理和测距方法。

一、红外光电测距仪的基本原理

红外光电测距仪简称红外测距仪，它采用砷化镓（GaAs）发光二极管作光源，能连续发光，具有体积小、重量轻、功耗小等特点。

如图 4-9 所示，为了测定 A、B 间的距离 D，将测距仪安置于 A 点，反光棱镜安置于 B 点，测距仪连续发射的红外光到达 B 点后，由反光镜反射回仪器。光的传播速度 c 约为 3×10^8m/s，若能测定光束在距离 D 上往返所经历的时间 t，则被测距离 D 为

$$D=\frac{1}{2}ct \tag{4-18}$$

但一般 t 值是很微小的，如 D 为 500m，t 仅为 $1/(3\times 10^5)$s，要测定这样微小的时间间隔是极为困难的。因此，在光电测距仪中，根据测量光波在待测距离 D 上往返一次传播时间方法的不同，光电测距仪可分为脉冲式和相位式两种，现仅介绍相位式原理。相位式是把距离与时间的关系，改化为距离与相位的关系；即由仪器发射连续的调制光波，用测定调制光波的相位来确定距离。

如图 4-10 所示，由 A 点发出的光波，到达 B 点后再反射回 A 点。将光波往返于被测距离上的图形展开，光波呈一连续的正弦曲线。其中光波一周期的相位变化为 2π，路程的长度恰为一个波长 λ。设调制光波的频率为 f，则光波从 A 到 B 再返回 A 的相位移 φ 可由下式求得

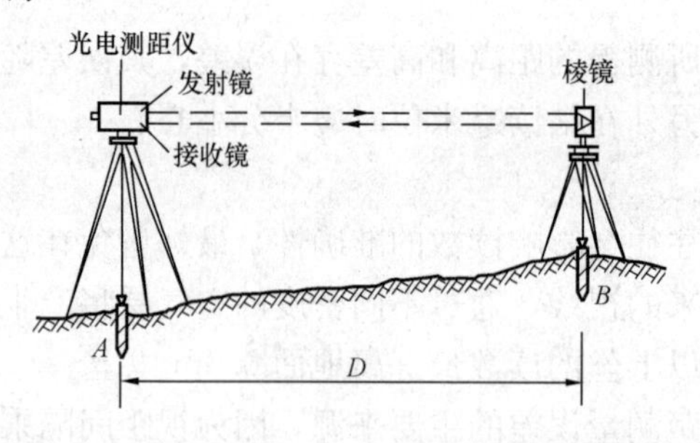

图 4-9　红外光测距

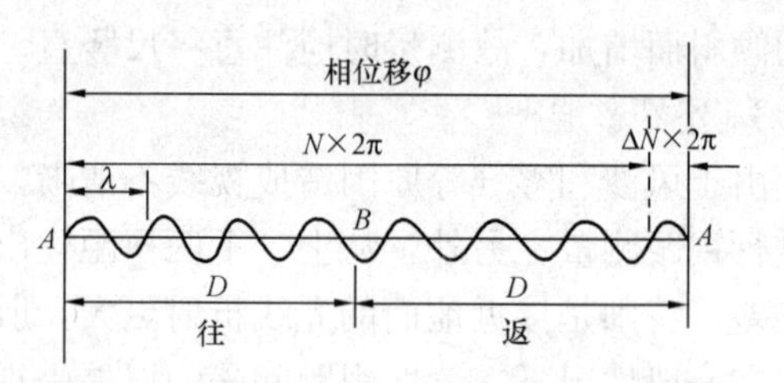

图 4-10　红外测距原理

$$\varphi=2\pi ft$$

即

$$t=\frac{\varphi}{2\pi f}$$

代入式（4-18），得

$$D=\frac{c}{2f}\times\frac{\varphi}{2\pi}$$

因为

$$\lambda=\frac{c}{f}$$

所以

$$D=\frac{\lambda}{2}\times\frac{\varphi}{2\pi} \tag{4-19}$$

其中相位移 φ 是以 2π 为周期变化的。

设从发射点至接收点之间的调制波整周期数为 N，不足一个整周期的比例数为 ΔN，由图 4-10 可知

$$\varphi=N\times 2\pi+\Delta N\times 2\pi$$

代入式（4－19），得

$$D=\frac{\lambda}{2}(N+\Delta N) \tag{4-20}$$

式（4－20）即为相位法测距的基本公式。它与用钢卷尺丈量距离的情况相似，$\lambda/2$ 相当于整尺长，称为“光尺”，N 与 ΔN 相当于整尺段数和不足一整尺段的零数，$\lambda/2$ 为已知，只要测定 N 和 ΔN，即可求得距离 D。但是仪器上的测相装置，只能测定 $0\sim2\pi$ 的相位变化，而无法确定相位的整周期数 N。如“光尺”为 10m，则只能测定小于 10m 的距离，为此一般仪器采用两个调制频率的“光尺”分别测定小数和大数。例如，“精尺”长为 10m，“粗尺”长为 1000m，若所测距离为 476.384m，则由“精尺”测得 6.384m，“粗尺”测得 470m，显示屏上显示两者之和为 476.384m。如被测距离大于 1000m（例如 1367.835m），则仪器仅显示 367.835m，这时整千米数需要测量人员根据实际情况进行断定。对于测程较长的中程和远程光电测距仪，一般采用三个以上的调制频率进行测量。

在式（4－18）中，c 为光在大气中的传播速度，若令 c_0 为光在真空中的传播速度，则 $c=c_0/n$，其中 n 为大气折射率（$n\geqslant1$），它是波长 λ、大气温度 t 和气压 p 的函数，即

$$n=f(\lambda、t、p) \tag{4-21}$$

对一台红外测距仪来说，λ 是一常数，因此大气温度 t 和气压 p 是影响光速的主要因素，所以在作业中，应实时测定现场的大气温度和气压，对所测距离加以气象改正。

二、红外测距仪的使用

红外测距仪由于体积小，一般可安装在经纬仪上，便于同时测定距离和角度，故在工程测量中使用较为广泛。目前红外测距仪的类型较多，由于仪器结构不同，操作方法也各异，使用时应严格按照仪器使用手册进行操作。现仅介绍两种红外测距仪的使用方法。

（一）ND3000 型红外测距仪

1. 仪器简介

ND3000 型红外测距仪是我国南方公司生产的相位式测距仪，将其安置于经纬仪上，如图 4－11 所示。它自带望远镜，望远镜的视准轴、发射光轴和接收光轴同轴。利用测距仪面板上的键盘，将经纬仪测得的竖直角输入测距仪中，即可算出水平距离和高差。

与测距仪配套使用的棱镜有座式和杆式之分，如图 4－12 所示。座式棱镜的稳定性和对中精度高于杆式棱镜，但杆式棱镜较为轻便，故在高精度测量中多使用座式棱镜，一般测量常使用杆式棱镜。

ND3000 型红外测距仪的主要技术指标如下。

（1）测程：单棱镜 2000m，三棱镜 3000m。

（2）精度：测距中误差为±（$5\text{mm}+3\times10^{-6}D$）。

（3）测尺频率：$f_{精}=14\ 835\ 547\text{Hz}$，$f_{粗1}=146\ 886\text{Hz}$，$f_{粗2}=146\ 854\text{Hz}$。

（4）最小分辨率：1mm。

（5）工作温度：$-20\sim+50℃$。

2. 测距方法

（1）安置仪器。在测站上安置经纬仪，将测距仪连接到经纬仪上，装好电池。在待测点上安置棱镜，用棱镜架上的照准器照准测距仪。

（2）测量竖直角。用经纬仪望远镜照准棱镜中心，读取竖直度盘读数，测得竖直角。

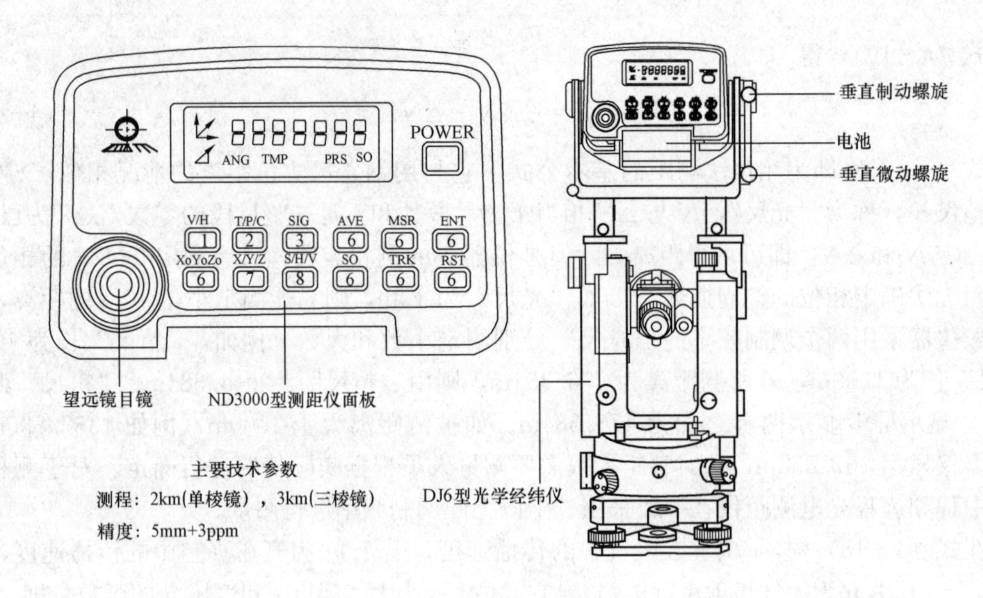

图 4-11　ND3000 型红外测距仪

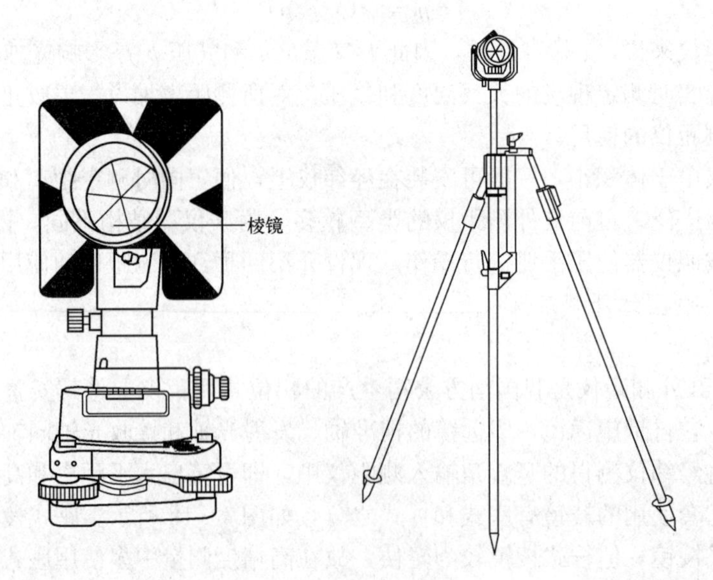

图 4-12　座式和杆式棱镜

（3）测定现场的气温和气压。

（4）测量距离。打开测距仪，利用测距仪的垂直制动和微动螺旋照准棱镜中心。检查电池电压、气象数据和棱镜常数，若显示的气象数据和棱镜常数与实际数据不符，应重新输入。按测距键即获得两点之间经过气象改正的倾斜距离。

（5）成果计算。测距仪测得的距离，需要进行仪器加常数、乘常数改正，以及气象和倾斜改正，现分述如下。

1）仪器加常数和乘常数改正。由于仪器制造误差以及使用过程中各种因素的影响，对仪器加常数和乘常数一般应定期在专用的检定场上进行检定，据此对测得的距离进行加常数和乘常数的改正。

2）气象改正。测距仪的测尺长度与气温气压有关，观测时的气象与仪器设计的气象通常不一致，因此应根据仪器厂家提供的气象改正公式对测值进行改正。当测量精度要求不高时，也可省去仪器加常数、乘常数和气象改正。

3）倾斜改正。如上所述，测距仪测得的是倾斜距离，应按照经纬仪测得的竖直角进行倾斜改正。实际工作中，可利用测距仪的功能键盘设定棱镜常数、气象数据和竖直度盘读数，仪器即可进行各项改正计算，迅速获得相应的水平距离。

（二）DI1000 型红外测距仪

1. 仪器简介

DI1000 型红外测距仪是瑞士徕卡公司生产的相位式测距仪，它与经纬仪连接如图 4－13 所示。该仪器不带望远镜，发射光轴和接收光轴是分开的，备有专用设备与徕卡公司生产的光学经纬仪或电子经纬仪相连接。测距时，当经纬仪望远镜照准棱镜下的觇牌时，测距仪的发射光轴即照准棱镜，利用其附加键盘将经纬仪测得的竖直角输入测距仪中，即可算出水平距离和高差。

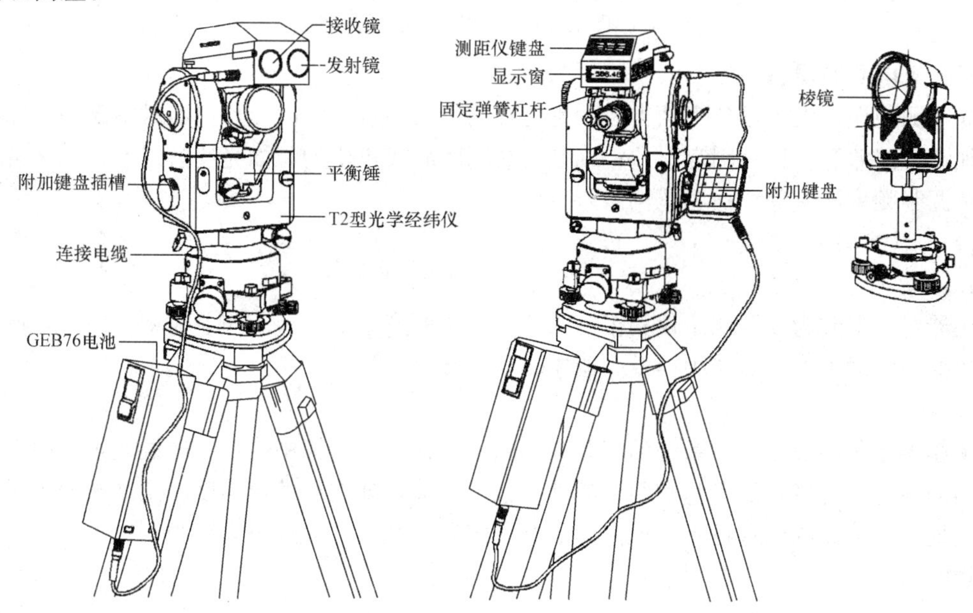

图 4－13　安装在光学经纬仪上的 DI1000 型红外测距仪及其单棱镜

该仪器的主要技术指标如下。

（1）测程：单棱镜 800m，三棱镜 1600m。

（2）精度：测距中误差为±（$5mm+5\times10^{-6}D$）。

（3）测尺频率：$f_{精}=7.492\ 700MHz$，$f_{粗}=74.927\ 00kHz$。

（4）最小分辨率：1mm。

（5）工作温度：－20～＋50℃。

2. 测距方法

如图 4－13 所示，DI1000 型测距仪可将测距仪直接与电池连接测距，也可将测距仪经过附加键盘与电池连接测距。该仪器除可直接测距外，还可跟踪测设距离。仪器的操作面板如图 4－14 所示。其中测距仪上有 3 个按键，附加键盘上有 15 个按键。每个按键具有双功能或多功能。各键的功能与使用方法可参阅仪器操作手册。测距时，用经纬仪测量竖直角，用气压计和温度计测定现场气温、气压后，用测距仪测定倾斜距离，从键盘上输入相应数据，最后获得两点之间经过气象和倾斜等各项改正的水平距离和高差。

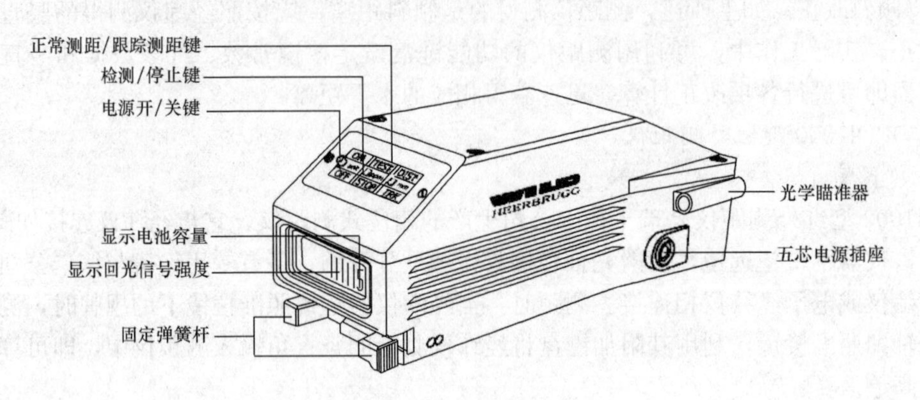

图 4-14　DI1000 型测距仪的操作面板

三、光电测距误差

光电测距误差大致可分为两类。一是与被测距离长短无关的，如仪器对中误差、测相误差和加常数误差等，称为固定误差；二是与被测距离成正比的，如光速值误差、大气折射率误差和调制频率误差等，称为比例误差。

（一）固定误差

1. 仪器对中误差

仪器对中误差为安置测距仪和棱镜未严格对中所产生的误差。作业时精心操作，使用经过检校的光学对中器，其对中误差一般应小于 2mm。

2. 测相误差

测相误差包括数字测相系统的误差和测距信号在大气传输中的信噪比误差等。前者取决于仪器的性能和精度，后者与测距时的外界条件有关，如空气的透明度、闲杂光的干扰以及视线离地面和障碍物的远近等。该误差具有一定偶然性，一般通过多次观测取平均值，可削弱其影响。

3. 加常数误差

仪器的加常数是由厂家测定后，预置于逻辑电路中，对测距结果进行自动修正。有时由于仪器元件老化等原因，会使加常数发生变化；故应定期检测，如有变化，应及时在仪器中重新设置加常数。

（二）比例误差

1. 光速值误差

真空光速测定的相对误差约为 0.004ppm（$1ppm=1\times10^{-6}$），即测定真空光速的误差对测距的影响是 0.004mm/km，其值很小，可忽略不计。

2. 大气折射率误差

大气折射率主要与大气压力 p 有关。由于测距时测量大气温度和大气压力存在误差，特别是在作业时不可能实时测定光波沿线大气温度和大气压力的积分平均值，一般只能在测距仪的测站上和安置棱镜的测点上分别测定大气温度和大气压力，取其平均值作为气象改正，由此产生的误差称为大气折射率误差，亦称气象代表性误差。测距时，如选择气温变化较小、有微风的阴天进行，可削弱该项误差的影响。

3. 调制频率误差

仪器的“光尺”长度仅次于仪器的调制频率，目前国内外生产的红外测距仪，其精测尺调制频率的相对误差一般为1～5ppm，即1km产生1～5mm的比例误差。由于仪器在使用过程中，电子元器件老化和外部环境温度变化等原因，仪器的调制频率将发生变化，“光尺”的长度随之发生变化，这给测距结果带来误差；因此，应定期对测距仪进行检定，按求得的比例改正数对测距进行改正。

四、测距仪使用注意事项

(1) 如前所述，应定期对仪器进行固定误差和比例误差的检定，使测量的精度达到预定要求。

(2) 目前红外测距仪一般采用镍—镉可充电电池供电，这种电池具有记忆效应，因此应确认电池的电量全部用完才可充电，否则电池的容量将逐渐衰减甚至损坏。

(3) 观测时切勿将测距头正对太阳，否则将会烧坏发光管和接收管。并应用伞遮住仪器，否则仪器受热，会降低发光管效率，影响测距。

(4) 反射信号的强弱对测距精度影响较大，因此要认真照准棱镜。

(5) 主机应避开高压线、变压器等强电干扰，视线应避开反光物体及有电信号干扰的地方，尽量不要逆光观测。若观测时视线临时被阻，该次观测应舍弃并重新观测。

(6) 应认真做好仪器和棱镜的对中整平工作，并令棱镜对准测距仪，否则将产生对中误差及棱镜的偏歪和倾斜误差。

(7) 应在关机状态接通电源，关机后再卸电源。观测完毕应随即关机，不能带电迁站。应保持仪器和棱镜的清洁和干燥，注意防潮防振。

(8) 应选择大气比较稳定，通视比较良好的条件下观测。视线不宜靠近地面或其他障碍物。

第四节 直 线 定 向

一、定向的意义

在测量工作中常常需要确定两点在平面坐标中的相对关系。要确定这种关系，仅仅量得两点间的距离是不够的，还需要知道这条直线的方向，才能确定两点间的相对位置。一条直线的方向是根据某一起始方向来确定的，确定一条直线与起始方向的关系称为直线定向。

二、起始方向

在测量工作中，通常以真北方向、磁北方向或坐标纵轴作为起始方向。

(1) 真北方向：通过地面上一点的真子午线切线的正向。真北方向可用天文观测方法测定。

(2) 磁北方向：通过地面上一点的磁子午线切线的正向。磁北方向可以用罗盘仪观测得到。由于地磁的两极与地球的两极并不重合，故同一点的磁北方向和真北方向通常是不一致的，它们之间的夹角称为磁偏角，以δ表示。如图4-15所示。

当磁针北端偏向真北方向以东称东偏，其磁偏角为$+\delta$；偏向真北方向以西称西偏，其磁偏角为$-\delta$。

在不同地方磁偏角的大小并不一样，即使同一地点，随着时间的不同，磁偏角的大小也有变化。虽然磁北方向与真北方向不重合，但它接近于真北方向；而且测定磁北方向方法简单，因此，常作为局部地区测量定向的依据。

（3）坐标纵轴：在小区域的普通测量工作中主要是采用平面直角坐标来确定位置，因而常以坐标纵轴作为起始方向线；在某点测定其磁北方向或真北方向后，以平行于该方向的纵坐标轴作为起始方向，这样对计算较为方便。

三、方位角与象限角

1. 方位角

从起始方向北端起，顺时针方向量到某一直线的水平角称为该直线的方位角。方位角的大小从 0°～360°。

以真北方向作为起始方向的方位角称为真方位角，以磁北方向作为起始方向的方位角称为磁方位角。磁方位角与真方位角之间相差一个磁偏角，若该点的磁偏角已知，则可进行换算。图 4－16 所示，$A_{真}$ 和 $A_{磁}$ 分别为直线的真方位角和磁方位角，则有

$$A_{真}=A_{磁}\pm\delta \tag{4-22}$$

式中　δ——磁偏角，东偏为正，西偏为负。

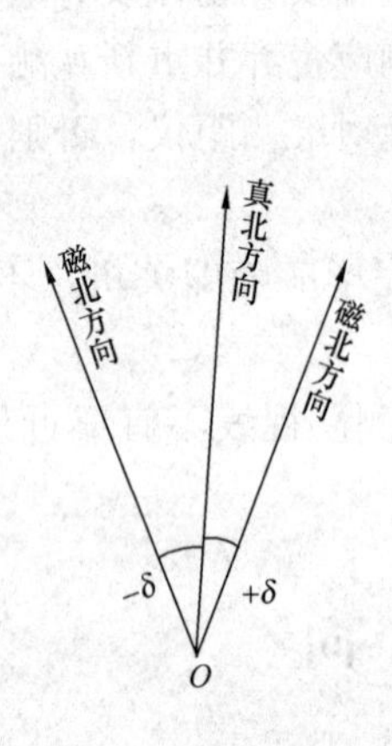

图 4－15　磁偏角

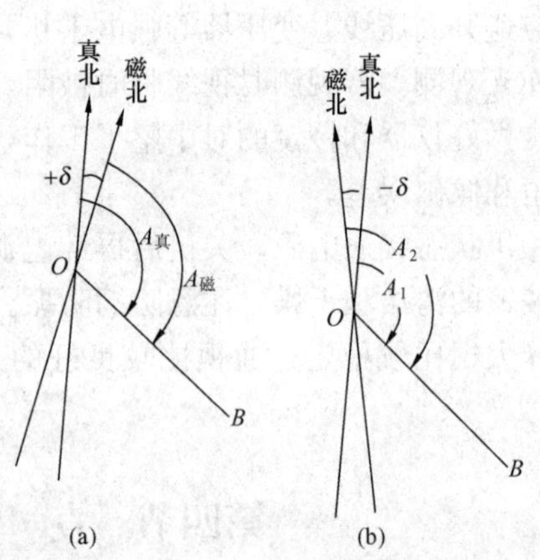

图 4－16　真方位角和磁方位角

(a) 东偏；(b) 西偏

由于地球上各点的真北方向都是指向北极，并不相互平行，因此，同一直线上从不同点的真北方向起算，其方位角也不相等。图 4－17 中，在直线 MN 上，M 至 N 的方位角为 A_{MN}。N 至 M 的方位角为 A_{NM}，它们的关系为

$$A_{NM}=A_{MN}+180°+\gamma \tag{4-23}$$

式中　γ——两点真北方向间所夹的角度，称为子午线收敛角。

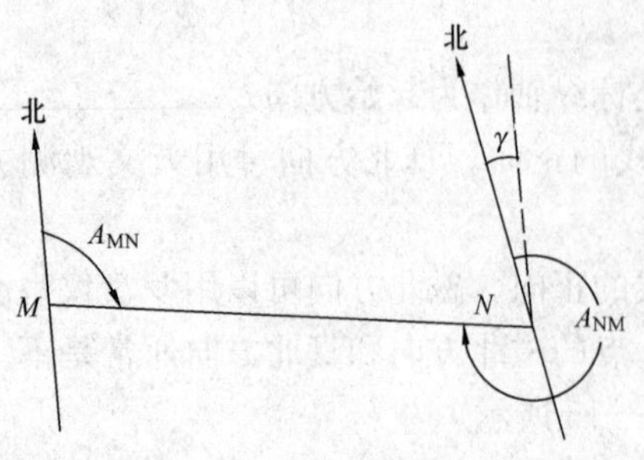

图 4－17　正反真方位角

如果两点相距不远，其收敛角甚小，可忽略不计。故在小区域进行测量时，可把各点的真北

方向视为平行，亦即以坐标纵轴作为定向的起始方向。这样，以纵坐标轴北端按顺时针方向量到一直线的角度就称为该直线的坐标方位角。如图 4－18 所示，α_{AB}为 A 至 B 的坐标方位角，α_{BA}为 B 至 A 的坐标方位角。其关系式为

$$\alpha_{BA} = \alpha_{AB} \pm 180°$$

按直线方向如称 α_{BA}为正方位角，则 α_{AB}为其反方位角；反之，如称 α_{AB}为正方位角，则 α_{BA}为其反方位角。总之，正、反方位角之间相差 180°。由此可见，采用坐标纵轴作为定向的起始方向，对计算较为方便。

2. 象限角

在实际工作中，有时也用象限角表示直线的方向，或为了计算的方便，把方位角换算成象限角。象限角是从起始方向北端或南端到某一直线的锐角，它的大小从 0°～90°。

用象限角表示直线方向时，要特别注意，不但要注明角值的大小，而且要注明所在的象限，如图 4－19 所示。

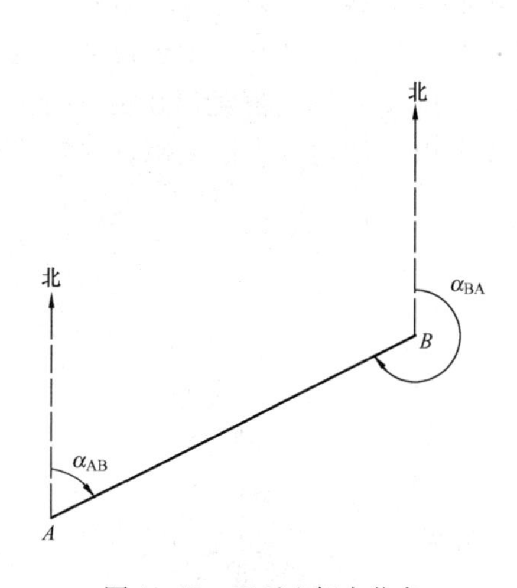

图 4－18 正反坐标方位角

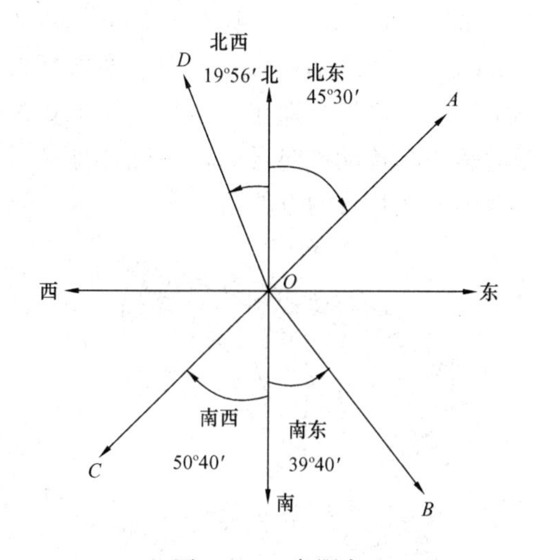

图 4－19 象限角

（1）OA 的象限角为北东 45°30′。

（2）OB 的象限角为南东 39°40′。

（3）OC 的象限角为南西 50°40′。

（4）OD 的象限角为北西 19°56′。

如 α 以表示方位角，R 表示象限角，根据图 4－20 不难找出方位角和象限角的换算关系。

四、罗盘仪及其使用

罗盘仪是用来测定直线方向的仪器，它测得的是磁方位角，其精度虽不高，但具有结构简单、使用方便等特点。

1. 罗盘仪的构造

罗盘仪主要由磁针、刻度盘和望远镜等三部分组成（见图 4－21）。磁针位于刻度盘中心的顶针上，静止时，一端指向地球的南磁极，另一端指向北磁极。一般在磁针的北端涂以

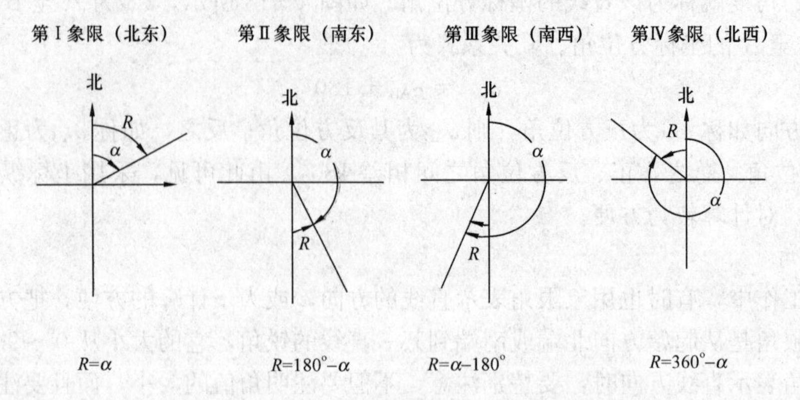

图 4－20　象限角与方位角的关系

黑漆，在南端绕有铜丝，可以用此标志来区别北端或南端。磁针下有一小杠杆，不用时应拧紧杠杆一端的小螺钉，使磁针离开顶针，避免顶针不必要的磨损。刻度盘的刻划通常以 1°或 30′为单位，每 10°有一注记，刻度盘按反时针方向从 0°注记到 360°。望远镜装在刻度盘上，物镜端与目镜端分别在刻划线 0°与 180°的上面（见图 4－22）。罗盘仪在定向时，刻度盘与望远镜一起转动指向目标，当磁针静止后，度盘上由 0°逆时针方向至磁针北端所指的读数，即为所测直线的方位角。

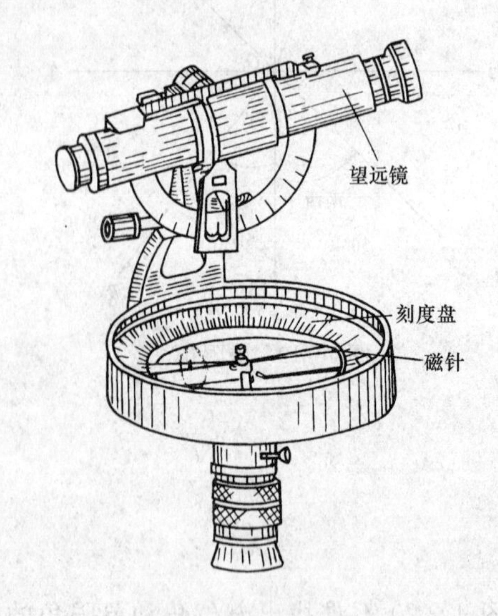

图 4－21　罗盘仪

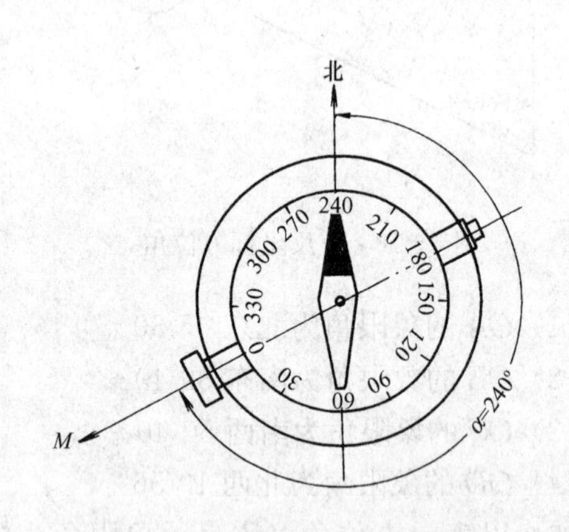

图 4－22　罗盘仪刻度及读数

2. 用罗盘仪测定直线方向

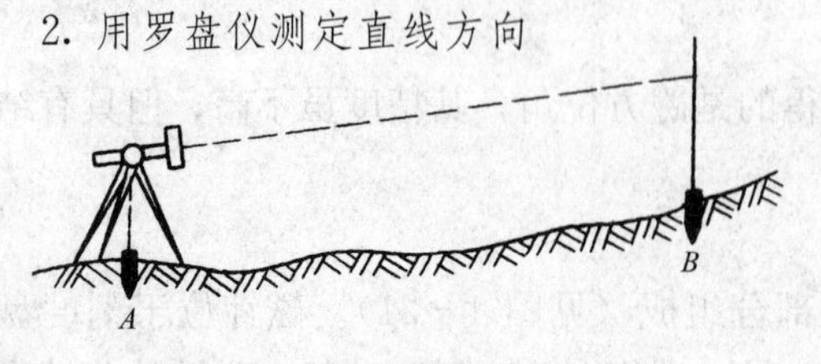

图 4－23　罗盘仪测定直线方向

如图 4－23 所示，为了测定直线 AB 的方向，将罗盘仪安置在 A 点，用垂球对中，使度盘中心与 A 点处于同一铅垂线上，再用仪器上的水准管使度盘水平；然后放松磁针，用望远镜瞄准 B 点；待磁针静止后，磁针所指的方向即为磁北方向，磁针指北的一端在刻度盘上的读数即是直线 AB 的磁方位角。

使用罗盘仪进行测量时，附近不能有任何铁器，并要避免高压线，否则磁针会发生偏转，影响测量结果。必须等待磁针静止才能读数，读数完毕应将磁针固定以免磁针的顶针被磨损。若磁针摆动相当长时间还静止不来，这表明仪器使用太久，磁针的磁性不足，应进行充磁。

第五章 全站仪测量

第一节 全站仪的基本知识

一、概述

全站仪是人们在实施角度测量自动化的过程中产生的，各类电子经纬仪在各种测绘作业中起着巨大的作用。最初的全站仪为组合式，即光电测距仪与光学经纬仪组合，或光电测距仪与电子经纬仪组合，后来发展到整体式：将光电测距仪的光波发射接收系统的光轴和经纬仪的视准轴组合为同轴的整体式全站仪。目前，全站仪正在向自动化方向发展。

最初速测仪的距离测量是通过光学方法来实现的，这种速测仪称为光学速测仪。实际上，光学速测仪就是指带有视距丝的经纬仪，被测点的平面位置由方向测量及光学视距来确定，而高程则是用三角测量方法来确定。

随着电子测距技术的出现，大大地推动了速测仪的发展。用电磁波测距仪代替光学视距经纬仪，使得测程更大、测量时间更短、精度更高。人们将距离由电磁波测距仪测定的速测仪笼统地称之为电子速测仪（Electronic Tachymeter）。

然而，随着电子测角技术的出现。这一“电子速测仪”的概念又相应地发生了变化，根据测角方法的不同分为半站型电子速测仪和全站型电子速测仪：①半站型电子速测仪是指用光学方法测角的电子速测仪，也有称之为测距经纬仪。这种速测仪出现较早，并且进行了不断的改进，可将光学角度读数通过键盘输入到测距仪，对斜距进行化算，最后得出平距、高差、方向角和坐标差，这些结果都可自动地传输到外部存储器中。②全站型电子速测仪则是由电子测角、电子测距、电子计算和数据存储单元等组成的三维坐标测量系统，测量结果能自动显示，并能与外围设备交换信息的多功能测量仪器。由于全站型电子速测仪较完善地实现了测量和处理过程的电子化和一体化，所以人们也通常称之为全站型电子速测仪或简称全站仪。

20 世纪 80 年代末，人们根据电子测角系统和电子测距系统的发展不平衡，将全站仪分成两大类，即积木式和整体式。20 世纪 90 年代以后，基本上都发展为整体式全站仪。

二、基本原理

全站仪，即全站型电子速测仪（Electronic Total Station），是一种集光、机、电为一体的高技术测量仪器，是集水平角、垂直角、距离（斜距、平距）、高差测量功能于一体的测绘仪器系统。与光学经纬仪相比较，电子经纬仪将光学度盘换为光电扫描度盘，将人工光学测微读数代之以自动记录和显示读数，使测角操作简单化，且可避免读数误差的产生。电子经纬仪的自动记录、储存、计算功能，以及数据通讯功能，进一步提高了测量作业的自动化程度。

全站仪与光学经纬仪的区别在于度盘读数及显示系统，电子经纬仪的水平度盘和竖直度盘及其读数装置是分别采用两个相同的光栅度盘（或编码盘）和读数传感器进行角度测量的。根据测角精度可分为 0.5″、1″、2″、3″、5″、10″等几个等级。

因其一次安置仪器就可完成该测站上全部测量工作，所以称之为全站仪。全站仪广泛应用于地上大型建筑和地下隧道施工等精密工程测量或变形监测领域。

三、全站仪的种类

全站仪采用了光电扫描测角系统，其类型主要有：编码盘测角系统、光栅盘测角系统及动态（光栅盘）测角系统等三种。

1. 按外观结构分类

（1）积木型（Modular，又称组合型）。早期的全站仪大都是积木型结构，即电子速测仪、电子经纬仪、电子记录器各是一个整体，可以分离使用，也可以通过电缆或接口把它们组合起来，形成完整的全站仪。

（2）整体型（Integral)。随着电子测距仪进一步的轻巧化，现代的全站仪大都把测距、测角和记录单元在光学、机械等方面设计成一个不可分割的整体，其中测距仪的发射轴、接收轴和望远镜的视准轴为同轴结构。这对保证较大垂直角条件下的距离测量精度非常有利。

图 5－1 TCRP 全站仪

2. 按测量功能分类

（1）经典型全站仪（Classical Total Station)。经典型全站仪也称为常规全站仪，它具备全站仪电子测角、电子测距和数据自动记录等基本功能，有的还可以运行厂家或用户自主开发的机载测量程序。其经典代表为徕卡公司的 TC 系列全站仪（见图 5－1)。

（2）机动型全站仪（Motorized Total Station)。在经典全站仪的基础上安装轴系步进电机，可自动驱动全站仪照准部和望远镜的旋转。在计算机的在线控制下，机动型系列全站仪可按计算机给定的方向值自动照准目标，并可实现自动正、倒镜测量。徕卡 TCM 系列全站仪就是典型的机动型全站仪。

（3）无合作目标型全站仪（Reflectorless Total Station)。无合作目标型全站仪是指在无反射棱镜的条件下，可对一般的目标直接测距的全站仪。因此，对不便安置反射棱镜的目标进行测量，无合作目标型全站仪具有明显优势。如徕卡 TCR 系列全站仪，无合作目标距离测程可达 200m，可广泛用于地籍测量、房产测量和施工测量等。

图 5－2 全世界精度最高的全站仪（TCA2003）

（4）智能型全站仪（Robotic Total Station)。在机动型全站仪的基础上，仪器安装自动目标识别与照准的新功能，因此在自动化的进程中，全站仪进一步克服了需要人工照准目标的重大缺陷，实现了全站仪的智能化。在相关软件的控制下，智能型全站仪在无人干预的条件下可自动完成多个目标的识别、照准与测量；因此，智能型全站仪又称为“测量机器人”。智能型全站仪的典型代表有徕卡的 TCA 型全站仪等（见图5-2）。

3. 按测距仪测距分类

（1）短距离测距全站仪。测程小于3km，一般精度为±（5mm+5ppm），主要用于普通测量和城市测量。

（2）中测程全站仪。测程为3～15km，一般精度为±（5mm＋2ppm），±（2mm＋2ppm）通常用于一般等级的控制测量。

（3）长测程全站仪。测程大于15km，一般精度为±（5mm＋1ppm），通常用于国家三角网及特级导线的测量。

第二节　全站仪的基本结构

电子全站仪由电源部分、测角系统、测距系统、数据处理部分、通信接口及显示屏、键盘等组成。同电子经纬仪、光学经纬仪相比，全站仪增加了许多特殊部件，因此而使得全站仪具有比其他测角、测距仪器更多的功能，使用也更方便。这些特殊部件构成了全站仪在结构方面独树一帜的特点。

一、同轴望远镜

全站仪的望远镜实现了测距光波的发射，接收光轴与视准轴的同轴化。同轴化的基本原理是：在望远镜物镜与调焦透镜间设置分光棱镜系统，通过该系统实现望远镜的多功能。它既可瞄准目标，使之成像于十字丝分划板，进行角度测量；同时其测距部分的外光路系统又能使测距部分的光敏二极管发射的调制红外光在经物镜射向反光棱镜后，经同一路径反射回来，再经分光棱镜作用使回光被光电二极管接收；为测距，需要在仪器内部另设一内光路系统，通过分光棱镜系统中的光导纤维将由光敏二极管发射的调制红外光也传送给光电二极管接收，由内、外光路调制光的相位差间接计算光的传播时间，计算实测距离。

同轴性使得望远镜一次瞄准即可实现同时测定水平角、垂直角和斜距等全部基本测量要素的测定功能，加之全站仪强大、便捷的数据处理功能，使全站仪使用极其方便。

二、双轴自动补偿

作业时若全站仪纵轴倾斜，会引起角度观测的误差，盘左、盘右观测值取平均不能使之抵消。而全站仪特有的双轴（或单轴）倾斜自动补偿系统，可对纵轴的倾斜进行监测，并在度盘读数中对因纵轴倾斜造成的测角误差自动加以改正（某些全站仪纵轴最大倾斜可允许至±6′）。也可通过将由竖轴倾斜引起的角度误差，由微处理器自动按竖轴倾斜改正公式计算，并加入度盘读数中加以改正，使度盘显示读数为正确值，即所谓纵轴倾斜自动补偿。

双轴自动补偿所采用的构造（现有水平，包括Topcon、Trimble）：使用一气泡（该气泡不是从外部可以看到的，与检验校正中所描述的不是一个气泡）来标定绝对水平面，该气泡是中间填充液体，两端是气体。在气泡的上部两侧各放置一发光二极管，而在气泡的下部两侧各放置一光电管，用一接收发光二极管透过水泡发出的光。而后，通过运算电路比较两二极管获得的光的强度。当在初始位置，即绝对水平时，将运算值置零。当作业中全站仪器倾斜时，运算电路实时计算出光强的差值，从而换算成倾斜的位移，将此信息传达给控制系统，以决定自动补偿的值。自动补偿的方式除由微处理器计算后修正输出外，还有一种方式即通过步进电机驱动微型丝杆，把此轴方向上的偏移进行补正，从而使轴时刻保证绝对水平。

三、操作面板

操作面板是全站仪在测量时输入操作指令或数据的硬件，全站型仪器的键盘和显示屏均为双面式，便于正、倒镜作业时操作。如图 5－3 所示为瑞得 RTS－800 型全站仪的操作面板。

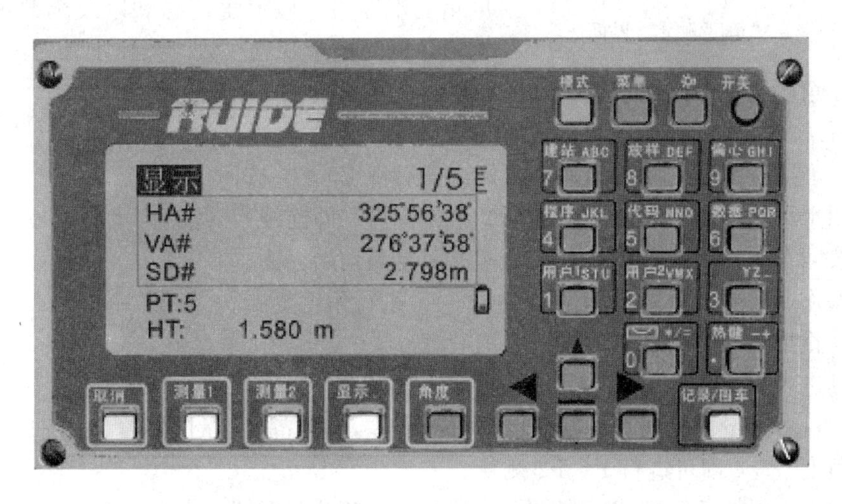

图 5－3　瑞得 RTS－800 型全站仪操作面板

四、存储器

全站仪存储器的作用是将实时采集的测量数据存储起来，再根据需要传送到其他设备（如计算机等）中，供进一步的处理或利用。

全站仪的存储器有内存储器和存储卡两种。全站仪内存储器相当于计算机的内存（RAM）。存储卡是一种外存储媒体，又称 PC 卡，作用相当于计算机的磁盘。

五、通信接口

全站仪可以通过通信串口和通信电缆将内存中存储的数据输入计算机，或将计算机中的数据和信息经通信电缆传输给全站仪，实现双向信息传输。

第三节　全站仪的基本操作

全站仪具有角度测量、距离（斜距、平距、高差）测量、三维坐标测量、导线测量、交会定点测量和放样测量等多种用途。内置专用软件后，功能还可进一步拓展。本节将结合瑞得 RTS－800 系列全站仪来讲解全站仪的基本操作与使用方法。

一、角度测量

全站仪的角度测量包括水平角测量和竖直角测量。在进行角度测量之前，全站仪同样需要进行安置工作：对中和整平。

水平角测量的方法也可采用测回法和全圆测回法，具体方法参照光学经纬仪的水平角观测。

下面介绍全站仪角度观测的具体操作：

在基本操作面板中按“角度测量”键进入如图 5－4 所示界面。

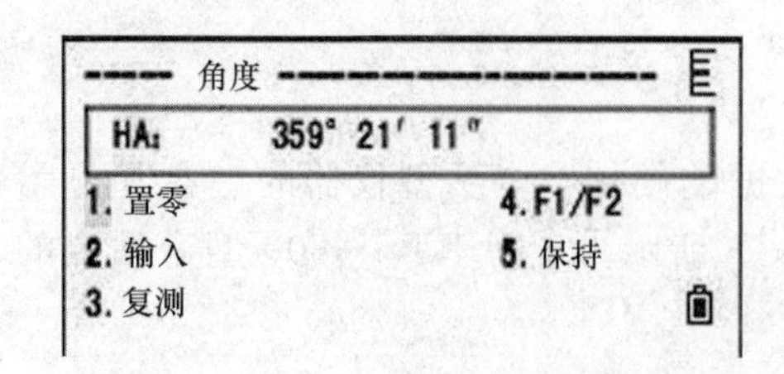

图 5-4 “角度测量”界面

精确瞄准目标，然后按相应的数字和回车键进行相应的操作。

按 1 和 2 进行水平角度的初始设置，可以将角度设置为 $0°00'00''$或任意角度。

按 3 键启动角度复测程序，该程序用于累计角度重复观测值，显示角度总和以及全部观测角的平均值，同时记录观测次数。操作步骤为：

（1）在角度选单中按数字键 3 选择水平角复测功能。

（2）系统将 HR 的初始值自动设置为 0。

（3）照准用于角度复测的第一个目标（即后视点），并按回车键。

（4）用水平制动和微动螺旋照准第 2 个目标点（即前视），此时，水平角被累加。

（5）按回车键，水平角被保存。屏幕返回复测初始界面。

可根据作业需要，重复步骤（3）～（5），进行角度复测。

如要终止重复角度测量，可按“取消”键。

按 4 键进入 F1/F2 模式，及进行盘左、盘右测量。

盘左、盘右测量可以消除一些仪器的机械误差，以提高测量的精度。不进行距离测量，只要按“角度”→4 即可进行 F1/F2 测量。

按 5 键进入保持角度模式。当进入该模式后，转动照准部，水平角度不变。按回车键可以将水平角设置为所显示的角度值。

二、距离测量

1. 基本参数设置

距离测量需要进行参数的设置，包括以下两个方面。

（1）设置棱镜常数。发光面和接收面与仪器实际中心不重合、内光路距离值以及线路自身的时间延迟等会影响测距值，这两项的和称为仪器常数。反光镜等效反射面与反射中心不重合，也会影响测距值，必须进行改正，该项称为棱镜常数。

由于仪器常数和棱镜常数的存在，使仪器测得的距离 D'与实际距离 D 之间有一个常数差，此常数称为仪器的加常数 C。由此可见：仪器常数是加常数的组成部分。仪器生产厂家在生产测距仪时，都先要检定出仪器的加常数，然后将加常数预置到仪器内，这样，仪器最终显示的是地面两点间的实际距离值。但由于仪器加常数检定有误差，以及日后使用中，仪器光、电系统的变化等，所以仪器加常数不是一个永久不变的值，而会随着时间的推移发生变化，因而仪器还有加常数剩余值（或称为剩余加常数），但一般就简称为加常数了。检定单位给出的加常数就是此数。用户在使用仪器时，当然需要考虑该常数的影响，将其加入成果中。

不同的棱镜有不同的棱镜常数，测距前须将棱镜常数输入仪器中，仪器会自动对所测距离进行改正。

棱镜常数的设置参考图 5-5 长按“测量 1”或“测量 2”键出现的界面进行设置。

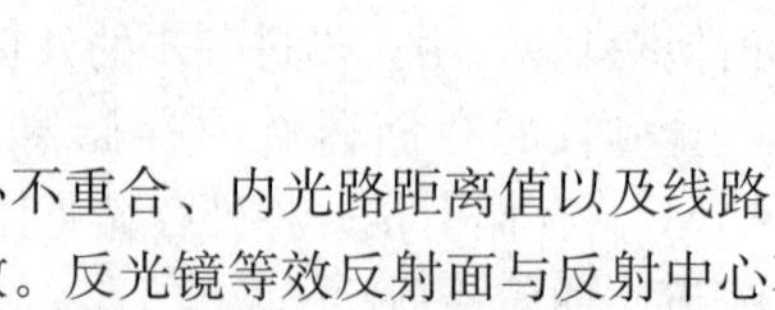

<测量1>

目标：棱镜
常数：−30mm
模式：精测单次
记录：自动记录

图 5-5 长按“测量 1”键出现的界面

（2）设置大气改正值或气温、气压值。光在大气中的传播速度会随大气的温度和气压而变化，若 15℃和

760mmHg（1mmHg＝1.33×10^2Pa）是仪器设置的一个标准值，此时的大气改正为0ppm。实测时，可输入温度和气压值，全站仪会自动计算大气改正值（也可直接输入大气改正值），并对测距结果进行改正。设置方法说明如下，按热键出现如图5－6所示界面。

按2键弹出如图5－7所示界面。

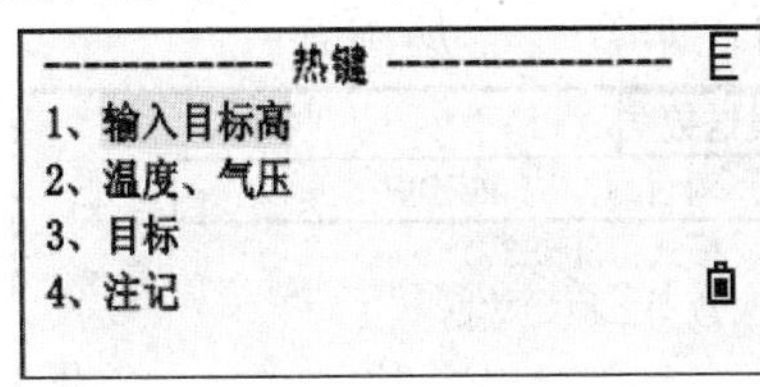

图5－6　按“热键”出现的界面

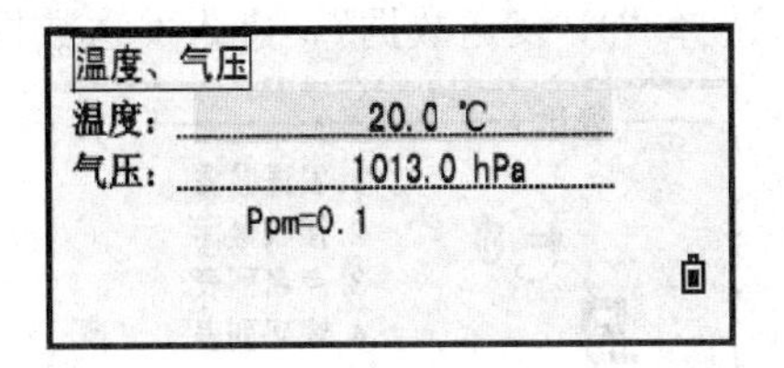

图5－7　按2键出现的界面

输入相关参数，然后按回车键进行确认。

2. 距离测量

一般情况下，全站仪的测距模式有精测模式、跟踪模式、粗测模式三种。精测模式是最常用的测距模式，测量时间约2.5s，最小显示单位1mm；跟踪模式，常用于跟踪移动目标或放样时连续测距，最小显示一般为1cm，每次测距时间约0.3s；粗测模式，测量时间约0.7s，最小显示单位1cm或1mm。在距离测量或坐标测量时，可按测距模式（MODE）键选择不同的测距模式。

以设置瑞得RTS－800系列全站仪为例说明如下。

（1）长按“测量1”键出现如图5－5所示界面。

按“▲”或“▼”键将光标移到待修改的项目后，再按“◀”或“▶”键改变选项。设置完毕，按回车键保存所作设置并返回到上一屏幕。

（2）量取仪器高、棱镜高并输入全站仪。作为三角高程计算的基础数据。

仪器高和棱镜高输入操作参考，全站仪野外数字测量建站设置时的输入方式。

（3）距离测量。照准目标棱镜中心，按测距键，距离测量开始，测距完成时显示斜距、平距、高差。

应注意，有些型号的全站仪在距离测量时不能设定仪器高和棱镜高，显示的高差值是全站仪横轴中心与棱镜中心的高差。

三、全站仪的数据通信

全站仪的数据通信是指全站仪与电子计算机之间进行的双向数据交换。

全站仪与计算机之间的数据通信的方式主要有两种：

（1）利用全站仪配置的PCMCIA（Personal Computer Memory Card International Association，个人计算机存储卡国际协会卡，简称PC卡，也称存储卡）进行数字通信，特点是通用性强，各种电子产品间均可互换使用。为了方便使用PC卡需要用户配备PC卡的读卡器，通过USB接口与计算机连接，或者对于笔记本电脑机身自带PC卡卡槽，使用方便。

（2）利用全站仪的通信接口，通过电缆进行数据传输，本节主要介绍此种方式。需要在计算机上安装串口通信软件。不论哪种全站仪，使用串口通信的方式传输数据，必须先进行通信参数的设置，使全站仪的串口参数与计算机的串口参数一致，方可进行数据通信。

1. 全站仪上的设置

对于 RTS－800 系列全站仪配置方法如下。

(1) 在选单中，按数字键 5（或用“▼”＋回车）进入通信选单，出现如图 5－8 所示界面（实际显示界面中以“通讯”二字表达）。

(2) 选择“1. 发送数据”，进入发送数据界面，如图 5－9 所示。

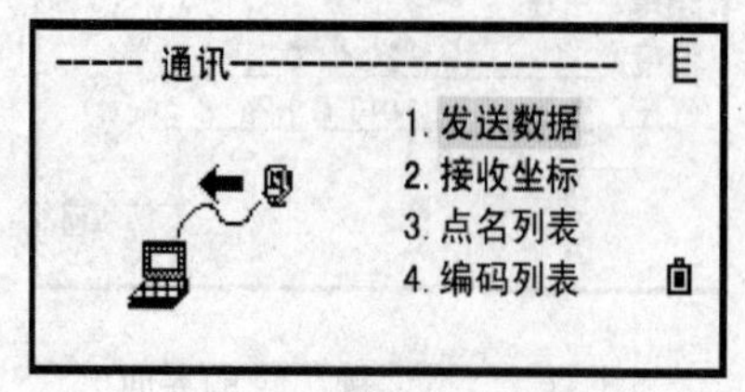

图 5－8　通信界面

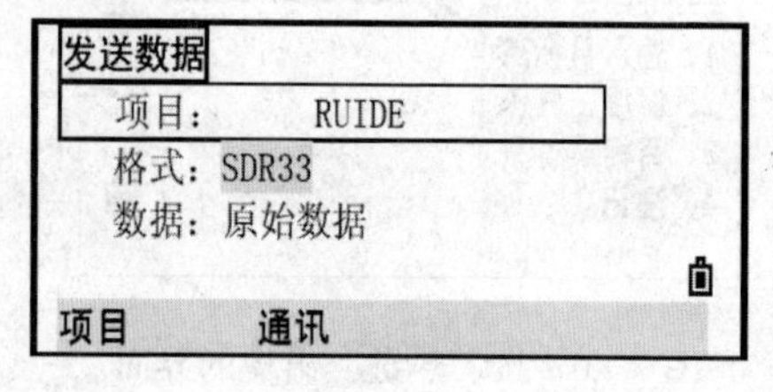

图 5－9　发送数据界面

(3) 如果按“项目”键，进入如图 5－10 所示的对话框中按“▲”/“▼”键选择需传送数据的项目，按回车键返回。

如果按“通信”键，设置通信参数，显示通信设置对话框，如图 5－11 所示。用“▲”/“▼”键将光标移到各参数上，按“◀”/“▶”键选择各参数中的选项。设置完毕，按回车键返回。

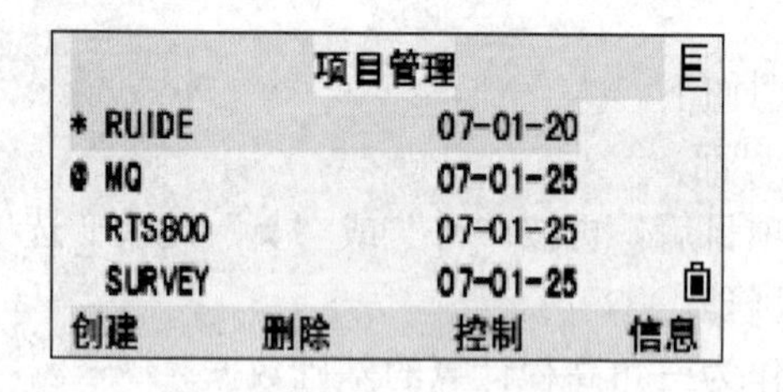

图 5－10　项目管理对话框

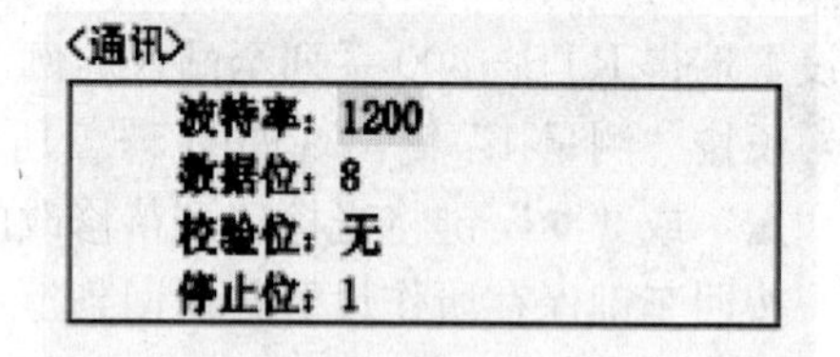

图 5－11　通信设置对话框

(4) 设置好项目及通信参数后，返回发送涉及对话框（见图 5－9），然后进行格式和数据类型选择。选择好后，按回车键进入连接电缆对话框，如图 5－12 所示。

(5) 按“开始”键进行数据传输。

2. 电脑上软件的设置

数据传输软件需要进行的设置在如图 5－13 所示界面内完成，在瑞得数据传输软件选单项通信选单内。

图 5－12　连接电缆对话框

图 5－13　数据通信界面

点击“通信参数”弹出如图 5－14 所示界面。

进行参数设置完成后，注意与全站仪上的参数一致。返回到通信选单选择“下载”或

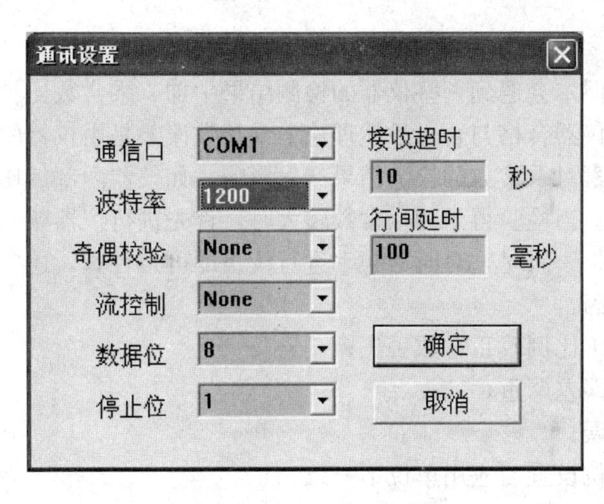

图 5-14 通信设置界面

“上传”进行后续操作。

第四节 全站仪的误差和检验

目前全站仪在工程测量中的使用基本普及，在进行角度测量时，仪器的视准轴误差、横轴误差和竖轴误差，还有度盘偏心误差、竖直度盘指标差以及对中误差对测角结果都会造成一定的影响。所使用的全站仪对测角的影响程度要进行检验，检验方法多参照经纬仪的检验方法，但全站仪的实际工作原理却不像光学经纬仪那么简单明了，所以全站仪的检验还必须包含其原理的正确性验证部分。总结起来，全站仪误差的检验主要包括以下几个方面：

（1）测距仪加、乘常数误差及幅相误差；

（2）全站仪的轴系误差与检验；

（3）全站仪的度盘系统误差与检验。

一、测距仪加、乘常数误差及幅相误差

1. 加常数误差

加常数误差是由仪器的测距部光学零点和仪器对点器不一致造成的，其现象是对所有测量值都加入了一个固定偏差。它由两部分构成，即仪器常数误差和棱镜常数误差。此外，幅相误差也常常影响加常数的检测效果；因为仪器幅相特性不好时，若内外光路不平衡，则内光路的测量结果不能完全抵消外光路测量的延迟，也能产生加常数类似的效果。

2. 乘常数误差

乘常数误差是由仪器的时间基准偏差造成的，其现象是给观测值加入了一个与距离成比例的偏差。而石英晶体振荡器是测距系统产生时间基准的主要元件，石英晶体振荡器的好坏直接决定了测距精度。

3. 加、乘常数误差的检验

人们在已经标定的六段基线场上按照全组合在强制归心的条件下，观测获得 21 个边长观测值，经气象改正后跟已知边长值比较后获得一组差值，列出误差方程式，求出加、乘常数误差。

4. 加、乘常数误差的处理方法

在检测过程中，偶尔会遇到一些仪器的检测结果中加、乘常数比较大，对此应该从多方面分析原因，以判断仪器合格与否。虽然理论上乘常数误差是由仪器的时标偏差造成的，但是实际上还有诸多因素对乘常数的检测结果产生影响，如仪器内部的比例改正常数、气象参数误差、幅相误差等。当检验得到的乘常数较大时，首先进行仪器频率测试验证：当频率测试结果与基线检测结果一致时，对时标频率进行校正即可。否则，还要查找其他原因。一般有以下四个方面的原因：

（1）仪器内部人工比例改正常数丢失；

（2）仪器的幅相误差严重；

（3）气象参数错误；

（4）仪器气象单位设置与应用单位不一致。

若是原因（1)，可以使用乘常数结果对仪器内部的比例常数进行改正；若是原因（3)、（4)，应改正设置后重测；若是原因（2)，应送维修部门修理。虽然理论上加常数误差是由仪器常数和棱镜常数构成，但是实际上还有诸多因素对加常数的检测结果产生影响。主要有仪器内部设置错误以及仪器内外光路信号不平衡。对于前者应改正设置重新测量，对于后者则应修理。

5. 幅相误差

幅相误差是因为接收电子线路不完善、回光信号强弱不同而导致的测距误差。许多仪器由于使用多年、发光管老化以及光路特性变化，内外光路的信号强度不一致，就会导致内光路的测量结果不能完全抵消外光路的电路延迟，主要反映在仪器的加、乘常数比较大。如果确定幅相误差大则应送修理部门修理。

二、全站仪的轴系误差与检验

全站仪的检验和校正和光学经纬仪的检验和校正类似，可以参照 DJ6 型经纬仪的检验和校正方法进行。主要是以下几个方面：

（1）照准部水准轴应垂直于竖轴的检验和校正；

（2）十字丝竖丝应垂直于横轴的检验和校正；

（3）视准轴应垂直于横轴的检验和校正；

（4）横轴应垂直于竖轴的检验和校正。

三、全站仪的度盘系统误差与检验

与经纬仪一样，全站仪也是利用度盘来实现角度测量的，度盘的制造安装偏差当然要对测量结果产生影响。主要指度盘偏心误差、刻划误差、竖直度盘指标差。

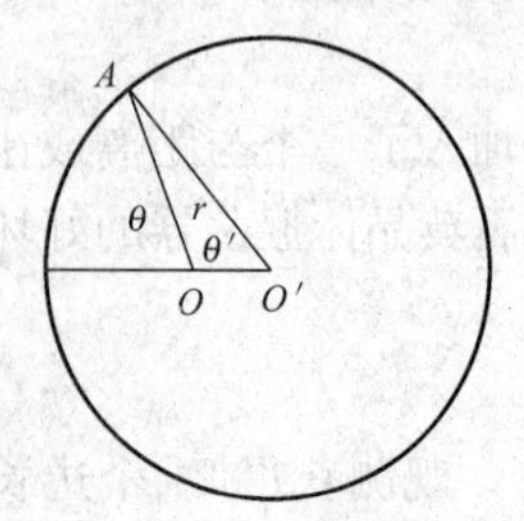

图 5-15　度盘偏心误差示意图

1. 度盘偏心误差

这是由于全站仪度盘分划中心与旋转中心安装不重合而导致的误差，如图 5-15 所示。

由图 5-15 可知，在三角形 $OO'A$ 中

$$\frac{OO'}{\sin(\theta-\theta')}=\frac{r}{\sin(180^\circ-\theta)}$$

经转换后得

$$\theta - \theta' = \frac{OO'}{r}\sin\theta = \sigma$$

$$\sigma = A\sin\theta$$

式中：OO'/r 为偏心率，用 A 表示，σ 按正弦规律变化。

度盘偏心的误差检验和校正比较麻烦，在此不做展开讨论，但存在以下结论：

（1）利用正倒镜读数取其均值抵消水平度盘偏心误差。

（2）与水平盘偏心不同，不能通过正倒镜读数取其均值抵消竖直度盘盘偏心误差。

2. 度盘刻划误差

全站仪中，不管是增量度盘还是编码度盘或者电磁度盘，由于都采取区域信息读取的平均效应。个别刻划偏差对精度的影响虽然不会像光学经纬仪那么直接，但局部所有刻划同方向的整体偏差对仪器精度的影响则是不可以忽视的。认为全站仪没有度盘误差是不对的，这一偏差取决于全站仪读数区域的刻划的平均偏差。

3. 竖直度盘指标差

这个概念沿袭光学经纬仪指标差而来，即给竖直角加入一个固定的偏差 i。竖直度盘指标差可以理解为竖直度盘零点与望远镜视准轴的不一致。全站仪的竖直度盘物理零位和视准轴的差异称为指标差。和经纬仪不同，全站仪是通过程序的一个简单加减计算来弥补该差异，即指标差的电子补偿。

垂直正倒镜差不仅包括指标差，还有补偿器纵向零点误差，竖直度盘偏心误差、刻度误差等。指标差对天顶距的影响和竖轴倾斜对天顶距的影响形式上相似，但本质不同。i 是定值不变，反映视准轴与垂直读盘不一致，与状态无关。竖轴倾斜是反映竖轴与重力线不一致的量，是变化的，随仪器的平整状态不同而不同，以及随仪器旋转而可能变化。指标差可通过正倒镜差改正实现抵偿，但竖轴倾斜误差不可能通过正倒镜差改正实现抵偿。

第六章 全球卫星定位系统简介

第一节 概 述

全球卫星导航系统来源于英文（Global Navigation Satellite System，简称 GNSS）。全球第一个卫星定位系统是 20 世纪 70 年代由美国陆海空三军联合研制的新一代空间卫星导航定位系统（Global Positioning System，简称 GPS）。其主要目的是为陆、海、空三大领域提供实时、全天候和全球性的导航服务，并用于情报收集、核爆监测和应急通讯等一些军事目的，是美国独霸全球战略的重要组成。经过 20 余年的研究实验，耗资 300 亿美元，到 1994 年 3 月，全球覆盖率高达 98%的 24 颗 GPS 卫星星座已布设完成。

鉴于全球定位系统在科研、军事及民用方面的巨大应用以及为了打破美国全球定位系统的独霸局面。有经济和科技实力的国家或地区也效仿美国研制了自主的全球定位系统。目前全球并存着四大全球定位系统：美国 GPS，欧盟“伽利略”，俄罗斯“GLONASS”，中国“北斗”系统。

中国的北斗卫星导航系统（BeiDou Navigation Satellite System，简称 BDS）简称北斗系统，是中国正在实施的自主发展、独立运行的全球卫星导航系统。本文主要介绍美国全球卫星定位系统的基本特点和原理。

一、全球定位系统的主要特点

（1）定位精度高。应用实践已经证明，GPS 相对定位精度在 50km 以内可达 10^{-6}，100～500km 可达 10^{-7}，1000km 可达 10^{-9}。在 300～1500m 工程精密定位中，1h 以上观测的解，其平面位置误差小于 1mm，与 ME－5000 电磁波测距仪测定得边长比较，其边长较差最大为 0.5mm，校差中误差为 0.3mm。

（2）观测时间短。随着全球定位系统的不断完善，软件的不断更新，目前，20km 以内相对静态定位，仅需 15～20min；快速静态相对定位测量时，当每个流动站与基准站相距在 15km 以内时，流动站观测时间只需 1～2min，然后可随时定位，每站观测只需几秒钟。

（3）全球、全天候工作。

（4）功能多应用广。

二、全球定位系统的组成

全球卫星定位系统的构成包括三部分，即空间部分、地面控制系统和用户设备部分。在

“北斗”系统中也被称为空间段、地面段和用户段三部分，以美国全球定位系统为例进行详细阐述。

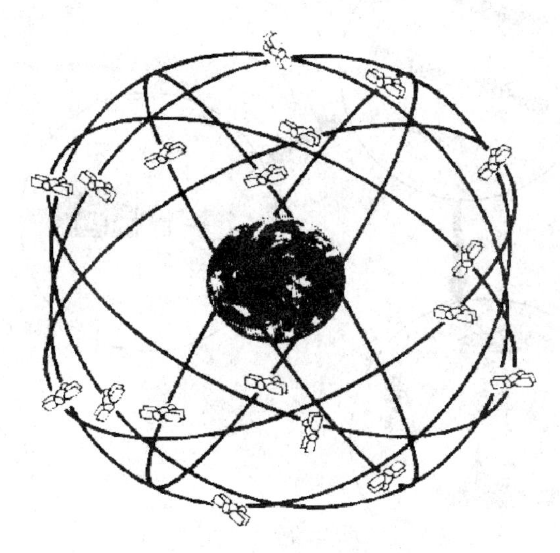

图 6-1　GPS 卫星星座

1. 空间部分

如图 6-1 所示，全球定位系统空间部分是由 21 颗工作卫星组成，它位于距地表 20 200km的上空，均匀分布在 6 个轨道面上，轨道倾角为 55°。此外，还有 3 颗有源备份卫星在轨运行，所以每个轨道分布面 4 颗卫星。卫星的分布使得在全球任何地方、任何时间都可观测到 4 颗以上的卫星，并能获得在卫星中预存的导航信息。GPS 的卫星因为大气摩擦等问题，随着时间的推移，导航精度会逐渐降低。

2. 地面控制系统

地面控制系统由监测站（Monitor Station）、主控制站（Master Monitor Station）、地面天线（Ground Antenna）组成，主控制站位于美国科罗拉多州春田市（Colorado Spring）。地面控制站负责收集由卫星传回之讯息，并计算卫星星历、相对距离，大气校正等数据。

3. 用户设备部分

用户设备部分即 GPS 信号接收机，其主要功能是能够捕获到按一定卫星截止角所选择的待测卫星，并跟踪这些卫星的运行。当接收机捕获到跟踪的卫星信号后，就可测量出接收天线至卫星的伪距离和距离的变化率，解调出卫星轨道参数等数据。根据这些数据，接收机中的微处理计算机就可按定位解算方法进行定位计算，计算出用户所在地理位置的经纬度、高度、速度、时间等信息。接收机硬件和机内软件以及 GPS 数据的后处理软件包构成完整的 GPS 用户设备。GPS 接收机的结构分为天线单元和接收单元两部分。接收机一般采用机内和机外两种直流电源。设置机内电源的目的在于更换外电源时不中断连续观测。在用机外电源时机内电池自动充电。关机后，机内电池为 RAM 存储器供电，以防止数据丢失。目前各种类型的接受机体积越来越小，重量越来越轻，便于野外观测使用。其次则为使用者接收器，现有单频与双频两种，但由于价格因素，一般使用者所购买的多为单频接收器。

图 6-2 为上述 3 部分通信示意图。

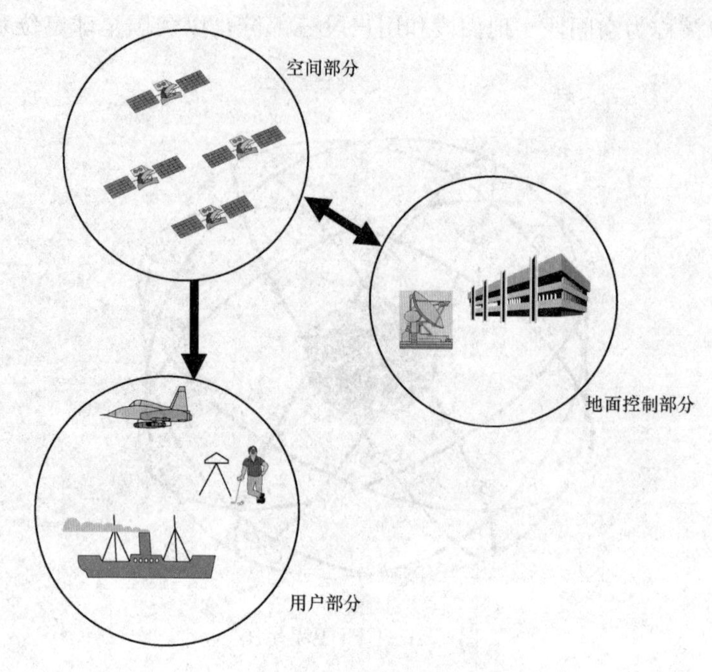

图 6-2　GPS 系统示意图

第二节　GPS 测量原理

GPS 导航系统的基本原理是测量出已知位置的卫星到用户接收机之间的距离，然后综合接收机到多颗卫星的距离就可计算出接收机的具体位置。要达到这一目的，卫星的位置可以根据星载时钟所记录的时间在卫星星历中查出。

一、距离测量原理

接收机到卫星的距离是通过卫星信号传播到用户所经历的时间乘以光速得到，由于大气层电离层的干扰，这一距离并不是用户与卫星之间的真实距离，而是伪距离。当 GPS 卫星正常工作时，会不断地用 1 和 0 二进制码元组成的伪随机码（简称伪码）发射导航电文。GPS 系统使用的伪码一共有两种，分别是民用的 C/A 码和军用的 P（Y）码。C/A 码频率 1.023MHz，重复周期 1ms，码间距 1μs，相当于 300m；P 码频率 10.23MHz，重复周期 266.4 天，码间距 0.1μs，相当于 30m。而 Y 码是在 P 码的基础上形成的，保密性能更佳。导航电文包括卫星星历、工作状况、时钟改正、电离层时延修正、大气折射修正等信息，以 50b/s 调制在载波上发射的。导航电文每个主帧中包含 5 个子帧每帧长 6s。前三帧各 10 个字码；每三十秒重复一次，每小时更新一次。后两帧共 15 000bit。导航电文中的内容主要有遥测码、转换码、第 1、2、3 数据块，其中最重要的则为星历数据。当用户接受到导航电文时，提取出卫星时间并将其与自己的时钟做对比便可得知卫星与用户的距离，再利用导航电文中的卫星星历数据推算出卫星发射电文时所处位置，用户在 WGS－84 大地坐标系中的位置速度等信息便可得知。

可见 GPS 导航系统卫星部分的作用就是不断地发射导航电文。然而，由于用户接收机使用的时钟与卫星星载时钟不可能总是同步，所以除了用户的三维坐标 x、y、z 外，还要引

进一个 Δt 即卫星与接收机之间的时间差作为未知数，然后用 4 个方程将这 4 个未知数解出来。所以如果想知道接收机所处的位置，至少要能接收到 4 个卫星的信号。

GPS 接收机可接收到可用于授时的准确至纳秒级的时间信息；用于预报未来几个月内卫星所处概略位置的预报星历；用于计算定位时所需卫星坐标的广播星历，精度为几米至几十米（各个卫星不同，随时变化）；以及 GPS 系统信息，如卫星状况等。

GPS 接收机对码的量测就可得到卫星到接收机的距离，由于含有接收机卫星钟的误差及大气传播误差，故称为伪距。对 C/A 码测得的伪距称为 C/A 码伪距，精度约为 20m 左右，对 P 码测得的伪距称为 P 码伪距，精度约为 2m 左右。GPS 接收机对收到的卫星信号，进行解码或采用其他技术，将调制在载波上的信息去掉后，就可以恢复载波。严格而言，载波相位应被称为载波拍频相位，它是收到的受多普勒频移影响的卫星信号载波相位与接收机本机振荡产生信号相位之差。一般在接收机钟确定的历元时刻量测，保持对卫星信号的跟踪，就可记录下相位的变化值，但开始观测时的接收机和卫星振荡器的相位初值是不知道的，起始历元的相位整数也是不知道的，即整周模糊度，只能在数据处理中作为参数解算。相位观测值的精度高至毫米，但前提是解出整周模糊度，因此只有在相对定位、并有一段连续观测值时才能使用相位观测值，而要达到优于米级的定位精度也只能采用相位观测值。

二、GPS 定位原理

按定位方式，GPS 定位分为单点定位和相对定位（差分定位）。单点定位就是根据一台接收机的观测数据来确定接收机位置的方式，它只能采用伪距观测量，可用于车船等的概略导航定位，原理图见 6-3。如图 6-3 所示，单点定位的方法本质上来讲就是空间交会定位，在已知每颗卫星空间坐标及其至接收机距离的情况下，只需 3 组数据即可确定接收机位置，见图中第 4 颗卫星用于检核前三组解算结果，加以平差改正。

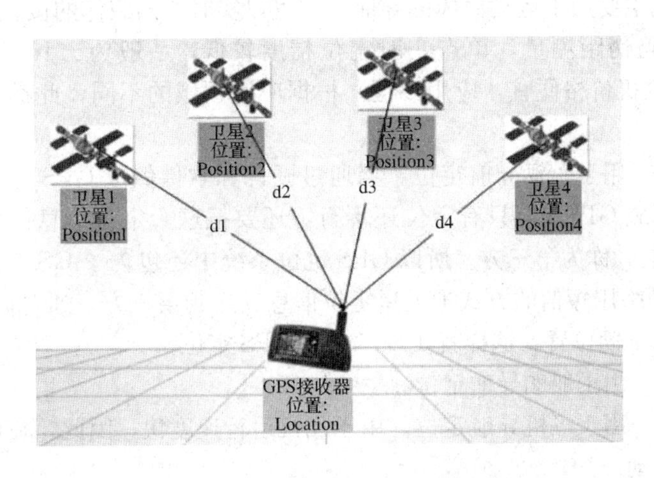

图 6-3　单点定位原理

相对定位（差分定位）是根据两台以上接收机的观测数据来确定观测点之间的相对位置的方法，它既可采用伪距观测量也可采用相位观测量，原理图见 6-4。在大地测量或工程测量应用领域均采用相位观测值进行高精度定位。

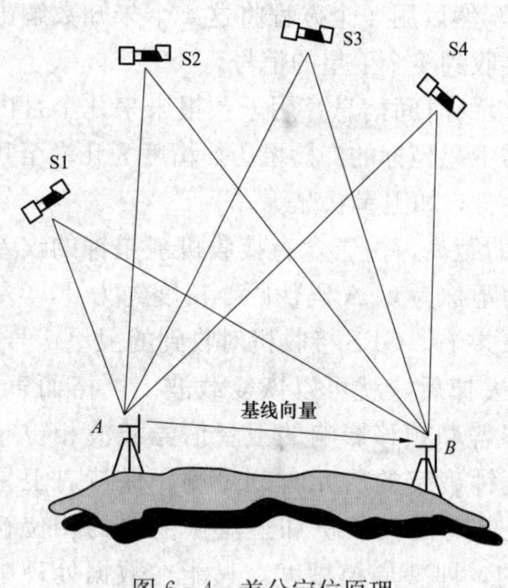

图 6－4 差分定位原理

在 GPS 观测值中包含了卫星和接收机的钟差、大气传播延迟、多路径效应等误差，在定位计算时还要受到卫星广播星历误差的影响，在进行相对定位时大部分公共误差被抵消或削弱，因此定位精度将大大提高。双频接收机可以根据两个频率的观测量抵消大气中电离层误差的主要部分，在精度要求高，因此接收机间距离较远时（大气有明显差别），要求选用双频接收机进行观测。如图 6－4 所示，消除上述误差的方法是将单点定位解算的 A、B 两点坐标求差得到 AB 两点基线的长度，长度数值认为剔除了大部分误差的影像，同时地面布设多台 GPS 接收机采用适当的观测方法，解算两两接收机间的基线，对基线进行构网平差以进一步提高观测精度。

第三节　GPS 接收机分类及 GPS 应用

一、GPS 接收机的分类

GPS 卫星接收机种类很多，根据型号分为测地型、全站型、定时型、手持型、集成型；根据用途分为车载式、船载式、机载式、星载式、弹载式。

（一）按接收机的用途分类

1. 导航型接收机

此类型接收机主要用于运动载体的导航，它可以实时给出载体的位置和速度。这类接收机一般采用 C/A 码伪距测量，单点实时定位精度较低，一般为±10m，有 SA 影响时为±100m。这类接收机价格便宜，应用广泛。根据应用领域的不同，此类接收机还可以进一步分为：

（1）车载型——用于车辆导航定位。当通过硬件和软件做成 GPS 定位终端用于车辆定位的时候，称为车载 GPS，但只有定位还不行，还要把这个定位信息传到报警中心或者车载 GPS 持有人那里，称为第三方。所以 GPS 定位系统中还包含了 GSM 网络通信（手机通信），通过 GSM 网络用短信的方式把卫星定位信息发送到第三方。通过微机解读短信电文，在电子地图上显示车辆位置。这样就实现了车载 GPS 定位。

（2）航海型——用于船舶导航定位。

（3）航空型——用于飞机导航定位。由于飞机运行速度快，因此，在航空上用的接收机要求能适应高速运动。

（4）星载型——用于卫星的导航定位。由于卫星的速度高达 7km/s 以上，因此对接收机的要求更高。

2. 测地型接收机

测地型接收机主要用于精密大地测量和精密工程测量。这类仪器主要采用载波相位观测值进行相对定位，定位精度高。仪器结构复杂，价格较贵。

3. 授时型接收机

这类接收机主要利用GPS卫星提供的高精度时间标准进行授时，常用于天文台及无线电通信中时间同步。

（二）按接收机的载波频率分类

1. 单频接收机

单频接收机只能接收 L_1 载波信号，测定载波相位观测值进行定位。由于不能有效消除电离层延迟影响，单频接收机只适用于短基线（<15km）的精密定位。

2. 双频接收机

双频接收机可以同时接收 L_1，L_2 载波信号。利用双频对电离层延迟的不一样，可以消除电离层对电磁波信号的延迟的影响，因此双频接收机可用于长达几千公里的精密定位。

（三）按接收机通道数分类

GPS接收机能同时接收多颗GPS卫星的信号，为了分离接收到的不同卫星的信号，以实现对卫星信号的跟踪、处理和量测，具有这样功能的器件称为天线信号通道。根据接收机所具有的通道种类可分为：

（1）多通道接收机。

（2）序贯通道接收机。

（3）多路多用通道接收机。

（四）按接收机工作原理分类

1. 码相关型接收机

码相关型接收机是利用码相关技术得到伪距观测值。

2. 平方型接收机

平方型接收机是利用载波信号的平方技术去掉调制信号，来恢复完整的载波信号，通过相位计测定接收机内产生的载波信号与接收到的载波信号之间的相位差，测定伪距观测值。

3. 混合型接收机

这种仪器是综合上述两种接收机的优点，既可以得到码相位伪距，也可以得到载波相位观测值。

4. 干涉型接收机

这种接收机是将GPS卫星作为射电源，采用干涉测量方法，测定两个测站间距离。

经过20余年的实践证明，GPS系统是一个高精度、全天候和全球性的无线电导航、定位和定时的多功能系统。GPS技术已经发展成为多领域、多模式、多用途、多机型的国际性高新技术产业。

目前，在GPS技术开发和实际应用方面，国际上较为知名的生产厂商有美国Trimble（天宝）导航公司、瑞士Leica Geosystems（徕卡测量系统）、日本TOPCON（拓普康）公司，国内厂家主要有南方测绘、中海达、华测、科力达等。

二、GPS应用

全球定位系统的主要用途分为以下三类：

（1）陆地应用，主要包括车辆导航、应急反应、大气物理观测、地球物理资源勘探、工程测量、变形监测、地壳运动监测、市政规划控制等。

（2）海洋应用，包括远洋船最佳航程航线测定、船只实时调度与导航、海洋救援、海洋探宝、水文地质测量以及海洋平台定位、海平面升降监测等。

(3) 航空航天应用，包括飞机导航、航空遥感姿态控制、低轨卫星定轨、导弹制导、航空救援和载人航天器防护探测等。

下面举例具体说明 GPS 的应用。

（一）GPS 在道路工程中的应用

GPS 在道路工程中的应用，目前主要是用于建立各种道路工程控制网及测定航测外控点等。随着高等级公路的迅速发展，对勘测技术提出了更高的要求，由于线路长，已知点少，因此，用常规测量手段不仅布网困难，而且难以满足高精度的要求。目前，国内已逐步采用 GPS 技术建立线路首级高精度控制网，然后用常规方法布设导线加密。实践证明，在几十公里范围内的点位误差只有 2cm 左右，达到了常规方法难以实现的精度，同时也大大提前了工期。GPS 技术也同样应用于特大桥梁的控制测量中。由于无需通视，可构成较强的网形，提高点位精度，同时对检测常规测量的支点也非常有效。GPS 技术在隧道测量中也具有广泛的应用前景，GPS 测量无需通视，减少了常规方法的中间环节，因此，速度快、精度高，具有明显的经济和社会效益。

（二）GPS 在国家安全中的应用

GPS 在军事领域内被称为“战场定位天神”，美国军方开发 GPS 的主要目的，一是用于精确地投放兵器，二是要求提供一种满足军用导航系统需求猛增状况的手段。军事用途包括扫雷、飞机着陆、步兵作战行动。“沙漠风暴”行动几乎是一场无所不包的战争，验证了 GPS 的效能，战术指挥官终于可以精确地知道部队的活动位置。

（三）GPS 应用于电离层监测

GPS 在监测电离层方面的应用，也是 GPS 空间气象学的开端。太空中充满了等离子体、宇宙线粒子、各种波段的电磁辐射，由于太阳常在 1s 内抛出百万吨量级的带电物，电离层由此而受到强烈干扰，这是空间气象学研究的一个对象。通过测定电离层对 GPS 信号的延迟来确定在单位体积内总自由电子含量（TEC），以建立全球的电离层数字模型。GPS 卫星发射 L_1 和 L_2 两个载波。由这两个载波可以削弱电离层对 GPS 定位的影响，或者说可以求定电离层折射。因为这一折射和载波频率有关。

当人们建立地区或全球电离层数字模型时，总是作简化的假定，所有自由电子含量都表示在一个单层面上，该面离地面高为 H。这样的话，电子含量正可以用在接收机和卫星连线与此单层面交点（刺入点）处的电子含量 E_s 表示，它可以视为 E 与刺入点处天顶距 Z' 的函数

$$E\cos Z' = E_s \tag{6-1}$$

可以将在球面上的电子浓度 E_s 加以模型化，例如写成经纬度的球谐函数等，这方面有很多专家提出了各种模型。IGS 提出了一种电离层地图的交换格式（Ionosphere Map Exchange Format，IONEX-Format）。它的作用是使基于各种理论和技术所获得的电离层地图能在统一规格的基础上进行综合和比较。电离层模型有各不相同的理论基础，而取得的数据来源的技术也不同，数据覆盖面也不完整，所以目前只能将 IGS 和全球各种 TEC 的图和 GPS 卫星信号的差分码偏差（Differential Code Biases，DCBS）用 IONEX 形式向全世界用户提供，下一步将通过比较，逐步联合起来。

（四）GPS 应用于对流层监测

在 GPS 应用中，早期主要是轨道误差影响定位精度，而且早期的 GPS 基线相对来说比较短，高差不大，因此对对流层的研究没有给予很大的重视。直到近期由于 GPS 轨道精度大大提高后，对流层折射已成为限制 GPS 定位精度提高的一个重要障碍。假设一个高程基本为零的地区，接收机所接收的 GPS 信号从天顶方向传来，其延迟可以达到 2.2～2.6m 量级，而 2h 内延迟变化可达 10cm 不是少见的（所以 IGS 分析中心提供的对流层参数是用 2h 间隔一次）。也由于这个实际情况，对流层折射要顾及其随机过程的变化来加以模型化。

在 GPS 应用于对流层研究中，IGS 的快速轨道和预报轨道信息对于天气预报会起重大作用。此外，IGS 通过德国 GFZ 的“IGS 对流层比较和协调中心”提供的每 2h 的对流层天顶延迟系列就像是控制点，对于区域性或局部性的对流层研究，可以起到对流层延迟绝对值的标定作用。

与地基 GPS 大气监测不同，星基或空基 GPS 掩星法测定气象的技术有覆盖面广，垂直分辨好，数据获取速度快的优点。这一技术的原理是将 GPS 接收机放在某一低轨卫星（LEO）或飞行器的平台上，该 GPS 接收机一方面起到对该卫星（或飞行器）精确定轨的作用，同时又应用 GPS 掩星技术起到大气探测器的作用。在 1997 年进行的 GPS/MET 研究项目，证实了这个设想是可行的。预定于 2000 年 4 月发射的 CHAMP 卫星要利用 GPS 掩星法进行全球对流层折射（包括大气可降水分）的测定。

第四节　全球四大全球定位系统

鉴于全球定位系统在科研、军事及民用方面的巨大应用，有实力的国家或地区也效仿美国研制了自主的全球定位系统。目前全球存在着四大 GPS 系统：

一、美国 GPS

由美国国防部于 20 世纪 70 年代初开始设计、研制，于 1993 年全部建成。1994 年，美国宣布在 10 年内向全世界免费提供 GPS 使用权，但美国只向外国提供低精度的卫星信号。该系统有美国设置的“后门”，一旦发生战争，美国可以关闭对某地区的信息服务。GPS 系统是目前世界上应用最广泛、技术最成熟的导航定位系统，成熟就是美国 GPS 系统的特点。

二、欧盟“伽利略”

1999 年，欧洲提出计划，准备发射 30 颗卫星，组成“伽利略”卫星定位系统。欧洲“伽利略”计划是中高度圆轨道（MEO）方案，该系统将由 30 颗中高度圆轨道卫星和 2 个地面控制中心组成，其中 27 颗卫星为工作卫星，3 颗为候补。卫星高度为 24 126km，位于 3 个倾角为 56°的轨道平面内。美国 GPS 向别国提供的卫星信号，只能发现地面大约 10m 长的物体，而伽利略的卫星则能发现 1m 长的目标。形象地说，GPS 系统只能找到街道，而伽利略则可找到家门。因此精准成为伽利略系统的特点，系统提供的服务将打破美国独霸全球卫星导航系统的格局。

三、俄罗斯 GLONASS

GLONASS 始于 20 世纪 70 年代，需要至少 18 颗卫星才能确保覆盖俄罗斯全境；如要提供全球定位服务，则需要 24 颗卫星。GLONASS 工作测试开始于苏联 1982 年 10 月 12 日发射第一颗试验卫星，整个测试计划分两个阶段完成，但是苏联解体以后由于经费的缺乏，计划不断延迟。由于系统一开始就是军用性质，尽管其定位精度比 GPS、伽利略略低，但其抗干扰能力却是最强的。

2011 年 11 月，随着一颗“格洛纳斯-M”卫星发射成功，该系统额定 24 颗卫星已全部在轨工作，另有 4 颗在轨备份，从而实现全球覆盖。

四、中国“北斗”

北斗卫星导航系统（BeiDou Navigation Satellite System，BDS）简称北斗系统，是中国正在实施的自主发展、独立运行的全球卫星导航系统。BDS 系统的建设目标是：建成独立自主、开放兼容、技术先进、稳定可靠的覆盖全球的北斗卫星导航系统，由空间段、地面段和用户段三部分组成，空间段包括 5 颗静止轨道（GEO）卫星、27 颗中圆地球轨道（MEO）卫星和 3 颗倾斜地球同步轨道（IGSO）卫星，地面段包括主控站、注入站和监测站等若干个地面站，用户段包括北斗用户终端以及与其他卫星导航系统兼容的终端。

BDS 采取渐进式建设方案，服务模式由主动式发展成被动式定位，覆盖区域由亚太地区逐渐拓展到全球。根据系统建设总体规划，BDS 建设分为三个阶段实施，如图 6－5 所示。

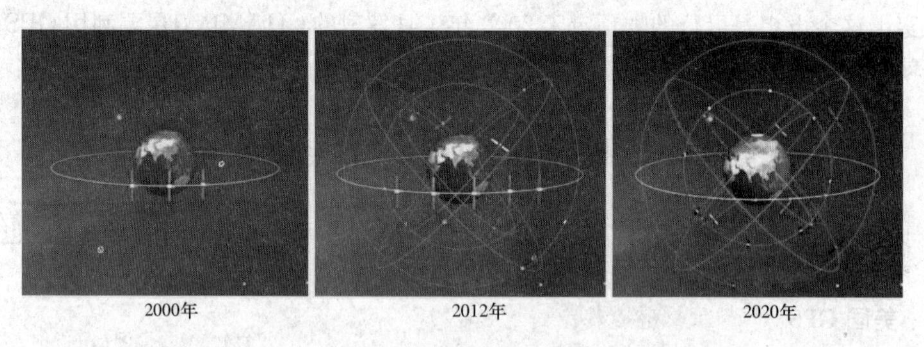

图 6－5　BDS 系统三阶段卫星星座

1. 第一阶段

1994 年启动北斗卫星导航试验系统建设，2000 年形成区域有源服务能力，使中国成为继美、俄之后的世界上第三个拥有自主卫星导航系统的国家。

2. 第二阶段

2004 年启动北斗卫星导航系统建设，2012 年具备覆盖亚太地区的无源导航定位、授时以及短报文通信服务能力，并正式提供服务。

3. 第三阶段

2020 年左右建成全球无源导航系统，达到 BDS 系统的建设目标，具备覆盖全球、连续不间断的服务能力。

北斗导航终端与美国 GPS、欧盟“伽俐略”和俄罗斯 GLONASS 相比，优势在于短信服务和导航结合，增加了通信功能；全天候快速定位，极少的通信盲区，精度与 GPS 相当，而在增强区域也就是亚太地区，将具备 15 颗可视卫星，相比其他导航系统的 8～9 颗，具有明显优势，精度甚至会超过 GPS 及其他导航系统；向全世界提供的服务都是免费的，在提供无源定位导航和授时等服务时，用户数量没有限制，且与GPS兼容；特别适合集团用户大范围监控与管理，以及无依托地区数据采集用户数据传输应用。另外，作为中国自主系统，高强度加密设计，安全、可靠、稳定，适合中国重要部门应用。2003年我国北斗一号建成并开通运行，在2008年5月12日后历次大的自然灾害的救援救助工作中都发挥了北斗系统的重要作用。

第七章 测量误差的基本知识

第一节　测量误差的来源及其分类

一、测量误差的定义

观测对象客观存在的量，称为真值。每次观测所得的数值，称为观测值。设观测对象的真值为 X，观测值为 $L_i(i=1、2、\cdots、n)$，则其差数 Δ_i 称为真误差，即

$$\Delta_i = L_i - X(i=1、2、\cdots、n)$$

二、测量误差的来源

在测量工作中，当对某一确定的量进行多次观测时，所测得的结果总是存在一些差异。例如，对某一段距离用钢卷尺进行往返丈量，两次丈量的结果往往是不一样的；又如数学上平面三角形三个内角之和应是 180°，但用经纬仪观测三角形的三个内角，其和经常不等于 180°。由此可见在测量工作中，各观测值之间或观测值与其真值之间总是存在着差异，产生这种差异的原因，是由于观测值中包含有测量误差。测量误差产生的主要原因有：所用的仪器和工具不尽完善；观测者感觉器官的鉴别能力有限，操作技术水平各有差别，观测方法也不能完美无缺；外界条件如温度、湿度、风向、风力、大气折光等因素在观测过程中随时发生变化。上述仪器、人、外界条件三方面的因素综合起来称为观测条件。观测条件相同的各次观测称为等精度观测；观测条件不同的各次观测称为非等精度观测。不难想象，观测条件的好坏与观测成果的质量有着密切的联系，当观测条件好一些时，观测中所产生的误差一般说来就可能相应地小一些；反之，观测条件差一些时，观测成果的质量就要低一些。所以，观测成果的质量高低也就客观地反映了观测条件的优劣。

在测量工作中，还可能产生错误。必须指出：误差和错误其性质是根本不同的，误差是不可避免的，而错误往往是由于测量工作人员的粗枝大叶造成的，在测量成果中是不允许存在的，本章研究的测量误差，显然不包括错误在内。

三、测量误差的分类

根据对观测成果影响的不同，测量误差可分为系统误差和偶然误差两种。

1. 系统误差

在相同的观测条件下对某量进行多次观测，如果误差在大小和符号上按一定规律变化，或者保持常数，则这种误差称为系统误差。例如，用一把具有尺长误差为 ΔL 的钢卷尺量距

时，每丈量一尺段就包含有 ΔL 的距离误差，丈量的距离越长，所积累的误差也就越大；又如水准仪校正不完善，水准管轴和视准轴不平行时，在水准测量中，距离越长，水准尺上的读数与正确读数相差就越大。这些都是由于仪器不完善而产生的误差，有时也可能由于温度和大气折光等的影响而产生系统误差。此外有些观测者在照准目标时，习惯把望远镜的十字丝照准目标中央的某一侧，也会使观测值带有系统误差。

系统误差对观测值有累积的影响，有时会相当显著。在测量工作中，必须掌握它的规律，设法消除或削弱它对观测成果的影响。如在量距前，对钢卷尺进行检定，求出尺长改正，对所量得的距离加入尺长改正数，即可消除尺长误差对所测距离的影响；对于水准管轴和视准轴不平行的误差，可以采用前后尺等距离的方法加以消除。总之，经过一定的观测手段或加改正数的方法，系统误差基本可以消除。

2. 偶然误差

在相同的观测条件下，对某量进行多次观测，其误差在大小和符号上都具有偶然性，从表面上看，误差的大小和符号没有明显的规律，这种误差称为偶然误差。例如在水准测量读数时，对于毫米位的估读；在经纬仪测量中，用十字丝瞄准目标产生的瞄准误差；仪器受温度风力等外界条件的影响，对测量结果可能产生符号不同、大小不等的误差，这些都属于偶然误差。

在测量工作中，偶然误差是无法消除的，因此观测成果的精度与偶然误差有密切的关系。本章主要对偶然误差进行分析。

第二节　偶然误差的特性及算术平均值原理

一、偶然误差的特性

少数几个偶然误差的出现，好像没有什么规律性，但实践证明，大量的偶然误差呈现出一定的统计规律。例如，在相同的观测条件下，对 174 个三角形的全部内角进行了观测，由于观测值带有误差，各三角形内角和 L 不等于 180°，真误差为 $\Delta=L-180°$，现将误差按大小和正负分类列于表 7-1 中。

表 7-1　　误差分布表

误差区间（″）	正误差		负误差	
	个数	相对个数	个数	相对个数
0～10	32	0.184	31	0.178
10～20	23	0.132	21	0.121
20～30	15	0.086	17	0.098
30～40	11	0.063	11	0.063
40～50	5	0.029	4	0.023
50～60	2	0.012	2	0.011
60 以上	0	0.000	0	0.000
合计	88	0.506	86	0.494

为了更清晰地表达误差分布的情况，除了采用误差分布表的形式外，还可以利用图形来

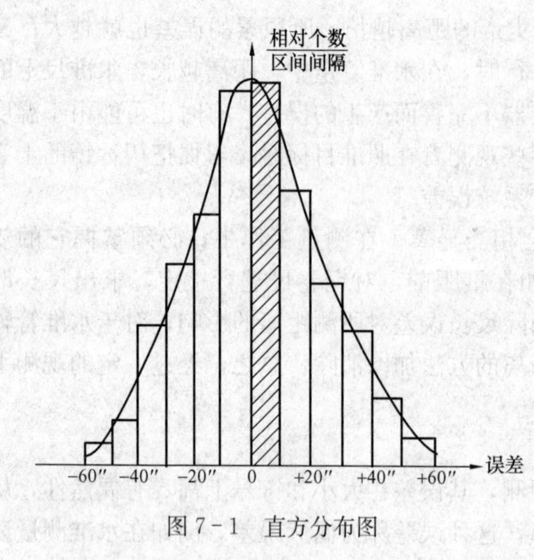

图 7-1　直方分布图

表达。如在图 7-1 中，横坐标表示误差出现的大小，纵坐标表示各区间内误差出现的相对个数除以区间的间隔值（此处间隔值均为 10″），这样每一误差区间上的长方条面积就代表误差出现在该区间的相对个数，如划有斜线长方条面积代表的相对个数为 0.184，这种图称为直方分布图。当误差个数无限增加，而误差区间无限缩小时，直方分布图中各长方形顶边所形成的折线将变成一条光滑的曲线，这种曲线称为误差分布曲线，在数理统计中，称为正态分布曲线。

由表 7-1 和图 7-1 可以看出：①小误差出现的个数比大误差多；②绝对值相等的正负误差的相对个数基本相等；③最大误差不超过 60″。

人们通过反复的实践和研究，总结出偶然误差具有如下特性：

(1) 在一定的观测条件下，偶然误差的绝对值不会超过一定的限值；

(2) 绝对值较小的误差比绝对值较大的误差出现的机会多；

(3) 绝对值相等的正误差和负误差出现的机会几乎相等；

(4) 当观测次数无限增加时，偶然误差的算术平均值趋向于零，即

$$\lim_{n\to\infty}\frac{[\Delta]}{n}=0 \tag{7-1}$$

$$[\Delta]=\Delta_1+\Delta_2+\cdots+\Delta_n$$

式中　n——观测次数。

显然，第四个特性是由第三个特性导出的。第三个特性说明在大量的偶然误差中，正负误差有互相抵消的性能，因此当 n 无限增大时，真误差的简单平均值必然趋向于零。

如果在某组观测成果中出现了个别的大误差，且超出了一定的限度，则根据特性（1），可判断其属于错误，应该删去，并决定对该次观测予以重测或补测。如果在一组测量误差中，正误差远比负误差多或少，由特性（3）可知：在这组误差中，可能存在明显的系统误差，应分析原因，设法消除系统误差的影响。特性（4）说明：在测量工作中，增加观测次数，可以减少偶然误差对测量成果的影响。所以在实际工作中，为了提高观测的精度和进行校核，总是进行多次观测。当然，多次观测需要较长的时间，耗费较多的人力物力，其次在较长的时间内，观测条件容易发生变化；因此观测次数的选择适当与否，在一定程度上决定着观测成果的质量。

二、算术平均值原理

设对某个量 X（真值）进行了 n 次等精度观测，得观测值 L_1、L_2、…、L_n，则其算术平均值 x 为

$$x=\frac{L_1+L_2+\cdots+L_n}{n}=\frac{[L]}{n} \tag{7-2}$$

算术平均值原理认为：观测值的算术平均值是真值的最可靠值。推导如下：

以 Δ_1、Δ_2、…、Δ_n 分别表示 L_1、L_2、…、L_n 的真误差，则

$$\left.\begin{aligned}\Delta_1 &= X - L_1 \\ \Delta_2 &= X - L_2 \\ &\cdots \\ \Delta_n &= X - L_n\end{aligned}\right\} \tag{7-3}$$

将式（7-3）中各式相加得

$$[\Delta] = nX - [L] \tag{7-4}$$

式（7-4）两边同除以 n 得

$$\frac{[\Delta]}{n} = X - \frac{[L]}{n} \tag{7-5}$$

将式（7-2）代入式（7-5）得

$$x = X - \frac{[\Delta]}{n} \tag{7-6}$$

式（7-6）说明，观测值的算术平均值等于观测值的真值减去真误差的算术平均值。

由偶然误差特性（4）可知，当观测次数无限增加时，偶然误差的算术平均值趋近于零，此时观测值的算术平均值 x 将趋近于真值 X。

但在实际工作中，对某一个量观测的次数总是有限的。因此，可以认为算术平均值是一个近似的真值，是一个比较可靠的结果，通常称它为真值的最或然值。

第三节 衡量精度的标准

研究测量误差的目的之一，就是衡量测量成果的精度。所谓精度，是指误差分布的密集或离散的程度。在一定的观测条件下对某一量进行一系列观测，它对应着一种确定不变的误差分布，图 7-2 所示为两种不同精度的误差分布曲线，从图中可以看出，第一组的误差较集中于零的附近，曲线形状较为陡峭，可以说这一组误差分布较为密集；而第二组的误差对称于零分布的范围较宽，曲线形状较为平缓，可以说这一组误差分布较为离散。由此可以判断：前者观测质量较好，观测精度较高，后者观测质量较差，观测精度较低。但用误差曲线衡量精度的高低较为麻烦，只能得到一个定性的结论，测量学上一般应用中误差来衡量精度。

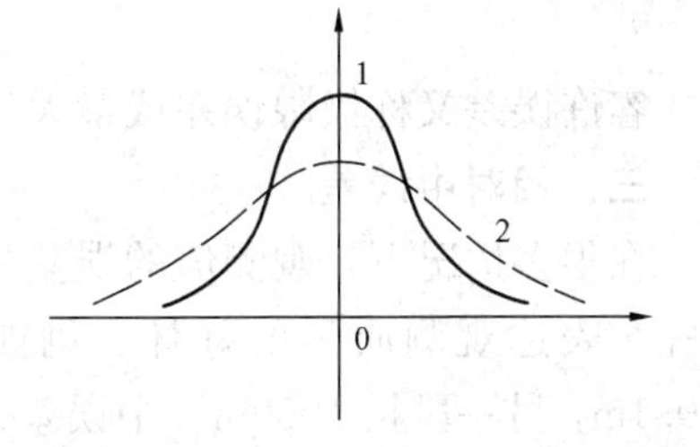

图 7-2　两种误差正态分布曲线的比较

一、中误差

设对一个未知量 X 进行多次等精度观测，其观测值为 L_1、L_2、…、L_n，其真误差为 Δ_1、Δ_2、…、Δ_n，取各个真误差平方和的平均值的平方根定义为中误差 m，即

$$m = \pm\sqrt{\frac{[\Delta_i \Delta_i]}{n}} (i = 1,2,\cdots,n) \tag{7-7}$$

这里必须指出，中误差 m 与每一个观测值的真误差 Δ 不同，它只是表示该观测列中每个观测值的精度，由于是等精度观测，故每个观测值的精度均为 m；但是等精度观测值的真

误差彼此并不相等，有的差异还比较大，这是由于真误差具有偶然误差的性质。

设有A、B两组观测值，其真误差分别如下。

A组：$-3''$、$-2''$、$0''$、$+1''$、$+3''$。

B组：$+3''$、$-4''$、$0''$、$+1''$、$-2''$。

则两组观测值的中误差分别为

$$m_A = \pm\sqrt{\frac{9+4+0+1+9}{5}} = \pm 2.1''$$

$$m_B = \pm\sqrt{\frac{9+16+0+1+4}{5}} = \pm 2.4''$$

由此可以看出A组观测值比B组观测值的精度高。

应该再次指出，中误差m是表示一组观测值的精度。例如，m_A是表示A组观测值中每一观测值的精度，而不能用每次观测所得的真误差（$-3''$、$-2''$、$0''$、$+1''$、$+3''$）与中误差（$\pm 2.1''$）相比较，来说明这一组中哪一次的精度高或低。

二、容许误差

偶然误差的第一个特性说明：在一定的观测条件下，偶然误差的绝对值不会超过一定的限值，如果在测量工作中，某一观测值的误差超过这个限值，就认为这次观测的质量不好，该观测结果就应该舍去。那么应当如何确定这个限值呢？实践证明，等精度观测的一组误差中，绝对值大于2倍中误差的偶然误差，其出现的可能性为5%；大于3倍中误差的偶然误差，其出现的可能性仅有0.3%；因此，在实际工作中，常采用2倍中误差作为限值，也称为容许误差，即

$$\Delta_{容} = 2m \tag{7-8}$$

当要求较低时，也可采用3倍中误差作为容许误差，即

$$\Delta_{容} = 3m \tag{7-9}$$

容许误差又称极限误差或最大误差。

三、相对中误差

在很多情况下，观测值的误差和观测值本身的大小有关，仅用中误差来衡量精度，还不能完全表达观测质量的好坏。例如丈量两段长短不等的距离，一段长100m，中误差为±0.1m，另一段长1000m，中误差为±0.2m，若以中误差来衡量精度，就会得出第一段比第二段的丈量精度要高的错误结论。因为量距误差与距离本身的长短有关，此时应用中误差与观测值之比来衡量丈量的精度，中误差与观测值之比称为相对中误差。

第一段的相对中误差为

$$\frac{1}{N_1} = \frac{m_1}{L_1} = \frac{0.1\text{m}}{100\text{m}} = \frac{1}{1000}$$

第二段的相对中误差为

$$\frac{1}{N_2} = \frac{m_2}{L_2} = \frac{0.2\text{m}}{100\text{m}} = \frac{1}{5000}$$

这说明第二段距离比第一段距离丈量的精度高。

相对中误差是一个无名数，在测量工作中，通常以分子为1的分数表示，分母越大精度越高。

第四节　观测值函数的中误差——误差传播定律

有些未知量往往不能直接测得，而是由某些直接观测值通过一定的函数关系间接计算而得。例如在水准测量中，高差是由前、后视读数求得，即 $h=a-b$。又如两点间的坐标增量是由直接测得的边长 D 及方位角 α，通过函数关系（$\Delta x=D\cos\alpha$，$\Delta y=D\sin\alpha$）间接算得的。前者的函数形式为线性函数，后者为非线性函数。

由于直接观测值含有误差，因而它的函数必然要受其影响而存在误差，阐述观测值中误差与观测值函数的中误差之间关系的定律，称为误差传播定律。下面阐述观测值函数的中误差与观测值中误差的关系。

一、观测值和或差函数的中误差

设有函数

$$z=x\pm y \tag{7-10}$$

式中　z——x、y 的和或差的函数；

x、y——独立观测值。

如果观测值 x 和 y 各产生真误差 Δ_x 和 Δ_y，则函数 z 也产生真误差 Δ_z，即

$$z+\Delta_z=(x+\Delta_x)\pm(y+\Delta_y) \tag{7-11}$$

式（7-11）减去式（7-10），得

$$\Delta_z=\Delta_x\pm\Delta_y \tag{7-12}$$

假如对 x 和 y 分别以同精度各观测了 n 次，则

$$\Delta_{zi}=\Delta_{xi}\pm\Delta_{yi}(i=1、2、\cdots、n)$$

将上述 n 个公式两边平方，然后相加得

$$[\Delta_z^2]=[\Delta_x^2]+[\Delta_y^2]\pm 2[\Delta_x\Delta_y]$$

将上式两边除 n，得

$$\frac{[\Delta_z^2]}{n}=\frac{[\Delta_x^2]}{n}+\frac{[\Delta_y^2]}{n}\pm 2\frac{[\Delta_x\Delta_y]}{n} \tag{7-13}$$

式（7-13）中，Δ_x 和 Δ_y 均为相互独立的偶然误差，则 $[\Delta_x\Delta_y]$ 也具有偶然误差的特性。由偶然误差特性（4）可知，当 $n\to\infty$ 时，$\frac{[\Delta_x\Delta_y]}{n}$ 趋近于零。

式（7-13）中

$$\frac{[\Delta_z^2]}{n}=m_z^2,\qquad \frac{[\Delta_x^2]}{n}=m_x^2,\qquad \frac{[\Delta_y^2]}{n}=m_y^2$$

故可将式（7-13）写成

$$m_z^2=m_x^2+m_y^2$$

或

$$m_z=\pm\sqrt{m_x^2+m_y^2} \tag{7-14}$$

当函数 z 为 n 个独立观测值的代数和时，即

$$z=x_1\pm x_2\pm\cdots\pm x_n \tag{7-15}$$

按上述的推导方法，可得出函数 z 的中误差为

$$m_z=\pm\sqrt{m_1^2+m_2^2+\cdots+m_n^2} \tag{7-16}$$

式中　m_i——观测值 x_i 的中误差。

当观测值 x_i 为同精度观测时，即各观测值的中误差均为 m，$m_1=m_2=\cdots=m_n$，则式（7－16）可写成

$$m_z=\sqrt{n}m \tag{7-17}$$

【例 7－1】　设在两点间进行水准测量，已知一次读数的中误差 $m=\pm 2\text{mm}$，求观测 n 站所得高差的容许误差（取 $\Delta_{容}=2m$）为多少？

解　水准测量一站的高差

$$h_{站}=a-b$$

则一站高差的中误差为

$$m_{站}=\pm\sqrt{m_{读}^2+m_{读}^2}=\pm\sqrt{2}m_{读}=\pm\sqrt{2}\times 2=\pm 2.8(\text{mm})$$

观测 n 站所得总高差 Σh 为

$$\Sigma h=h_1+h_2+\cdots+h_n$$

观测 n 站所得高差 Σh 的中误差为

$$m_h=\pm\sqrt{n}m_{站}=\pm 2.8\sqrt{n}(\text{mm})$$

观测 n 站所得高差 Σh 的容许误差为

$$\Delta_h=\pm 2m_h=\pm 2\times 2.8\sqrt{n}\approx\pm 5.6\sqrt{n}(\text{mm})$$

需要指出的是：上述分析仅仅考虑了读数误差，不能作为实际测量中的限差要求。

二、观测值倍数函数的中误差

设有函数

$$z=kx \tag{7-18}$$

式中　z——观测值 x 的函数；

　　k——常数。

当观测值 x 含有真误差 Δ_x，则函数 z 也将会有真误差 Δ_z，即

$$z+\Delta_z=k(x+\Delta_x) \tag{7-19}$$

式（7－19）减去式（7－18），得

$$\Delta_z=k\Delta_x \tag{7-20}$$

若对 x 共观测了 n 次，则

$$\Delta_{zi}=k\Delta_{xi}(i=1、2、\cdots、n)$$

将上述 n 个公式两边平方，然后相加得

$$[\Delta_z^2]=k^2[\Delta_x^2]$$

上式两边除 n 得

$$\frac{[\Delta_z^2]}{n}=k^2\frac{[\Delta_x^2]}{n} \tag{7-21}$$

按中误差定义，将式（7－21）写成

$$m_z^2=k^2m_x^2$$

或

$$m_z=km_x \tag{7-22}$$

【例 7－2】　在 1∶1000 比例尺地形图上，量得某直线长度 $d=234.5\text{mm}$，中误差 $m_d=\pm 0.1\text{mm}$，求该直线的实地长度 D 及中误差 m_D。

解 实地长度 $D=1000\times d=1000\times 234.5=2.345\times 10^5\text{mm}=234.5(\text{m})$

中误差 $m_D=1000\times m_d=1000\times(\pm 0.1)=\pm 0.1\times 10^3\text{mm}=\pm 0.1(\text{m})$

最后结果 $D=(234.5\pm 0.1)\text{m}$

三、线性函数的中误差

设有线性函数

$$z=k_1x_1\pm k_2x_2\pm\cdots\pm k_nx_n \tag{7-23}$$

式中 x_1、x_2、…、x_n——独立观测值；

k_1、k_2、…、k_n——常数。

按推求式（7-14）和式（7-21）相同的方法，可以得到

$$m_z^2=k_1^2m_1^2+k_2^2m_2^2+\cdots+k_n^2m_n^2$$

$$m_z=\pm\sqrt{k_1^2m_1^2+k_2^2m_2^2+\cdots+k_n^2m_n^2} \tag{7-24}$$

式中 m_i（i=1、2、…、n）——观测值 x_i 的中误差。

【例7-3】 设有某线性函数

$$z=\frac{1}{4}x_1+\frac{1}{5}x_2+\frac{1}{6}x_3$$

其中 x_1、x_2、x_3 分别为独立观测值，中误差分别为 m_1、m_2、m_3，求函数 z 的中误差。

解 由线性函数中误差的关系式有

$$m_z=\pm\sqrt{\frac{1}{16}m_1^2+\frac{1}{25}m_2^2+\frac{1}{36}m_3^2}$$

四、一般函数的中误差

设有函数

$$z=f(x_1、x_2、\cdots、x_n) \tag{7-25}$$

式中 $x_i(i=1、2、\cdots、n)$——独立观测值。

中误差为 $m_i(i=1、2、\cdots、n)$，现在求函数 z 的中误差 m_z。

式（7-25）函数的全微分表达为

$$\mathrm{d}z=\frac{\partial f}{\partial x_1}\mathrm{d}x_1+\frac{\partial f}{\partial x_2}\mathrm{d}x_2+\cdots+\frac{\partial f}{\partial x_n}\mathrm{d}x_n \tag{7-26}$$

由于真误差 Δ 均为小值，故可用真误差替代微分量，得

$$\Delta z=\frac{\partial f}{\partial x_1}\Delta x_1+\frac{\partial f}{\partial x_2}\Delta x_2+\cdots+\frac{\partial f}{\partial x_n}\Delta x_n$$

式中 $\frac{\partial f}{\partial x_i}(i=1、2、\cdots、n)$ 是函数对各个变量的偏导数，将观测值 $x_i(i=1、2、\cdots、n)$ 代入可算出其数值。

因此上式相当于线性函数真误差的关系式，按式（7-24）可得

$$m_z^2=\left(\frac{\partial f}{\partial x_1}\right)^2m_1^2+\left(\frac{\partial f}{\partial x_2}\right)^2m_2^2+\cdots+\left(\frac{\partial f}{\partial x_n}\right)^2m_n^2$$

$$m_z=\pm\sqrt{\left(\frac{\partial f}{\partial x_1}\right)^2m_1^2+\left(\frac{\partial f}{\partial x_2}\right)^2m_2^2+\cdots+\left(\frac{\partial f}{\partial x_n}\right)^2m_n^2} \tag{7-27}$$

式（7-27）为误差传播定律的一般形式，而式（7-16）、式（7-22）、式（7-24）都

可以看成是式（7-27）的特例。

【例7-4】 设有某函数

$$D = S\cos\alpha$$

其中 $S=20.000\text{m}$，中误差 $m_S=\pm2\text{mm}$；$\alpha=60°00'00''$，中误差 $m_\alpha=\pm20''$。求 D 的中误差 m_D。

解 根据函数式 $D=S\cos\alpha$，D 是 S 及 α 的一般函数。其真误差的关系式为

$$\Delta_D = \left(\frac{\partial D}{\partial S}\right)\Delta_S + \left(\frac{\partial D}{\partial \alpha}\right)\Delta_\alpha$$

将上式转化为中误差关系式

$$m_D^2 = \left(\frac{\partial D}{\partial S}\right)^2 m_S^2 + \left(\frac{\partial D}{\partial \alpha}\right)^2 m_\alpha^2$$

其中

$$\frac{\partial D}{\partial S} = \cos\alpha,\ \frac{\partial D}{\partial \alpha} = -S\sin\alpha$$

故

$$\begin{aligned} m_D^2 &= \cos^2\alpha m_S^2 + (-S\sin\alpha)^2 \times \left(\frac{m''_\alpha}{\rho''}\right)^2 \\ &= 0.5^2 \times (\pm2)^2 + (-20\times10^3\times0.866)^2 \times \left(\frac{20}{206\ 265}\right)^2 \\ &= 1 + 2.82 = 3.82 \end{aligned}$$

$$m_D = \pm1.95\text{mm}$$

在以上计算中，$\frac{m''_\alpha}{\rho''}$ 是将角值化成弧度，又因 m_S 是以毫米为单位，所以 S 也应以毫米为单位，以使整个式子的单位统一。

应用误差传播定律求观测值函数的精度时，可按下列步骤进行。

（1）根据要求列出函数式

$$z = f(x_1, x_2, \cdots, x_n)$$

（2）对函数式求全微分，得出函数的真误差与观测值真误差之间的关系式

$$\Delta z = \frac{\partial f}{\partial x_1}\Delta x_1 + \frac{\partial f}{\partial x_2}\Delta x_2 + \cdots + \frac{\partial f}{\partial x_n}\Delta x_n$$

（3）写出函数中误差与观测值中误差之间的关系式

$$m_z = \pm\sqrt{\left(\frac{\partial f}{\partial x_1}\right)^2 m_1^2 + \left(\frac{\partial f}{\partial x_2}\right)^2 m_2^2 + \cdots + \left(\frac{\partial f}{\partial x_n}\right)^2 m_n^2}$$

将数值代入上式计算时，必须注意各项的单位要统一。

必须指出，在由真误差关系式写成中误差关系式之前，必须首先判断式中各变量是否误差独立。所谓误差独立，是指各变量间不包含有共同的误差。如有误差不独立的情况，则应通过误差代换，同类项合并或移项等方法，使所求量的误差表达成独立误差的函数，再应用误差传播定律，转换成中误差关系式。

【例7-5】 设有函数 $z=x+y$，其中 $y=5x$，已知 x 的中误差为 m_x，求 y 和 z 的中误差。

解1 由 $y=5x$ 可得 $m_y=5m_x$

由 $z=x+y$ 可得 z 的中误差为 $m_z=\pm\sqrt{m_x^2+m_y^2}=\pm\sqrt{m_x^2+25m_x^2}=\sqrt{26}m_x$

解 2 由 $y=5x$ 可得 $m_y=5m_x$

由 $z=x+y$ 及 $y=5x$ 可得 $z=6x$

z 的中误差为 $m_y=6m_x$

分析：上述解 2 正确。由于 x 与 y 不是独立观测值，必须合并后求 z 的中误差。因为它们的真误差之间不能满足

$$\lim_{n\to\infty}\frac{[\Delta_x\Delta_y]}{n}=0$$

不管 n 值如何，恒有

$$\frac{[\Delta_x\Delta_y]}{n}=\frac{[\Delta_x\times5\Delta_x]}{n}=5\frac{[\Delta_x^2]}{n}=5m_x^2$$

第五节 等精度直接平差

众所周知，为了较精确地确定某个未知量的值，必须进行多余观测。根据多余观测，通过平差计算，求得该未知量的最或然值，同时评定观测值及最或然值的精度，这就是平差的目的。对于一个未知量的平差称为直接观测平差，或称直接平差。直接平差分等精度直接平差和不等精度直接平差两种。本节主要介绍等精度直接平差。因为本章第二节已经讲述了如何求等精度观测条件下未知量的最或然值，因此以下将介绍如何评定观测值及最或然值的精度。

一、根据改正数确定观测值中误差 m

在本章第三节中，曾给出了用真误差求一次观测值中误差的公式

$$m=\pm\sqrt{\frac{[\Delta_i\Delta_i]}{n}}$$

式中：$\Delta_i=L_i-X$（i=1、2、…、n）。

而在测量工作中，由于观测量的真值往往是不知道的，因而无法应用上式来计算观测值的精度。下面介绍用改正数计算中误差。

观测量的算术平均值 x 与观测值 L_i 的差数称为改正数，用 v_i 表示，即

$$v_i=x-L_i\quad(i=1、2、\cdots、n)\tag{7-28}$$

为了导出由改正数 v_i 来计算观测值中误差的公式，以下进一步来研究改正数 v 和真误差 Δ 之间的关系。

将式（7-1）加式（7-28）得

$$\Delta_i=-v_i+(x-X)\quad(i=1、2、\cdots、n)\tag{7-29}$$

将上述 n 个公式两边平方，然后相加得

$$[\Delta\Delta]=[vv]-2[v](x-X)+n(x-X)^2$$

将上式两边各除以 n 得

$$\frac{[\Delta\Delta]}{n}=\frac{[vv]}{n}-2[v]\frac{x-X}{n}+(x-X)^2\tag{7-30}$$

由式（7-28）得

$$[v]=nx-[L]=n\frac{[L]}{n}-[L]=0 \tag{7-31}$$

将式（7-31）代入式（7-30）得

$$\frac{[\Delta\Delta]}{n}=\frac{[vv]}{n}+(x-X)^2 \tag{7-32}$$

式中

$$\begin{aligned}(x-X)^2&=\left(\frac{[L]}{n}-X\right)^2=\frac{1}{n^2}([L]-nX)^2\\&=\frac{1}{n^2}(L_1-X+L_2-X+\cdots+L_n-X)^2\\&=\frac{1}{n^2}(\Delta_1+\Delta_2+\cdots+\Delta_n)^2\\&=\frac{1}{n^2}(\Delta_1^2+\Delta_2^2+\cdots+\Delta_n^2+2\Delta_1\Delta_2+2\Delta_1\Delta_3+\cdots+2\Delta_{n-1}\Delta_n)\\&=\frac{\Delta_1^2+\Delta_2^2+\cdots+\Delta_n^2}{n^2}+2\frac{\Delta_1\Delta_2+\Delta_1\Delta_3+\cdots+\Delta_{n-1}\Delta_n}{n^2}\end{aligned}$$

当 n 无限增大时，上式右边第二项趋于零，于是有

$$(x-X)^2=\frac{[\Delta\Delta]}{n^2} \tag{7-33}$$

将式（7-33）代入式（7-32）得

$$\frac{[\Delta\Delta]}{n}=\frac{[vv]}{n}+\frac{[\Delta\Delta]}{n^2} \tag{7-34}$$

将式（7-7）代入式（7-34）得

$$m^2=\frac{[vv]}{n}+\frac{1}{n}m^2$$

$$m^2-\frac{1}{n}m^2=\frac{[vv]}{n}$$

$$\frac{m^2(n-1)}{n}=\frac{[vv]}{n}$$

$$m^2=\frac{[vv]}{n-1}$$

故

$$m=\pm\sqrt{\frac{[vv]}{n-1}} \tag{7-35}$$

式（7-35）就是用改正数 v 来计算观测值中误差的公式。

二、算术平均值中误差 M

设对某量进行 n 次等精度观测，得观测值 L_1、L_2、…、L_n，各观测值的中误差均为 m，算术平均值的中误差以 M 表示。现推导算术平均值中误差 M 的计算公式如下。

由式（7-2）得

$$x=\frac{[L]}{n}=\frac{1}{n}L_1+\frac{1}{n}L_2+\cdots+\frac{1}{n}L_n$$

上式为线性函数，且各项的系数与观测精度均相同。故按式（7-24）即可得算术平均值的中误差为

$$M^2=\left(\frac{1}{n}\right)^2 m^2+\left(\frac{1}{n}\right)^2 m^2+\cdots+\left(\frac{1}{n}\right)^2 m^2=\frac{m^2}{n}$$

故

$$M=\pm\frac{m}{\sqrt{n}} \tag{7-36}$$

分析式（7－36）可以得出以下几点结论：

（1）算术平均值中误差为观测值中误差的 $1/\sqrt{n}$ 倍，因此，增加观测次数可以提高算术平均值的精度。

（2）在观测值中误差一定时，设 $m=1$，那么观测次数 n 增加多少，才是既合理又经济呢？为了对以增加观测次数来提高观测结果的精度有个数量的概念，现用不同的观测次数 n 代入式（7－36），其计算结果列于表7－2中。

表7－2　观测次数与算术平均值中误差关系表

n	1	2	3	4	6	8	12	16	32	64
M	1.00	0.71	0.58	0.50	0.41	0.35	0.29	0.25	0.18	0.12

从表7－2中可以看出，随着观测次数 n 的增加，M 值随之减小，因此，算术平均值 x 的精度就随之提高。但当观测次数增加到一定的值后，再增加观测次数时，精度提高较慢。因此，单纯用增加观测次数来提高算术平均值 x 的精度不理想，此时应从改进观测方法，选用高精度的仪器，以使观测值中误差 m 减小来达到减小 M 的目的。

【例7－6】 设对某一水平角进行五次等精度观测，其观测值列于表7－3中，试求其观测值的最或然值、观测值中误差及算术平均值（最或然值）中误差。

解　（1）计算最或然值

$$X=\frac{[L]}{n}=52°43'06''$$

（2）计算观测值中误差

$$m=\pm\sqrt{\frac{[vv]}{n-1}}=\pm\sqrt{\frac{360}{5-1}}=\pm 9.5''$$

（3）计算算术平均值中误差

$$M=\pm\frac{m}{\sqrt{n}}=\pm\frac{9.5''}{\sqrt{5}}=\pm 4.2''$$

表7－3　例7－6计算表

编号	观测值 L	改正数 v	vv	精度评定
1	52°43′18″	−12″	144	
2	52°43′12″	−6″	36	
3	52°43′06″	0	0	$m=\pm\sqrt{\frac{[vv]}{n-1}}=\pm\sqrt{\frac{360}{5-1}}=\pm 9.5''$
4	52°42′54″	+12″	144	$M=\pm\frac{m}{\sqrt{n}}=\pm\frac{9.5''}{\sqrt{5}}=\pm 4.2''$
5	52°43′00″	+6″	36	
总和	x=52°43′06″	[v]=0	[vv]=360	

第六节 测量精度分析示例

前面已经简单地介绍了观测误差的基本知识，现在应用它来分析测量中的一些实际问题。

一、有关水准测量的精度分析

1. 一个测站的高差中误差

在水准测量中，产生误差的因素很多，如仪器与工具的误差，观测的误差和外界条件变化而产生的误差等。现就仪器误差和观测误差对水准测量的影响分析如下。

(1) 望远镜的照准误差。实践证明，人肉眼的分辨力一般是60″，就是说两个点到达眼睛的夹角如果小于60″时，肉眼就无法分辨，就会把它们看成是一个点。如果采用放大倍率为V的望远镜去瞄准，则分辨力就提高了V倍。设水准尺离开仪器的距离为S，则用望远镜观测时的最大照准误差为

$$\Delta_{照}=\pm\frac{60''}{V}\times\frac{S}{\rho} \tag{7-37}$$

如果取中误差为最大误差的1/2，则用望远镜观测所产生的照准中误差为

$$m_1=\pm\frac{\Delta_{照}}{2}=\pm\frac{30''}{V}\times\frac{S}{\rho} \tag{7-38}$$

设望远镜的放大倍率$V=30$倍，水准仪到水准尺的最大距离$S=100\text{m}$，代入式(7-38)得：

$$m_1=\pm\frac{30''}{30}\times\frac{100\times10^3}{206\ 265}=\pm0.48\text{mm}$$

在水准测量中，所使用的木质水准尺是按厘米分划的，估读将带来较大的误差，顾及估读误差在内，照准误差可达±1.00mm。

(2) 水准管气泡居中的误差。在调节水准管气泡居中时，实践证明，气泡偏离水准管中点的中误差为$\pm0.15\tau$（τ是水准管的分划值），用符合棱镜装置的符合气泡居中，对于普通水准仪，其提高精度可设为3倍，则水准管气泡居中的中误差可取$\pm0.05\tau$，普通工程水准仪的τ为20″/2mm，取最大视距$S=100\text{m}$，则水准管居中误差对读数的影响为

$$m_2=\pm\frac{0.05\times20\times100\times10^3}{206\ 265}=\pm0.50\text{mm}$$

在两点间进行水准测量时，前视或后视读数的中误差为

$$m_{读}=\pm\sqrt{1.00^2+0.5^2}=\pm1.12\text{mm}$$

故一个测站的高差中误差为

$$m_{站}=\pm\sqrt{2}m=\pm1.57\text{mm}$$

若采用双面水准尺施测，则

$$m_{站}=\pm\frac{1.57}{\sqrt{2}}=\pm1.12\text{mm}$$

2. 测站校核限差的规定

(1) 黑面读数与红面读数之差的限差。黑面读数一次的中误差为$m_{读}$，同样红面也是一样，故其差数的中误差应为

$$m_{黑-红}=\pm\sqrt{2}m_{读}\approx\pm1.57\text{mm}$$

取其中误差的两倍作为限差

$$\Delta_{黑-红}=2m_{黑-红}\approx\pm3.14\text{mm}$$

因为红黑面观测时的条件基本相同，故规定其限差为3mm。

(2) 黑面高差和红面高差之差的限差。因为黑面高差的中误差 $m_{h黑}$ 等于红面高差的中误差 $m_{h红}$，且都等于 $\pm\sqrt{2}m_{读}$，即 $m_{h黑}=m_{h红}=\pm\sqrt{2}m_{读}$。

故黑面高差和红面高差之差的中误差为

$$m_{h(黑-红)}=\pm\sqrt{2}\times\sqrt{2}m=\pm2.24\text{mm}$$

取中误差的两倍作为限差，则为

$$\Delta h=2m_{h(黑-红)}=\pm4.48\text{mm}$$

故规定其限差为5mm。

3. 水准路线的高差中误差及允许误差

设在两点间进行水准测量，共测了 n 个测站，求得高差为

$$h=h_1+h_2+\cdots+h_n$$

设 h_1、h_2、…、h_n 的中误差均为 $m_{站}$，按等精度和差函数的公式，h 的中误差为

$$m_h=\sqrt{n}m_{站}=\pm1.12\sqrt{n}\text{mm}$$

因为在施测整条水准路线时，观测的条件比较复杂，外界影响也较大，水准路线的高差允许闭合差作了适当放宽，一般规定

$$\Delta h_{允}=\pm5\sqrt{n}\text{mm}$$

对于平坦地区来说，一般1km水准路线不超过15站，如用千米数 L 代替测站数 n，则

$$\Delta h_{允}=\pm20\sqrt{L}\text{mm}$$

式中 L——以千米为单位。

二、有关水平角观测的精度分析

用DJ6型经纬仪观测水平角，一个方向一个测回（望远镜在盘左和盘右位置观测一个测回）的中误差为±6″。设望远镜在盘左（盘右）位置观测该方向的中误差为 $m_{方}$，按等精度算术平均值的公式，则有 $6''=\frac{m_{方}}{\sqrt{2}}$，即

$$m_{方}=\pm\sqrt{2}\times6''=\pm8.5''$$

1. 半测回所得角值的中误差

半测回的角值等于两方向之差，故半测回角值的中误差为

$$m_{\beta半}=m_{方}\sqrt{2}=\pm8.5''\sqrt{2}=\pm12''$$

2. 上、下两个半测回的限差

上、下两个半测回的限差是以两个半测回角值之差来衡量。两个半测回角值之差 $\Delta\beta$ 的中误差为

$$m_{\Delta\beta}=\pm m_{\beta半}\sqrt{2}=\pm12\sqrt{2}=\pm17''$$

取2倍中误差为允许误差，则

$$f_{\Delta\beta允}=\pm2\times17''=\pm34''\text{（规范规定为}36''\text{）}$$

3. 测角中误差

因为一个水平角是取上、下两个半测回的平均值，故测角中误差为

$$m_{\beta}=\pm\frac{m_{\beta半}}{\sqrt{2}}=\pm\frac{12''}{\sqrt{2}}=\pm8.5''$$

4. 测回差的限差

两个测回角值之差为测回差，它的中误差为

$$m_{\beta测回差}=\pm m_{\beta}\sqrt{2}=\pm8.5''\sqrt{2}=\pm12''$$

取 2 倍中误差作为允许误差，则测回差得限差为

$$f_{\beta测回差}=\pm2\times12''=\pm24''$$

小地区控制测量

第一节 控制测量的概念

在绪论中已讲过，测量工作的组织原则是“从整体到局部、先控制后碎部”。其含义就是在测区内先建立测量控制网来控制全局，然后根据控制网测定控制点周围的地形或进行建筑施工放样。这样不仅可以保证整个测区有一个统一的、均匀的测量精度，而且可以加快测量进度。

在测区内，按测量任务所要求的精度，测定一系列控制点的平面坐标和高程，建立起测量控制网，作为各种测量的基础，这种测量工作称为控制测量。所谓控制网，就是在测区内选择一些有控制意义的点（称为控制点）构成的几何图形。按功能，控制网可分为平面控制网和高程控制网。测定控制网平面坐标的工作称为平面控制测量；测量控制网高程的工作称为高程控制测量。

一、国家控制网

国家控制网又称基本控制网，即在全国范围内按统一的方案建立的控制网，它是全国各种比例尺测图的基本控制。它用精密仪器、精密方法测定，并进行严格的数据处理，最后求定控制点的平面位置和高程。

国家控制网按其精度可分为一、二、三、四等四个级别，而且是由高级向低级逐级加以控制。就平面控制网而言，先在全国范围内，沿经纬线方向布设一等网，作为平面控制基准。在一等网内再布设二等全面网，作为全面控制的基础。为了其他工程建设的需要，再在二等网的基础上加密三、四等控制网（见图 8-1）。建立国家平面控制网主要是用三角测量、精密导线测量和 GPS 测量的方法。就国家高程控制网而言，首先是在全国范围内布设沿纵、横方向的一等水准路线，在一等水准路线上布设二等水准闭合或附合路线，再在二等水准环路上加密三、四等闭合或附合水准路线（见图 8-2）。国家一、二等高程控制测量主要采用精密水准测量的方法。

国家一、二等控制网除了作为三、四等控制网的依据外，它还为研究地球的形状和大小以及其他科学提供依据。

二、水利水电工程控制网

《水利水电工程测量规范》（规划设计阶段）规定平面控制分为三级：基本平面控制、图

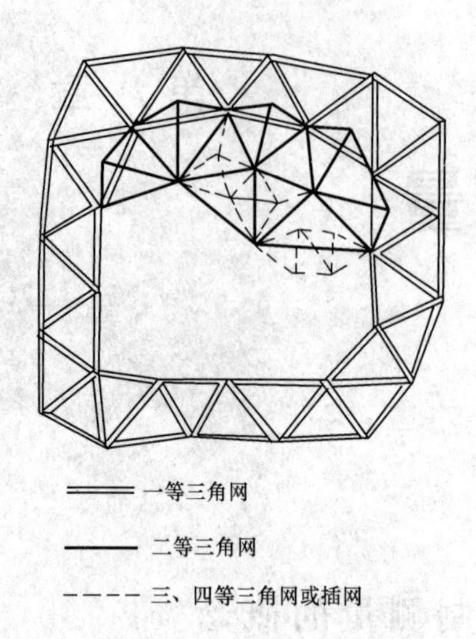

图 8－1　国家平面控制网示意图

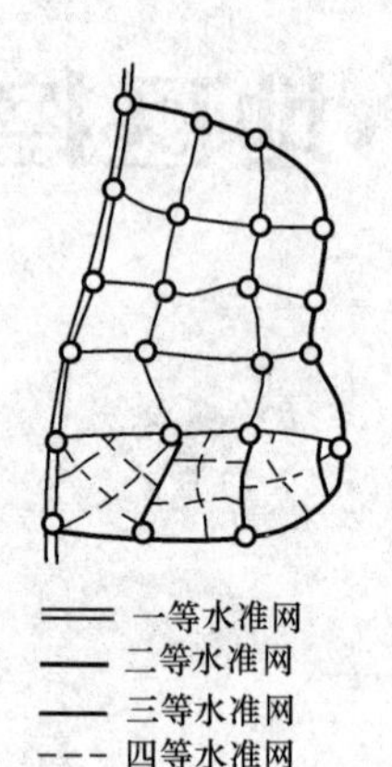

图 8－2　国家高程控制网示意图

根控制和测站点，以满足 1∶10 000、1∶5000、1∶2000、1∶1000 和 1∶500 比例尺的测图需要。

基本平面控制除国家一、二、三、四等三角网（锁）或精密导线外，还有五等三角网（锁）和五等导线等，其目的是控制整个测区，并作为发展图根控制的依据。图根平面控制是在基本平面控制的基础上进一步加密，以满足碎部测量的要求。对于 1∶500、1∶1000 及 1∶2000 比例尺测图，控制点的密度一般应做到满足碎部测图的要求。1∶5000 和1∶10 000 比例尺测图则应能控制主要地形，以便于加密测站点。当上述控制点还不能满足碎部测量需要时，用解析法或图解法测设的测图控制点，称为测站点。

在条件有利时，可以在基本平面控制的基础上直接加密测站点。较小测区大比例尺测图，还可用图根控制作为首级控制。

《水利水电工程测量规范》（规划设计阶段）规定高程控制分为三级：基本高程控制、图根高程控制和测站点高程控制。基本高程控制除国家一、二、三、四等高程控制外，还有五等水准测量；图根高程控制测量分为一、二、三级。

三、城市控制网

城市控制网也是在国家控制网的基础上建立起来的，目的在于为城市规划、市政建设、工业民用建筑设计和施工放样服务。城市控制网也分为三级：基本平面（高程）控制、图根控制和测站点。

本章所介绍的平面控制测量主要介绍图根控制，有关测量方法和精度均按《水利水电工程测量规范》（规划设计阶段）图根控制的要求来阐述，城市水平控制网的有关测量方法和精度可参阅有关规范。高程控制测量介绍三、四等水准测量。

第二节　导线测量

一、概述

导线测量是建立平面控制网的一种方法，它比较适宜布设在地物复杂的建筑区及障碍物

较多的隐蔽区。

导线是用连续的折线把各控制点连接起来，测其边长和转折角，以推算各控制点坐标。这些折线有的组成闭合形状，有的伸展成折线形状。导线按其布置形式的不同可分为如下三种：

(1) 闭合导线。自一点出发，最后仍回到该点上，形成闭合多边形，如图 8－3 所示。它本身具有严密的几何条件，具有检核作用。

(2) 附合导线。自某高级控制点出发，附合到另一高级控制点上，成为伸展的折线形状(见图 8－4)。此种布设形式，由于附合在两个已知点和两个已知方向上，所以具有检核条件，图形强度好。

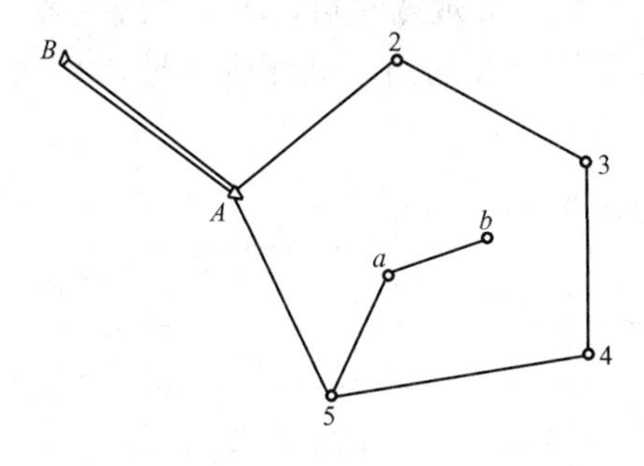

图 8－3　闭合导线和支导线

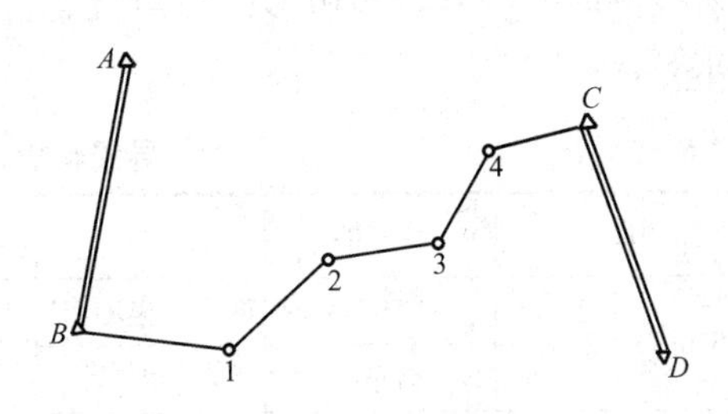

图 8－4　附合导线

(3) 支导线。由某一点出发，既不闭合于起始点，也不附合于另一控制点，如图 8－3 中的 a、b 点。这种导线因缺乏图形检核条件，错误不易发现，一般只能用在无法布设附合或闭合导线的少数特殊情况，并且要对边数和边长进行限制。

二、导线测量的外业工作

导线测量的外业工作包括：踏勘选点、导线边长测量、角度观测和起始边定向。

1. 踏勘选点

踏勘选点的任务是根据测图的要求和测区的具体情况，拟订导线的布置形式，实地选定导线点并设立标志。临时性的导线点可用木桩，并在桩顶钉一个小钉表示点位[见图 8－5(a)]；永久性的导线点应用混凝土桩[见图 8－5(b)]或铁柱，在顶部刻"＋"字，标以点位。导线点应统一编号，为了寻找的方便，要绘制导线点草图。选点时，应注意下列几点：

(1) 相邻导线点间必须通视，便于量距或测距；

(2) 点位要选在视野开阔，控制面积大，便于碎部测量的地方；

(3) 导线点应分布均匀，具有足够的密度，以便控制整个测区；

(4) 导线边长应大致相等，相邻边长不宜相差悬殊，图根导线的边长可参照表 8－1；

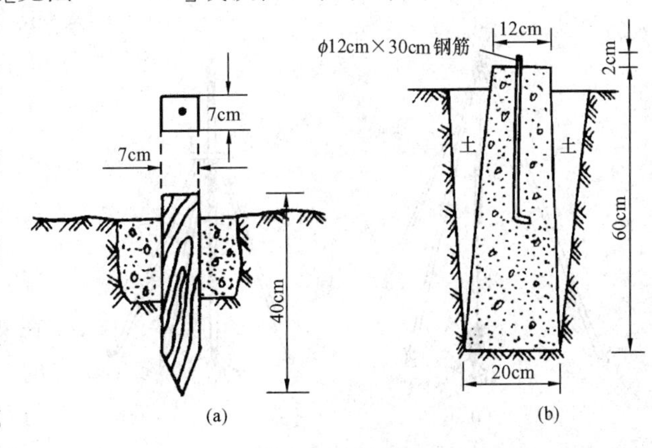

图 8－5　导线点

(a) 临时性；(b) 永久性

（5）导线点应选在不易被行人车马触动、土质坚硬、便于安置仪器的地方。

表 8－1　　图根导线边长

测图比例尺	边长（m）	平均边长（m）
1∶500	40～150	75
1∶1000	80～250	110
1∶2000	100～300	180

2. 转折角测量

导线的转折角用经纬仪按测回法进行观测。转折角有左角和右角之分，在导线前进方向左边的角度称为左角，右边的角度称为右角。附合导线一般观测左角，闭合导线一般观测内角，若按顺时针编号，多边形的内角就是右角。各等级导线的角度观测应满足表 8－2 的技术要求。

表 8－2　　导线转折角观测技术要求

比例尺	仪　器	测回数	测角中误差	半测回差	测回差	角度闭合差
1∶500～1∶2000	DJ2	两个“半测回”	±30″	±18″		$\pm 60'' \sqrt{n}$
	DJ6	2			±24″	
1∶5000～1∶10 000	DJ2	两个“半测回”	±20″	±18″		$\pm 40'' \sqrt{n}$
	DJ6	2			±24″	

注　1. n 为转折角数；

2. 两个“半测回”测角在下半测回开始时，将水平度盘读数略加改变。

测角的照准标志，可用三根小竹竿捆成的三脚架（或罗盘仪脚架）悬挂大垂球，以垂球线作为瞄准标志，当边长较长时，可在垂球线上绑一小圆筒作瞄准标志[见图 8－6(a)]，也可用铁三角对中架，在对中架孔里插入长 0.8～1m，直径约 1cm 的小花杆作瞄准标志[见图 8－6(b)]。

3. 边长测量

用经过检定的钢卷尺直接丈量各相邻导线点之间的水平距离，往返丈量的相对中误差一般不得超过 1/2000，在特殊困难地区也不得超过 1/1000。如果有条件，可以采用光电测距仪测量边长，这样既能保证精度，又省时省力。

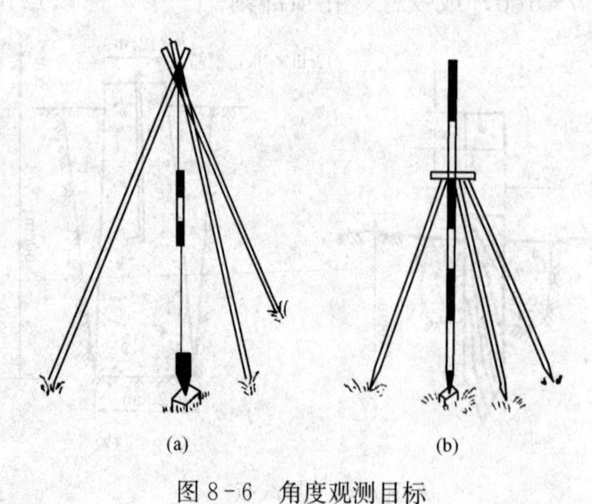

图 8－6　角度观测目标

（a）小竹竿三脚架；（b）铁三角对中架

4. 起始边定向

闭合导线的起始边定向分两种情况：①没有高一级控制点可以连接，或在测区内布设的是独立闭合导线，这时，需要在第 1 点上测出第一条边的磁方位角，并假定第 1 点的坐标就具有起始数据，如图 8－7(a)所示。②如图 8－7(b)所示，A、B 为高一级控制点，1、

2、3、4、5 等点组成闭合导线，则需要测出连接角 β' 及 β''，还要测出连接边长 D_0，才具有起始数据。

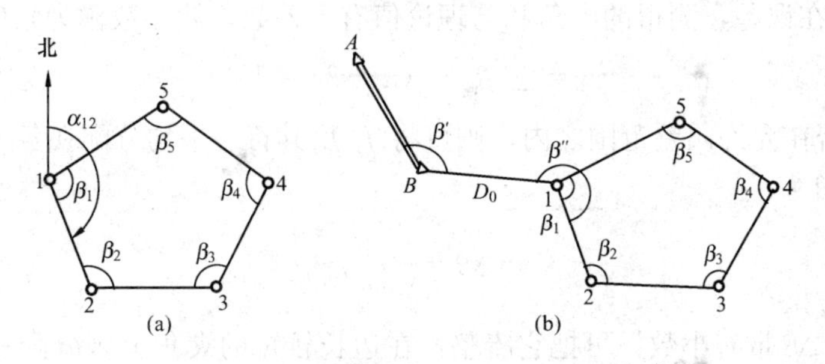

图 8－7 闭合导线的起始边定向

(a)没有高一级控制点；(b)有高一级控制点

附合导线的两端点均为已知点，只要在已知点 B 及 C(见图 8－8)上测出 β_1 及 β_6，就能获得起始数据，β_1 及 β_6 称为连接角。

控制测量成果的好坏，直接影响测图的质量。如果测角和测量距离达不到要求，要分析研究，找出原因，进行局部返工或全部重测。

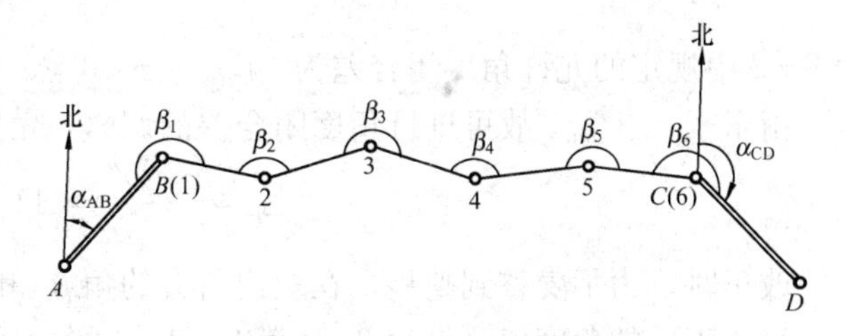

图 8－8 附合导线的起始边定向

三、导线测量的内业工作

导线测量的内业工作就是根据外业观测数据进行内业计算，又称导线平差计算，即用科学的方法处理测量数据，合理地分配测量误差，最后求出各导线点的坐标值。

为了保证计算的正确性和满足一定的精度要求，计算之前应注意两点：①对外业测量成果进行复查，确认没有问题，方可进行计算；②对各项测量数据和计算数据取到足够位数。对小区域和图根控制测量的所有角度观测值及其改正数取到整秒；距离、坐标增量及其改正数和坐标值均取到厘米。取舍原则：“四舍六入，五前单进双舍”，即保留位后的数大于五就进，小于五就舍，等于五时则看保留位上的数是单数就进，是双数就舍。

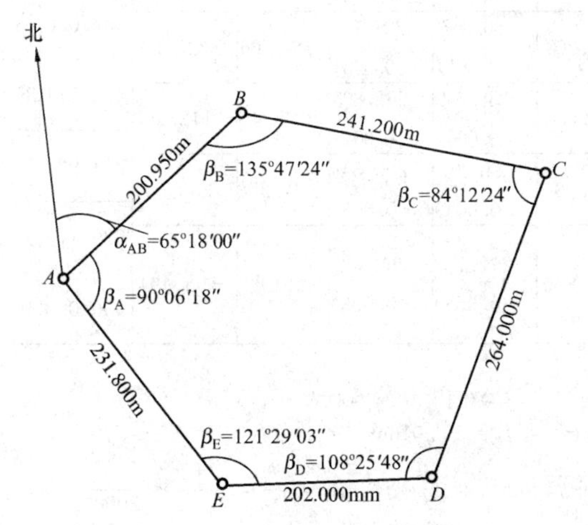

图 8－9 闭合导线算例草图

(一) 闭合导线内业计算

图 8－9 所示为实测图根闭合导线，图中各项数据是从外业观测手簿中获得的。

已知 A 点的坐标 $X_A=450.000$m，$Y_A=450.000$m，导线各边长，各内角和起始边 AB 的方位角 α_{AB} 如图 8－9 所示，试计算 B、C、D、E 各点的坐标。

1. 角度闭合差的调整

闭合导线理论上的内角和应满足

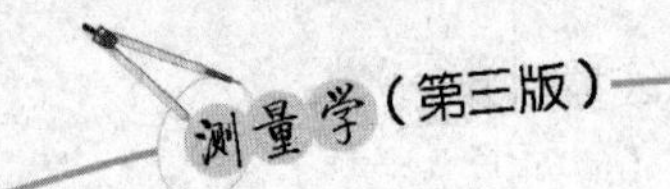

$$\sum \beta_{测} = (n-2) \times 180° \tag{8-1}$$

式中　n——闭合导线内角的个数。

由于观测存在误差，测得的内角和与理论值有一差数，此差数称为角度闭合差 f_β，即

$$f_\beta = \sum \beta_{测} - (n-2) \times 180° \tag{8-2}$$

角度闭合差 f_β 若在允许误差范围之内，则可将 f_β 反其符号平均分配在各个内角上，则每个角度的改正数 $\Delta\beta$ 为

$$\Delta\beta = -\frac{1}{n} f_\beta \tag{8-3}$$

如果算出的 $\Delta\beta$ 带有小数，可把它凑整，在边长较短的夹角上多分配一些，使改正后的各内角总和满足式（8-1）的理论条件。

实例中：
$$\sum \beta_{测} = 540°00'57''$$

故角度闭合差为

$$f_\beta = 540°00'57'' - 540° = 57''$$

表 8-2 中规定的允许角度闭合差为：$f_{\beta允} = \pm 60''\sqrt{5} = \pm 134''$

由于 $f_\beta < f_{\beta允}$，故可进行角度闭合差的调整，角度的改正值为

$$\Delta\beta = -\frac{57''}{5} = 11.4''$$

改正时，为了凑整到整秒，在短边所夹的角 β_A 和 β_B 上改正 12″，其他各角改正 11″，然后计算改正后的角度值（见表 8-3 第 2、3、4 栏）。

表 8-3　　　　闭合导线坐标计算表

测站	角度观测值 ° ′ ″	改正数 ″	改正后角值 ° ′ ″	方位角 α ° ′ ″	边长 d（m）	坐标增量计算值（改正数）（m）		改正后坐标增量（m）		坐标值（m）	
						Δx	Δy	Δx′	Δy′	x	y
1	2	3	4	5	6	7		8		9	
A										450.000	450.000
				65　18　00	200.950	+83.970 (+0.050)	+182.565 (−0.003)	+84.020	+182.562		
B	135　47　24	−12	135　47　12							534.020	632.562
				109　30　48	241.200	−80.567 (+0.061)	+227.346 (−0.003)	−80.506	+227.343		
C	84　12　24	−11	84　12　13							453.514	859.905
				205　18　35	264.000	−238.659 (+0.066)	−112.863 (−0.004)	−238.593	−112.867		
D	108　25　48	−11	108　25　37							214.921	747.038
				276　52　58	202.000	+24.207 (+0.051)	−200.544 (−0.003)	+24.258	−200.547		
E	121　29　3	−11	121　28　52							239.179	546.491
				335　24　06	231.800	+210.763 (+0.058)	−96.488 (−0.003)	+210.821	−96.491		
A	90　06　18	−12	90　06　06							450.000	450.000
计算	$f_\beta = +57''$；$f_{\beta允} = \pm 60\sqrt{5} = \pm 134''$				$\sum d = 1139.950$m；$f_x = -0.286$m；$f = \sqrt{f_x^2 + f_y^2} = \pm 0.286$m		$\sum \Delta x = 0$；$f_y = +0.016$m	$\sum \Delta y = 0$；$K = \frac{f}{\sum d} = \frac{1}{3931} < \frac{1}{2000}$			

2. 导线边方位角的推算

各导线边方位角推算，是根据起始边的方位角和改正后的各导线转折角来计算。如图 8-9 所示，各边方位角的推算方法如下：

BC 边的方位角 $\alpha_{BC}=\alpha_{AB}+180°-\beta_B$

CD 边的方位角 $\alpha_{CD}=\alpha_{BC}+180°-\beta_C$

…

AB 边的方位角 $\alpha_{AB}=\alpha_{EA}+180°-\beta_A-360°$（校核）

由此可以总结出推算方位角的规律如下：计算时按照导线点编号 A、B、C、…方向前进，所有导线内角都是右角，当在某个导线点要推算前一边的方位角时，则将后一边的方位角加 180°，再减去该导线点前后两边所夹的角（β_r），便得到前一边的方位角，即

$$\alpha_{前}=\alpha_{后}+180°-\beta_{右} \tag{8-4}$$

若按式（8-4）算出的方位角是负值时，则应加上 360°。

为了校核，最后还要把 AB 边的方位角推算出来，如算出的 AB 边方位角与起算数据一样，则说明计算无误，否则应查明错误之处。方位角推算结果列于表 8-3 第 5 栏中。

如果所有导线内角都在前进方向的左侧，按同样方法可推导出式（8-4）相类似的公式，即

$$\alpha_{前}=\alpha_{后}-180°+\beta_{左} \tag{8-5}$$

同样，若按式（8-5）算出的方位角是负值时，应加上 360°。

3. 坐标增量计算

导线点的坐标增量计算公式推导如下：

如图 8-10 所示，设 D_{12}、α_{12} 为已知，则 12 边的坐标增量为

$$\left.\begin{aligned}\Delta x_{12}&=D_{12}\cos\alpha_{12}\\ \Delta y_{12}&=D_{12}\sin\alpha_{12}\end{aligned}\right\} \tag{8-6}$$

可以验算，当方位角在 90°～360°时，式（8-6）依然成立。此项计算填在表 8-3 中第 7 栏。

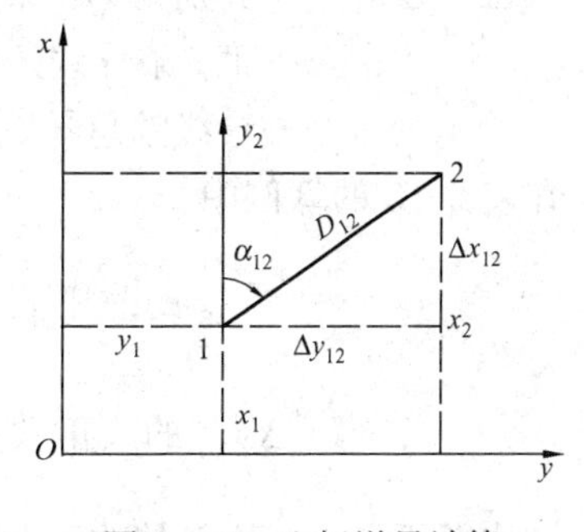

图 8-10　坐标增量计算

4. 坐标增量闭合差的计算与调整

因为闭合导线是一闭合多边形，其坐标增量的代数和在理论上应等于零，即

$$\left.\begin{aligned}\sum\Delta x_{理}&=0\\ \sum\Delta y_{理}&=0\end{aligned}\right\}$$

但由于测定导线边长和观测内角过程中存在误差，所以实际上坐标增量之和往往不等于零而产生一个差值，这个差值称为坐标增量闭合差。分别用 f_x、f_y 表示，即

$$\left.\begin{aligned}f_x&=\sum\Delta x\\ f_y&=\sum\Delta y\end{aligned}\right\} \tag{8-7}$$

由于纵、横坐标增量闭合差的存在，致使闭合导线所构成的多边形不能闭合而形成一个缺口，如图 8-11 所示，缺口 AA' 的长度称为全长闭合差，以 f 表示。由图 8-11 可知

$$f=\sqrt{f_x^2+f_y^2} \tag{8-8}$$

导线越长，角度观测和边长测定的工作量越多，误差的影响也越大。所以，一般用 f

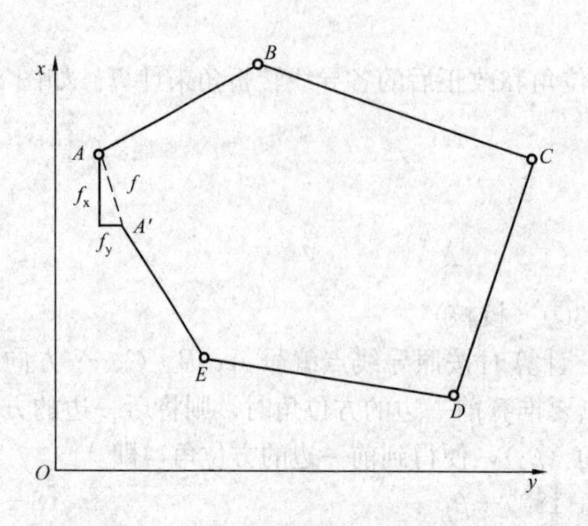

图 8-11 闭合导线全长闭合差

对导线全长$\sum d$ 的比值K 来表示其质量，K 称为导线相对闭合差，即

$$K=\frac{f}{\sum d}=\frac{1}{\frac{\sum d}{f}}$$

对于量距导线和测距导线，其导线全长相对闭合差一般不应大于 1/2000。

表 8-3 所示算例是钢卷尺量距导线，其 K 为 1/3931，符合精度要求。则可将坐标增量闭合差进行调整，以消除导线全长闭合差 f。调整的方法是：将坐标增量闭合差以相反符号，按与边长成正比分配到导线的坐标增量中，公式为

$$\left.\begin{aligned}\Delta x_i\text{ 的改正数}&=\frac{d_i}{\sum d}(-f_x)\\\Delta y_i\text{ 的改正数}&=\frac{d_i}{\sum d}(-f_y)\end{aligned}\right\}\tag{8-9}$$

式中 $\Delta x_i,\Delta y_i$——分别为第 i 条边的纵、横坐标增量；

d_i——第 i 条导线边的长度；

$\sum d$——导线的总长。

在表 8-3 的算例中

$$\Delta x_{AB}\text{ 的改正数}=+\frac{0.286}{1139.950}\times 200.950=+0.050\text{m}$$

$$\Delta y_{AB}\text{ 的改正数}=-\frac{0.016}{1139.950}\times 200.950=-0.003\text{m}$$

同法得所有坐标增量的改正数填于表 8-3 中第 7 栏的括弧内。Δx、Δy 分别加上改正数得到改正后的坐标增量 $\Delta x'$、$\Delta y'$，填入第 8 栏内。改正后坐标增量的代数和应等于零，用此条件校核计算是否有误。

5. 导线点的坐标计算

根据导线起算点 A 的已知坐标及改正后的纵、横坐标增量，可按式（8-10）计算 B 点的坐标，即

$$\left.\begin{aligned}x_B&=x_A+\Delta x'_{AB}\\y_B&=y_A+\Delta y'_{AB}\end{aligned}\right\}\tag{8-10}$$

在表 8-3 的算例中，起始点 A 的坐标已知，则 B 点的坐标为

$$X_B=X_A+\Delta x_{AB}=450.000+84.020=534.020$$

$$Y_B=Y_A+\Delta y_{AB}=450.000+182.562=632.562$$

依法算出其他各导线点坐标，填入表 8-3 第 9 栏中。最后算出起始点的坐标，应与起算数据相等，以此校核计算是否有误。

（二）附合导线的内业计算

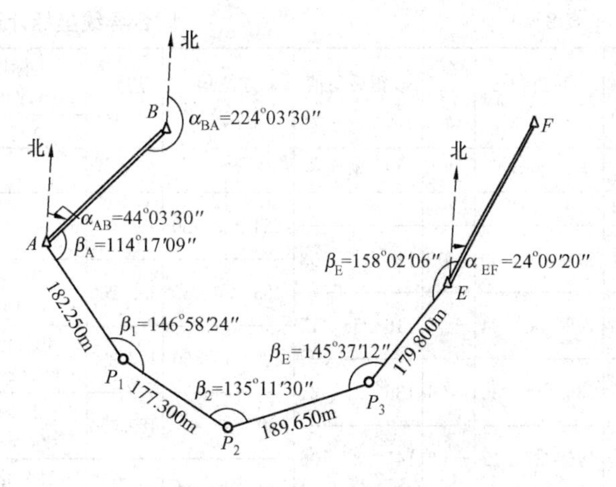

图 8-12　附合导线算例草图

图 8-12 中，已知 A、E 两点的坐标为（X_A、Y_A）、（X_E、Y_E）；BA 边的方位角为 α_{BA}，EF 边的方位角为 α_{EF}，现有一条附合导线从 A 开始，附合到 E 上，测量了连接角、转折角和各个边的长度，附合导线计算方法和计算步骤与闭合导线相同，只是由于已知条件的不同，致使角度闭合差和坐标增量闭合差的计算略有不同。

1. 角度闭合差的计算和调整

在附合导线中，因为角度观测存在误差，所以根据已知边 BA 的方位角 α_{BA} 和连接角、转折角观测值推算得的 EF 边方位角 α'_{EF} 往往不等于该边的已知方位角 α_{EF}，其差值就是附合导线的角度闭合差 f_β，即

$$f_\beta = \alpha'_{EF} - \alpha_{EF} \tag{8-11}$$

计算方位角 α'_{EF} 的公式可推导如下

$$\left.\begin{aligned}
\alpha_{AP1} &= \alpha_{BA} + \beta_A - 180^\circ \\
\alpha_{P1P2} &= \alpha_{AP1} + \beta_1 - 180^\circ \\
\alpha_{P2P3} &= \alpha_{P1P2} + \beta_2 - 180^\circ \\
&\cdots \\
\alpha'_{EF} &= \alpha_{EF} + \beta_E - 180^\circ
\end{aligned}\right\} \tag{8-12}$$

式（8-12）全部相加有

$$\alpha'_{EF} = \alpha_{BA} + \sum\beta - n \times 180^\circ \tag{8-13}$$

式中　n——β 角的个数。

算出 α'_{EF} 后，即可根据式（8-11）算得角度闭合差 f_β。如果 f_β 在允许范围内，则可进行角度闭合差的调整，角度闭合差的调整方法与闭合导线相同。

2. 坐标增量闭合差的计算

在图 8-12 中，由于 A、E 的坐标为已知，所以从 A 到 E 的坐标增量也就已知，即

$$\sum \Delta x_{理} = x_E - x_A$$

$$\sum \Delta y_{理} = y_E - y_A$$

通过附合导线测量也可以求得 A、E 间的坐标增量，用 $\sum\Delta x$、$\sum\Delta y$ 表示由于测量误差故存在坐标增量闭合差，则有

$$\left.\begin{aligned}
f_x &= \sum\Delta y - (x_E - x_A) \\
f_y &= \sum\Delta y - (y_E - y_A)
\end{aligned}\right\} \tag{8-14}$$

附合导线的导线全长闭合差、全长相对闭合差以及坐标增量闭合差的调整与闭合导线相同。具体计算过程见表 8-4。

表 8-4　　　　附合导线坐标计算表

测站	转折角 ° ′ ″	改正值 ″	改正后角值 ° ′ ″	方位角 ° ′ ″	边长 (m)	坐标增量计算值（改正数）(m)		改正后的坐标增量 (m)		坐标值 (m)	
						Δx	Δy	$\Delta x'$	$\Delta y'$	x	y
1	2	3	4	5	6	7		8		9	
B											
				224 03 30							
A	114 17 09	−06	114 17 03							640.900	1068.740
				158 20 33	182.250	−169.384 (−0.030)	+67.261 (+0.025)	−169.414	+67.286		
P_1	146 58 24	−07	146 58 17							471.486	1136.026
				125 18 50	177.300	−102.489 (−0.029)	+144.676 (+0.024)	−102.518	+144.700		
P_2	135 11 30	−06	135 11 24							368.968	1280.726
				80 30 14	189.650	+31.289 (−0.031)	+187.051 (+0.026)	+31.258	+187.077		
P_3	145 37 12	−06	145 37 06							400.226	1467.803
				46 07 20	179.800	+124.623 (−0.029)	+129.603 (+0.024)	+124.594	+129.627		
E	158 02 06	−06	158 02 00							524.820	1597.430
				24 09 20							
F											
计算	$f_\beta=+31'$　$\sum d=729.000\text{m}$　$f_x=+0.119\text{m}$　$f_y=-0.099\text{m}$ $f_{\beta容}=\pm60''\sqrt{5}=\pm134''$　$f=\sqrt{f_x^2+f_y^2}=0.155\text{m}$　$K=\frac{f}{\sum d}=\frac{1}{4709}<\frac{1}{2000}$										

第三节　小三角测量

根据观测的元素的不同，三角测量布设的网（锁）可分为测角网、测边网和边角网三种。如果布设附合于高一级控制点，由于有起始数据，只要观测三角形的所有内角（布设独立网，除观测所有三角形的内角外，还应测量至少一条边长及方位角，作为推算其他各边边长及方位角的依据），由于主要是测角工作，这种网称为测角网。如果仅用测距测量全部边长，不测角度，这种网称为测边网。为了提高精度，既测边又测角的网，称为边角网；边角网可以测量全部边和角，也可以测量部分边和角，优化边角的组合，即只需观测某些边和角，就能满足预定的精度要求。

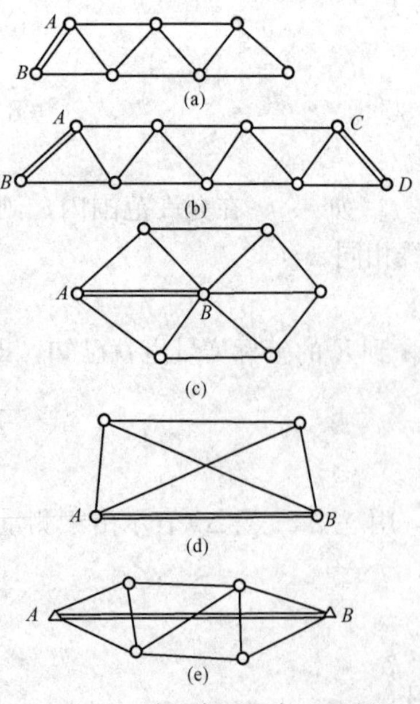

图 8-13　小三角测量布置形式图

(a) 小三角锁(一条基线)；(b) 小三角锁(两条基线)；(c) 中心多边形；(d) 四边形；(e) 线形锁

布设小三角网（锁）常用的基本图形如图 8-13所示。

(1) 小三角锁。图 8-13（a）所示为有一条基线 AB 和若干三角形组成的小三角锁。图 8-13(b) 所示为两端有基线(AB 和 CD)的小三角锁。

(2) 中心多边形。图 8-13(c)所示为若干个三角形共有一个顶点组成的中心多边形，AB 为基线。

(3) 四边形。图 8－13(d)所示为以 AB 为基线，具有对角线的四边形。

(4) 线形锁。它是在两个高级控制点 AB 间布设的小三角锁，如图 8－13(e)所示。

一、小三角测量的外业工作

小三角测量的外业工作包括：踏勘选点、基线测量、角度观测及起始边定向。

1. 踏勘选点

踏勘选点的任务是根据测区的地形及测区附近高级控制点的情况，确定三角锁、网的布置形式，并选定基线位置及三角点的位置。选点时应注意下列几点。

(1) 如果是量距导线，基线边应选在地势比较平坦而便于测量距离的地方。当布设小三角锁时，三角形超过 5 个，一般应在锁的两端各选一条基线。

(2) 三角点应选在视野开阔的高处，相邻三角点必须通视。三角形边长按测图比例尺而定，一般为图上的 100～200mm。测角小三角锁的三角形个数不要超过 12 个。

(3) 为了保证推算边长的精度，三角形内角一般应不小于 30°，不大于 120°（边角网不受此限）。

三角点选好后，与导线点相同，应埋设标志并编上点号；为便于寻找，还需绘点位标记图。

2. 基线丈量

基线长度是推算三角网（锁）其他各边长的起始数据，要求相对误差不超过 1/10 000。可用第四章所述钢卷尺量距的精密方法进行丈量，也可用电磁波测距。

3. 角度观测

小三角网的水平角观测，测站上观测的方向往往多于 2 个，用全圆测回法观测比较方便，观测、记录、计算方法见第三章。观测所用仪器、测回数及限差列于表 8－5 中。

表 8－5　　测角的测回数及限差

测图比例尺	测角中误差	测回数		三角形角度闭合差
		DJ2	DJ6	
1∶500～1∶2000	20″	两个“半测回”	2	60″
1∶5000～1∶10 000	15″	两个“半测回”	2	45″

4. 起始边方位角的测定

与高级控制点连接的小三角网（锁），只需测连接角，就有起始方位角。独立小三角网（锁）可用罗盘仪测定起始边的磁方位角。

二、小三角测量的内业计算

图 8－14 所示为两端有基线的小三角锁，丈量了两条基线 AB、FG，其长度为 d_0、d_n，观测了方位角 α_{AB} 和所有三角形的内角 a_i、b_i、c_i（i＝1、2、…、n）。因此，各三角形的内角应满足内角和的条件，称为图形条件。另外还应满足基线条件，也称边长条件，即由起始边边长 d_0 及三角形的内角可算得终边的

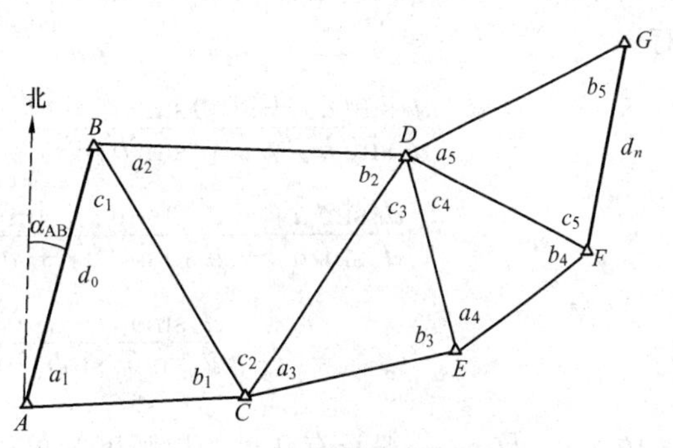

图 8－14　两端有基线的小三角锁

边长。

d'_n，它应等于直接测量的长度 d_n，如不等则存在基线闭合差（也称边长闭合差），一般认为基线丈量的精度较高，基线闭合差是由推算边长时所用角度的误差引起的。

消除上述差异是按三角形的角度闭合差和边长闭合差对观测角值进行两次改正，然后按改正后的角值推算边长及计算各点的坐标。

计算时将三角形内角的编号作如下规定：在每一三角形内，已知边所对的角为 b_i，待求边（在下一个三角形中为已知边，也称传距边）所对的角为 a_i，由于这两个角用来推算边长，故它们称为传距角；第三个角为 c_i，不作推算边长之用，称为间隔角。

1. 三角形角度闭合差的调整

三角形的角度闭合差为

$$f_i = a_i + b_i + c_i - 180° \ (i=1、2、\cdots、n)$$

设 v_{ai}、v_{bi}、v_{ci} 为三内角的第一次改正值，因角度为等精度观测，故角度改正值为

$$v_{ai} = v_{bi} = v_{ci} = -\frac{f_i}{3}(i = 1、2、\cdots、n) \tag{8-15}$$

经过第一次改正后的内角 a'_i、b'_i、c'_i 分别为

$$a'_i = a_i + v_{ai}, b'_i = b_i + v_{bi}, c'_i = c_i + v_{ci}$$

2. 基线闭合差的计算及调整

用第一次改正后的角值，按正弦定律由起始边边长 d_0 推算终边长度，得

$$d'_n = \frac{d_0 \sin a'_1 \sin a'_2 \cdots \sin a'_n}{\sin b'_1 \sin b'_2 \cdots \sin b'_n}$$

如果与终边实测长度 d_n 相等，即 $d'_n = d_n$，则得基线条件

$$\frac{d_0 \sin a'_1 \sin a'_2 \cdots \sin a'_n}{\sin b'_1 \sin b'_2 \cdots \sin b'_n} = d_n$$

写成通用式为

$$\frac{d_0 \sin a'_1 \sin a'_2 \cdots \sin a'_n}{d_n \sin b'_1 \sin b'_2 \cdots \sin b'_n} = 1$$

如果不满足基线条件，则产生基线闭合差 w

$$w = \frac{d_0 \sin a'_1 \sin a'_2 \cdots \sin a'_n}{d_n \sin b'_1 \sin b'_2 \cdots \sin b'_n} - 1 \tag{8-16}$$

为了满足基线条件，必须再对 a'_i 及 b'_i 进行改正，设 v'_{ai} 及 v'_{bi} 为角度的第二次改正值，则有

$$\frac{d_0 \sin(a'_1 + v'_{a1}) \sin(a'_2 + v'_{a2}) \cdots \sin(a'_n + v'_{an})}{d_n \sin(b'_1 + v'_{b1}) \sin(b'_2 + v'_{b2}) \cdots \sin(b'_n + v'_{bn})} - 1 = 0 \tag{8-17}$$

令
$$\frac{d_0 \sin(a'_1 + v'_{a1}) \sin(a'_2 + v'_{a2}) \cdots \sin(a'_n + v'_{an})}{d_n \sin(b'_1 + v'_{b1}) \sin(b'_2 + v'_{b2}) \cdots \sin(b'_n + v'_{bn})} = F$$

$$\frac{d_0 \sin a'_1 \sin a'_2 \cdots \sin a'_n}{d_n \sin b'_1 \sin b'_2 \cdots \sin b'_n} = F_0$$

由于 v'_{ai} 及 v'_{bi} 一般只有几秒，以弧度为单位$\left(\frac{v'_{ai}}{\rho''}、\frac{v'_{bi}}{\rho''}\right)$则更小，因此，按泰勒公式将 F

展开取一次项，得

$$F = F_0 + \frac{\partial F}{\partial v'_{a1}} \times \frac{v'_{a1}}{\rho''} + \frac{\partial F}{\partial v'_{a2}} \times \frac{v'_{a2}}{\rho''} + \cdots + \frac{\partial F}{\partial v'_{an}} \times \frac{v'_{an}}{\rho''}$$

$$+ \frac{\partial F}{\partial v'_{b1}} \times \frac{v'_{b1}}{\rho''} + \frac{\partial F}{\partial v'_{b2}} \times \frac{v'_{b2}}{\rho''} + \cdots + \frac{\partial F}{\partial v'_{bn}} \times \frac{v'_{bn}}{\rho''} \quad (8-18)$$

其中 $$\frac{\partial F}{\partial v'_{a1}} = \frac{d_0 \cos a'_1 \sin a'_2 \cdots \sin a'_n}{d_n \sin b'_1 \sin b'_2 \cdots \sin b'_n} \times \frac{\sin a'_1}{\sin a'_1} = F_0 \cot a'_1$$

$$\frac{\partial F}{\partial v'_{b1}} = \frac{-d_0 \sin a'_1 \sin a'_2 \cdots \sin a'_n}{d_n \sin^2 b'_1 \sin b'_2 \cdots \sin b'_n} \times \cos b'_1 = -F_0 \cot b'_1$$

同理可得 $$\frac{\partial F}{\partial v'_{ai}} = F_0 \cot a'_i, \frac{\partial F}{\partial v'_{bi}} = -F_0 \cot b'_i \quad (8-19)$$

将式（8-19）代入式（8-18），得

$$F = F_0 + F_0 \left(\sum_{i=1}^{n} \cot a'_i \times \frac{v'_{ai}}{\rho''} - \sum_{i=1}^{n} \cot b'_i \times \frac{v'_{bi}}{\rho''} \right)$$

则式（8-17）可写为

$$(F_0 - 1) + F_0 \left(\sum_{i=1}^{n} \cot a'_i \times \frac{v'_{ai}}{\rho''} - \sum_{i=1}^{n} \cot b'_i \times \frac{v'_{bi}}{\rho''} \right) = 0$$

代入式（8-16），又可写为

$$w + F_0 \left(\sum_{i=1}^{n} \cot a'_i \times \frac{v'_{ai}}{\rho''} - \sum_{i=1}^{n} \cot b'_i \times \frac{v'_{bi}}{\rho''} \right) = 0$$

因为 $F_0 \approx 1$，则可得用改正数 v'_{ai} 及 v'_{bi} 表示的基线条件为

$$\sum_{i=1}^{n} \cot a'_i v'_{ai} - \sum_{i=1}^{n} \cot b'_i v'_{bi} + w\rho'' = 0 \quad (8-20)$$

由于基线闭合差是由所有传距角的误差引起的，在等精度观测的情况下，所有传距角的第二次改正值大小应相等，同时为了不破坏已满足的三角形内角和条件，应令其符号相反，即 $v'_{ai} = -v'_{bi} = v'$。代入式（8-20），得

$$v' = v'_{ai} = -v'_{bi} = \frac{-w\rho''}{\sum_{i=1}^{n} \cot a'_i + \sum_{i=1}^{n} \cot b'_i} = \frac{-w\rho''}{\sum_{i=1}^{n} (\cot a'_i + \cot b'_i)} \quad (8-21)$$

三角形内角的最后角值为

$$a''_i = a_i + v_{ai} + v'_{ai}, b''_i = b_i + v_{bi} + v'_{bi}, v'_{ci} = c_i + v_{ci} \quad (8-22)$$

算例中，基线 d_0=156.780m，d_n=143.900m，各三角形内角的观测值列于表 8-6 中，按表内顺序对观测角值进行两次改正，然后用正弦定律由 d_0 及 a''_i、b''_i、c''_i 计算各边的边长，列于表 8-6 的第 10 栏。

表 8-6　　两端有基线的小三角锁边长计算

三角形号数	点　名	角度编号	角　度观测值	第一次改正值	第一次改正后的角值	第二次改正值	改正后角值	边长(m)	边　名
1	2	3	4	5	6	7	8	9	10
	C	b_1	57 10 18	+1	57 10 19	−2	57 10 17	(156.780)	AB
	B	c_1	49 19 57	+1	49 19 58			141.520	AC
1	A	a_1	73 29 42	+1	73 29 43	+2	78 29 45	178.890	BC
		Σ	179 59 57		180 00 00				
		f_1	−03						
	D	b_2	50 26 00	−2	50 25 58	−2	50 25 56	178.890	BC
	C	c_2	64 09 36	−2	64 09 34			208.858	BD
2	B	a_2	65 24 30	−2	65 24 28	+2	65 24 30	211.013	CD
		Σ	180 00 06		180 00 00				
		f_2	+06						
	E	b_3	85 11 24	−4	85 11 20	−2	85 11 18	211.013	CD
	D	c_3	45 50 36	−4	45 50 32			151.921	CE
3	C	a_3	48 58 12	−4	48 58 08	+2	48 58 10	159.743	DE
		Σ	180 00 12		180 00 00				
		f_3	+12						
	F	b_4	70 54 36	+3	70 54 39	−2	70 54 37	159.743	DE
	D	c_4	55 05 12	+3	55 05 15			138.616	EF
4	E	a_4	54 00 03	+3	51 00 06	+2	54 00 08	136.759	DF
		Σ	179 59 51		180 00 00				
		f_4	−09						
	G	b_5	52 27 12	−3	52 27 09	−2	52 27 07	136.759	DF
	F	ca	71 00 45	−3	71 00 42			163.106	DG
5	D	a_5	56 32 12	−3	56 32 09	+2	56 32 11	143.899	FG
		Σ	180 00 09		180 00 00			(143.900)	
		f_5	+09						
第二次改正值的计算	$w=\dfrac{d_0\sin a'_1\sin a'_2\cdots\sin a'_n}{d_n\sin b'_1\sin b'_2\cdots\sin b'_n}-1=-6.157\times10^{-5}$ $\Sigma\cot a'_i+\Sigma\cot b'_i=5.7$ $v'_{ai}=-v'_{bi}=\dfrac{-wp}{\Sigma\cot a'+\Sigma\cot b'}=+2''$								

各点的坐标可按闭合导线 $A-B-D-G-F-E-C-A$ 进行计算。

如果小三角锁仅起始端有一条基线，它只有三角形内角和的条件，那么角度只进行一次改正。

第四节　GNSS 控制测量

通过 GNSS 卫星定位技术建立的测量控制网称为 GNSS 控制网。目前，GNSS 控制网可大致分为两类：一类是国家或区域性的高精度的 GNSS 控制网；另一类是局部性的 GNSS 控制网，它包括城市或矿区控制网以及各类工程控制网，如公路勘测中的首级控制网或水深测量时的陆上控制网。一般来说，这类 GNSS 网中相邻点间的距离为几千米至几十千米，其主要任务就是直接为城市建设或工程建设服务。

GNSS 控制网的建立与用常规地面测量方法建立控制网类似，按其工作性质可以分为外业工作和内业工作两大部分。外业工作主要包括选点、建立测站标志、野外观测作业等；内业工作主要包括 GNSS 控制网的技术设计、数据处理和技术总结等。也可以按工作程序大体分为 GNSS 网的技术设计、仪器检验、选点与建造标志、外业观测与成果检核、GNSS 网的平差计算以及技术总结等若干个阶段。

尽管 GNSS 测量具有精度高、速度快等优越性，但为了得到可靠的观测成果，也必须有科学的技术设计、严谨的作业管理和工作作风，且 GNSS 测量也应遵循统一的规范。近年来，为了实际工作的需要，我国和一些国家已经制定了一些 GNSS 测量规范；但由于 GNSS 定位技术的迅速发展，这些规范还难以适应于各种不同的情况，为此，有关部门正在修订。在实际作业中，可以根据实用上的要求和所采用的作业模式，制订相应的补充技术规定。

本节主要介绍建立局部 GNSS 控制网的外业程序和方法，以及内业数据处理所要做的主要工作。

一、GNSS 控制网的技术设计

建立城市或其他局部性 GNSS 控制网是一项重要的基础性工作，而技术设计则是建立 GNSS 网的第一步，是保证控制网能够满足经济建设需要，并保证成果质量可靠的关键性工作。因此，必须科学地、严谨地做好这一工作。GNSS 网技术设计的一般原则包括以下几个方面。

1. 充分考虑建立 GNSS 控制网的应用范围

对于工程建设的 GNSS 网，应该既考虑勘测设计阶段的需要，又要考虑施工放样等阶段的需要。对于城市 GNSS 控制，既要考虑近期建设和规划的需要，又要考虑远期发展的需要；还可以根据具体情况扩展 GNSS 控制网的功能。例如，因为 GNSS 测量具有高精度和不要求通视的优点，有的城市已经考虑将城市 GNSS 网建立成为兼有监测三维形变功能的控制网。这样既可以为城市建设提供发现隐患、预防灾害的极有价值的信息，也有利于充分发挥 GNSS 网和测绘工作在城市建设中的作用。

2. 采用分级布网的方案

适当地分级布设 GNSS 网，有利于根据测区的近期需要和远期发展分阶段布设，而且可以使全网的结构呈长短边相结合的形式。与全网均由短边构成的全面网相比，可以减少网的边缘处误差的积累，也便于 GNSS 网的数据处理和成果检核分阶段进行。分级布网是建立常规测量控制网的基本方法，因为 GNSS 测量有许多优越性，所以并不要求 GNSS 网按常规控制网分很多等级布设。例如，大城市的 GNSS 控制网可以为三级：首级网中相邻点的平均距离大于 5km；次级网中相邻点平均距离为 1～5km；三级网相邻点平均距离可小于 1km，且可采用 GNSS 与全站仪相结合的方法布设。对于小城市，分两级布设 GNSS 网即可。

为提高 GNSS 网的可靠性，各级 GNSS 网必须布设成由独立的 GNSS 基线向量边（或简称为 GNSS 边）构成的闭合图形网，闭合图形可以是三角形、四边形或多边形，也可以包含一些附合路线，GNSS 网中不存在支线。

3. GNSS 测量的精度标准

单频 GNSS 接收机的精度指标为

$$\sigma = 10(\mathrm{mm}) + 2\mathrm{ppm} \times d(\mathrm{km})$$

双频 GNSS 接收机的精度指标为

$$\sigma = 3(\text{mm}) + 0.5\text{ppm} \times d(\text{km})$$

以上指标参照是GNSS测量系统接收机指标，一般是指在某些标准条件下的精度。而GNSS规范中的规定考虑了一些实际工作中外界因素的影响。在GNSS网的技术设计中，应根据测区大小和GNSS网的用途来设计网的等级和精度标准。

GNSS测量的精度标准通常用网中相邻点之间的距离中误差表示，其形式为

$$\sigma = \pm\sqrt{a^2 + (b \times d)^2} \tag{8-23}$$

式中 σ——距离中误差；

a——固定误差，mm；

b——比例误差系数，ppm；

d——相邻点间距离，km。

在我国的一些“GNSS测量规范”中将GNSS的测量精度分为A～E五级，见表8-7。

表8-7　　GNSS测量精度级别

项　目	A	B	C	D	E
固定误差 a (mm)	≤5	≤8	≤10	≤10	≤10
比例误差系数 b (ppm)	≤0.1	≤1	≤5	≤10	≤20
相邻点间最小距离（km）	100	15	5	2	1
相邻点间最大距离（km）	2000	250	40	15	10
相邻点间平均距离（km）	300	70	15～10	10～5	5～2

4. GNSS网的基准设计

GNSS测量得到的是GNSS基线向量，是属于WGS84坐标系的三维坐标差，而实用上需要得到属于国家坐标系或地方独立坐标系的坐标。为此，在GNSS网的技术设计时，必须说明GNSS网的成果所采用的坐标系统和起算数据，也就是说明GNSS网采用的基准，或者称之为GNSS网的基准设计。

GNSS网的基准与常规控制网的基准类似。包括位置基准、方位基准和尺度基准。GNSS网的位置基准，通常都是由给定的起算点坐标确定。方位基准可以通过给定起算方位角值确定，也可以由GNSS基线向量的方位作为方位基准，尺度基准可以由地面的电磁波测距边确定，或由两个以上的起算点之间的距离确定，也可以由GNSS基线向量的距离确定。在基准设计时应考虑以下几个问题。

（1）为求定GNSS点在地面坐标系的坐标，应在地面坐标系中选定起算数据和联测原有控制点若干个用以坐标转换，同时又要使新建的高精度GNSS控制网不受旧资料精度较低的影响。为此，应将新的GNSS网与旧控制点进行联测，联测点一般不应少于3个。

（2）为保证GNSS网进行约束平差后坐标精度的均匀性以及减少尺度比误差影响，对GNSS网内重合的高等级国家点或原城市等级控制网点，除未知点连接图形观测外，对它们也要适当地构成长边图形。

（3）GNSS网平差后，可以得到GNSS点在地面参照坐标系中的大地高，为求得GNSS点的正常高，可具体联测高程点，联测的高程点要均匀分布于网中，对地形起伏较大地区联测高程点应按高程拟合曲面的要求进行布设。

(4) GNSS网的坐标系统尽量应与测区过去采用的坐标系统一致，如果采用的是地方独立坐标系，一般应该了解以下几个参数：

1）所采用的参考椭球体，一般是以国家坐标系的参考椭球为基础；

2）坐标系的中央子午线的经度值；

3）纵、横坐标的加常数；

4）坐标系的投影面高程及测区平均高程异常值；

5）起算点的坐标。

二、GNSS控制网的图形设计

GNSS控制网的图形设计主要是根据网的用途和用户要求，侧重考虑如何保证和检核GNSS数据质量；同时还要考虑接收机类型、数量和经费、时间、人力及后勤保障条件等因素，以期在满足要求的前提条件下取得最佳的效益。

1. GNSS网构成的基本概念

在进行GNSS网图形设计前，应该明确有关GNSS网构成的几个概念，掌握网的特征条件计算方法。

(1) 观测时断：测站上开始接收卫星信号到观测停止，连续工作的时间段简称时段。

(2) 同步观测：2台或2台以上接收机同时对同一组卫星进行的观测。

(3) 同步观测环：3台或3台以上接收机同步观测获得的基线向量所构成的闭合环，简称同步环。

(4) 独立观测环：由独立观测所获得的基线向量构成的闭合环，简称独立环。

(5) 异步观测环：在构成多边形环路的所有基线向量中，只要有非同步观测基线向量，则该多边形环路叫异步观测环，简称异步环。

(6) 独立基线：对于N台GNSS接收机的同步观测环，有J条同步观测基线，其中独立基线数为$N-1$。

(7) 非独立基线：除独立基线外的其他基线称为非独立基线，总基线数与独立基线之差即为非独立基线数。

2. GNSS网特征条件的计算

按R. A sany提出的观测时段数计算公式

$$C=n\times\frac{m}{N} \tag{8-24}$$

式中 n——网点数；

m——每点设站数；

N——接收机数。

总基线数
$$J_{总}=CN\times\frac{N-1}{2} \tag{8-25}$$

必要基线数
$$J_{必}=n-1 \tag{8-26}$$

独立基线数
$$J_{独}=C(N-1) \tag{8-27}$$

多余基线数
$$J_{多}=C(N-1)-(n-1) \tag{8-28}$$

根据以上公式及对应关系就可以确定一个具体GNSS网图形结构的主要特征。

3. GNSS网同步图形构成及独立边的选择

根据式（8－25），对于由 N 台 GNSS 接收机构成的同步图形中一个时断包含的 GNSS 基线数为

$$J = N \times \frac{N-1}{2} \tag{8-29}$$

但其中仅有 $N-1$ 条是独立的 GNSS 边，其余为非独立边。当接收机数 N 为 2～5 时所构成的同步图形见图 8－15。

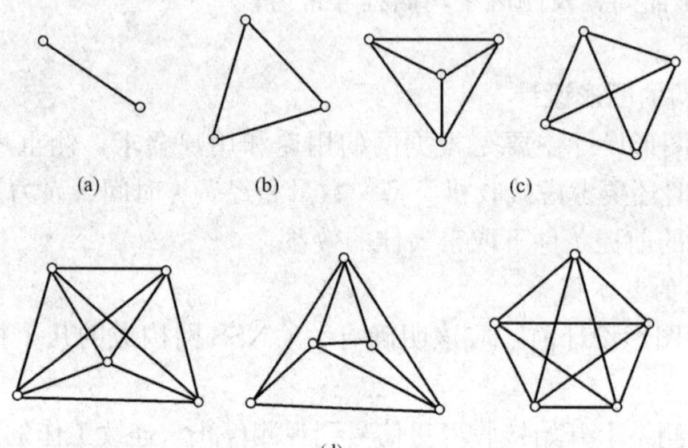

图 8－15　N 台接收机同步观测所构成的同步图形

（a）$N=2$；（b）$N=3$；（c）$N=4$；（d）$N=5$

对应于图 8－15 的独立 GNSS 边，可以有如图 8－16 所示的不同选择。

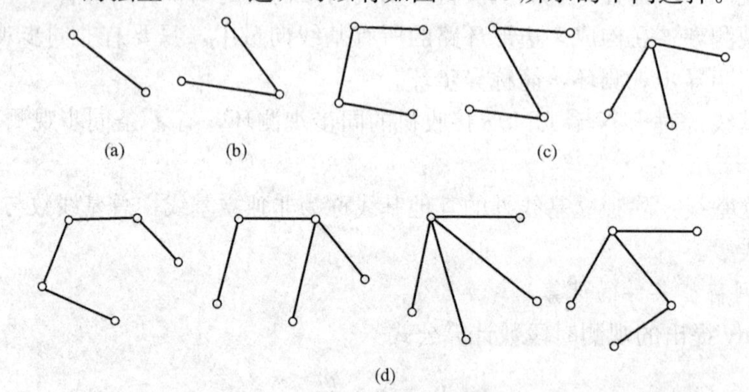

图 8－16　GNSS 独立边的不同选择

（a）$N=2$；（b）$N=3$；（c）$N=4$；（d）$N=5$

当同步观测的 GNSS 接收机数 $N \geqslant 3$ 时，同步闭合环的最少数应为

$$T = J-(N-1) = \frac{(N-1)(N-2)}{2} \tag{8-30}$$

N 与 J、T 的关系见表 8－8。

表 8－8　　N 与 J、T 的关系

N	2	3	4	5	6
J	1	3	6	10	15
T	0	1	3	6	10

4. GNSS 网的图形设计

(1) GNSS 网的图形设计。根据对所布设的 GNSS 网的精度要求和其他方面的要求，设计出独立的 GNSS 边构成的多边形网，称为 GNSS 网的图形设计。

(2) GNSS 网的图形。

1) 点连式：如图 8－17 所示，相邻同步图形之间仅有一个公共点的连接。

2) 边连式：如图 8－18 所示，同步图形之间由一条公共基线连接。

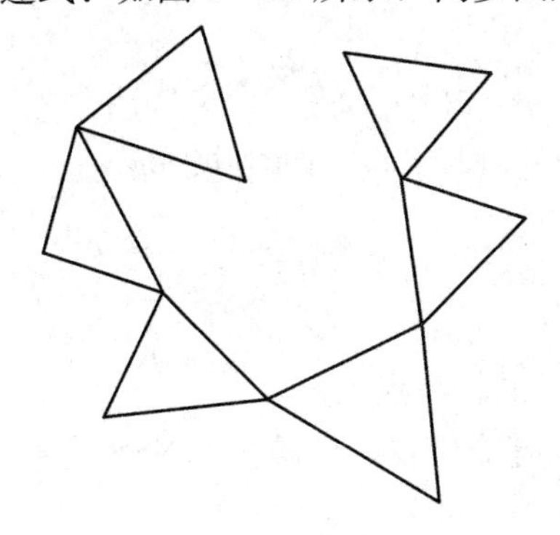

图 8－17　点连式图形

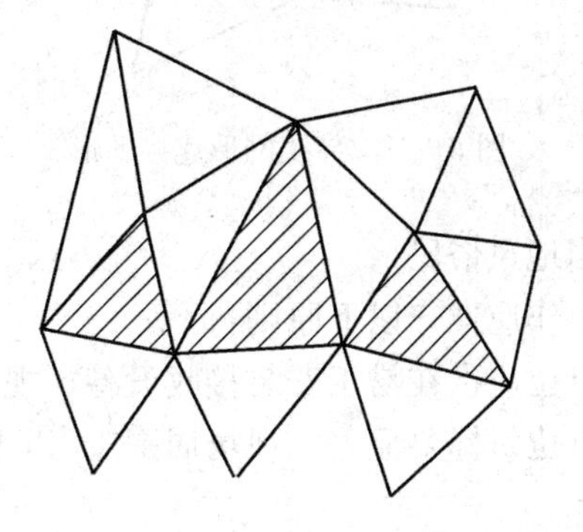

图 8－18　边连式图形

3) 网连式：指相邻同步图形之间有两个以上公共点相连接，如图 8－19 所示。

4) 边点混合连接式：如图 8－20 所示，把点连式与边连式有机地结合起来，组成 GNSS 网的方式。

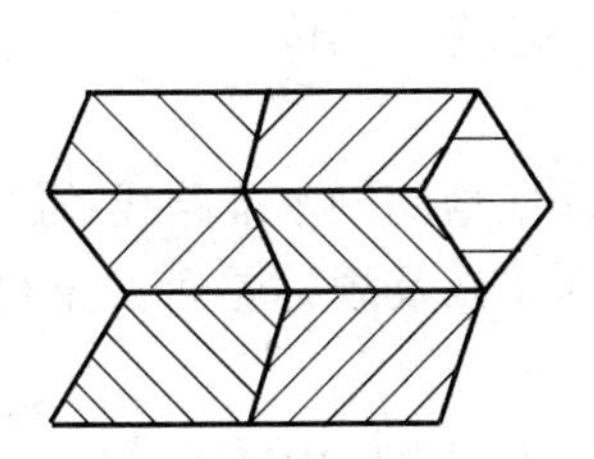

图 8－19　网连式图形

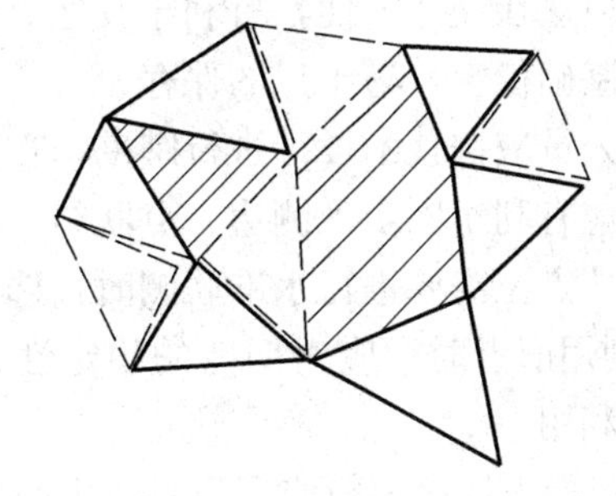

图 8－20　边点混合连接式图形

5) 三角锁连接：如图 8－21 所示，用点连式或边连式组成连续发展的三角锁同步图形。

6) 导线网形连接：如图 8－22 所示。

7) 星形布设：如图 8－23 所示。

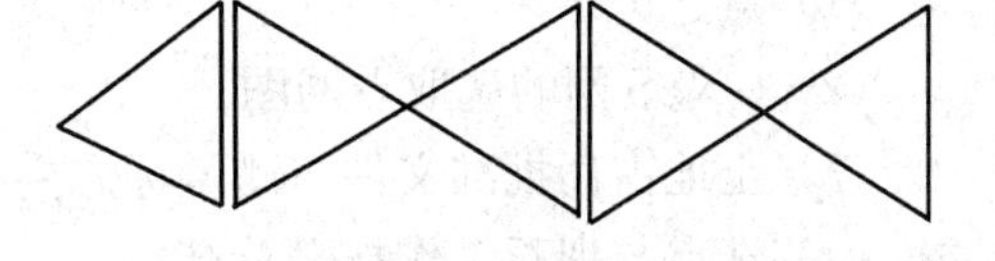

图 8－21　三角锁连接图形

三、GNSS 测量的外业实施及技术设计书编写

(一) 测区踏勘及选点

GNSS 控制网测区踏勘主要了解测区以下情况：

(1) 交通情况；

(2) 水系分布情况；

(3) 植被情况；

(4) 控制点分布情况；

(5) 居民点分布情况；

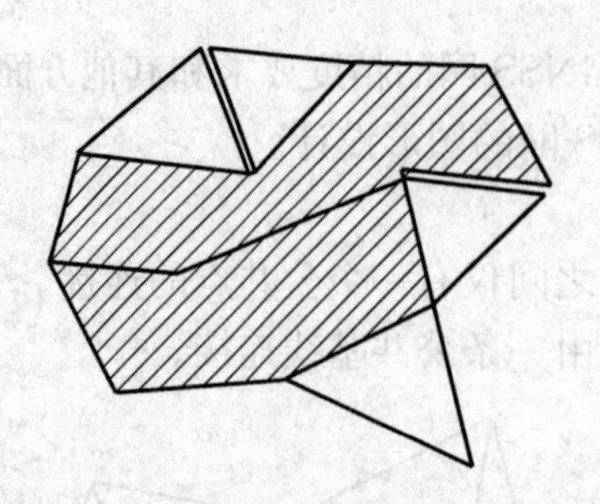

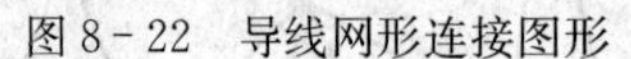

图 8-22　导线网形连接图形

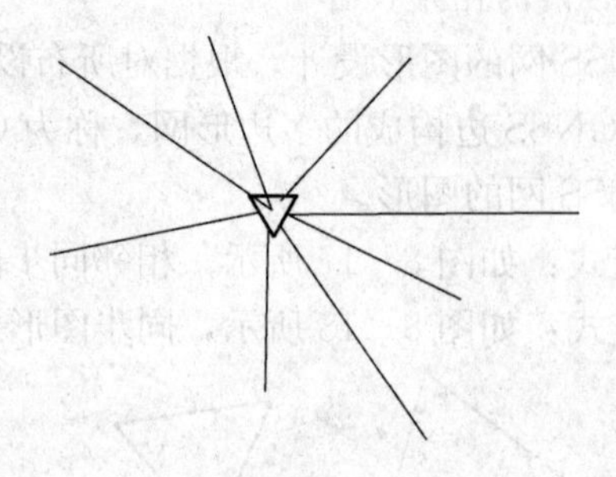

图 8-23　星形连接图形

（6）当地风俗民情。

选点工作应遵守以下原则：

（1）点位应设在易于安装接收设备、视野开阔的较高点上。

（2）点位目标要显著，视场周围 15°以上不应有障碍物，以减少 GNSS 信号被遮挡或障碍物吸收。

（3）点位应远离在功率无线电发射源（如电视机、微波炉等）其距离不少于 200m；远离高压输电线，其距离不得少于 50m，以避免电磁场对 GNSS 信号的干扰。

（4）点位附近不应有大面积水域或强烈干扰卫星信号接收的物体，以减弱多路径效应的影响。

（5）点位应选在交通方便，有利于其他观测手段扩展与联测的地方。

（6）地面基础稳定，易于点的保存。

（7）选点人员应按技术设计进行踏勘，在实地按要求选定点位。

（8）网形应有利于同步观测边、点联结。

（9）当所选点位需要进行水准联测时，选点人员应实地踏勘水准路线，提出有关建议。

（10）当利用旧点时，应对旧点的稳定性、完好性，以及觇标是否安全可用作一检查，符合要求方可利用。

GNSS 网点标志埋设一般应埋设具有中心标志的标石，以精确标志点位，点的标石和标志必须稳定、坚固以利长久保存和利用。在基岩露头地区，也可以直接在基岩上嵌入金属标志。

每个点标石埋设结束后，应按表 8-9 填写点之记并提交以下资料：

（1）点之记；

（2）GNSS 网的选取点网图；

（3）土地占用批准文件与测量标志委托保管书；

（4）选点与埋石工作技术总结。

（二）资料收集

（1）各类图件。

（2）各类控制点成果。

（3）测区有关的地质、气象、交通、通信等方面的资料。

（4）城市及乡、村行政区划表。

表 8-9　　**GNSS 点点之记**

日期：年　　月　　日　　　　记录者：　　　　绘图者：　　　　校对者：

<table>
<tr><td rowspan="10">点
名
及
等
级</td><td>点名</td><td></td><td rowspan="2">土　质</td><td colspan="2" rowspan="2"></td></tr>
<tr><td>点号</td><td></td></tr>
<tr><td>等级</td><td></td><td>标石说明</td><td colspan="2"></td></tr>
<tr><td rowspan="7">通视点列表</td><td></td><td></td><td colspan="2"></td></tr>
<tr><td></td><td rowspan="2">旧点名</td><td colspan="2" rowspan="2"></td></tr>
<tr><td></td></tr>
<tr><td></td><td rowspan="4">概略位置
（L，B）</td><td rowspan="2">纬度</td><td rowspan="2"></td></tr>
<tr><td></td></tr>
<tr><td></td><td rowspan="2">经度</td><td rowspan="2"></td></tr>
<tr><td></td></tr>
<tr><td colspan="2">所 在 地</td><td colspan="4"></td></tr>
<tr><td colspan="2">交 通 路 线</td><td colspan="4"></td></tr>
</table>
<table>
<tr><td colspan="5">选点情况</td><td>点位略图</td></tr>
<tr><td colspan="2">单位</td><td colspan="3"></td><td rowspan="5"></td></tr>
<tr><td colspan="2">选点员</td><td></td><td>日期</td><td></td></tr>
<tr><td colspan="3">联测水准情况</td><td colspan="2"></td></tr>
<tr><td colspan="3">联测水准等级</td><td colspan="2"></td></tr>
<tr><td>点
位
说
明</td><td colspan="4"></td></tr>
</table>

（三）设备、器材筹备及人员组织

设备、器材筹备及人员组织包括以下内容：

（1）筹备仪器、计算机及配套设备；

（2）筹备机动设备及通信设备；

（3）筹备施工器材，计划油料，材料的消耗；

（4）组建施工队伍，拟订施工人员名单及岗位；

（5）进行详细的投资预算。

其中最主要的一部分工作是仪器的选用，下面详细介绍 GNSS 接收机的选取。

1. 接收机的选用

接收机的选用可参考表 8-10。

表 8－10　　接收机选用参考

项目 \ 等级	二	三	四	五	六
单频/双频	单频或双频	单频或双频	单频或双频	单频或双频	单频或双频
标称精度	≤10mm +2ppm・D	≤10mm +3ppm・D	≤10mm +3ppm・D	≤10mm +3ppm・D	≤10mm +3ppm・D
观测量	载波相位	载波相位	载波相位	载波相位	载波相位
同步观测接收机数	≥2	≥2	≥2	≥2	≥2

2. 接收机的检验

接收机全面检验的内容，包括一般性检视、通电检验和实测检验。

（1）一般检验：主要检查接收机设备各部件及其附件是否齐全、完好，紧固部分是否松动与脱落，使用手册及资料是否齐全等。

（2）通电检验：接收机通电后有关信号灯、按键、显示系统和仪表的工作情况，以及自测试系统的工作情况，当自测正常后，按键作步骤检验仪器的工作情况。

（3）实测检验：实测检验是 GNSS 接收机检验的主要内容。其检验方法有：用标准基线检验；已知坐标、边长检验；零基线检验；相位中心偏移量检验等。

1）用零基线检验接收机内部噪声水平。基线测试方法如下：①选择周围高度角 10°以上无障碍物的地方安放天线，连天线、功分器和接收机；②连接电源，2 台 GNSS 接收机同步接收 4 颗以上卫星 1～1.5h；③交换功分器与接收机接口，再观察一个时段；④用随机软件计算基线坐标增量和基线长度，基线误差应少于 1mm，否则应送厂检修或降低级别使用。

2）天线相位中心稳定性检验：①该项检验可在标准基线、比较基线或 GNSS 检测场上进行；②检测时可以将 GNSS 接收机带天线两两配对，置于基线的两端点；③按上述方法在与该基线垂直的基线中（不具备此条件，可将一个接收机天线固定指北，其他接收机天线绕轴顺时针转动 90°、180°、270°）进行同样观察；④观测结束，用随机软件解算各时段三维坐标。

3）GNSS 接收机不同测程精度指标的测试：该项测试应在标准检定场进行，检定场应含有短边和中长边，基线精度应达到 1×10^{-5}；检验时天线应严格整平对中，对中误差小于 ±1mm；天线指向正北，天线高量至 1mm；测试结果与基线长度比较，应优于仪器标称精度。

4）仪器的高度低温试验：对于有特殊要求时需对 GNSS 接收机进行高、低温测试。

5）对于双频 GNSS 接收机应通过野外测试，检查在美国执行 SA 技术时其定位精度。

6）用于天线基座的光学对点器在作业中应经常检验，确保对中的准确性，其检校参照控制测量中光学对点器核校方法。

（四）拟订外业观测计划

1. 主要依据

根据外业踏勘选点的结果拟订观测计划，观测计划拟订的主要依据有：

（1）GNSS 网的规模大小；

（2）GNSS 卫星星座几何图形强度；

（3）参加作业的接收机数量；

（4）交通、通信及后勤保障。

2. 观测计划的主要内容

（1）编制 GNSS 卫星的可见性预报图。

（2）选择卫星的几何图形强度。

（3）选择最佳观测时段。

（4）观测区域的设计与划分。

（5）编排作业调度表（见表 8－11）。

表 8－11　　GNSS 作业调度表

时段编号	观测时间	观测者		观测者		观测者	
		机号		机号		机号	
		点名	备注	点名	备注	点名	备注
		点号		点号		点号	
1							
2							
3							
4							

（6）采用规定格式 GNSS 测量外业观测通知单（见表 8－12）进行调度。

表 8－12　　GNSS 测量外业观测通知单

观测日期　　　年　　月　　日
组别：　　　　操作员：
点位所在图幅：
测站编号/名：
观测时段：1：　　　　2：
　　　　　3：　　　　4：
　　　　　5：　　　　6：
安排人：　　　　　　　　　　　　　　年　　月　　日

3. 设计 GNSS 网与地面网的联测方案

根据 GNSS 网形设计一般性原则的要求，GNSS 网与地面网的联测，可根据测区地形变化和地面控制点的分布而定，一般在 GNSS 网中至少要重合观测 3 个以上的地面控制点作为约束点。

（五）GNSS 测量的外业实施

1. 外业观测工作依据的主要技术指标（见表 8－13）

表 8-13　　各级 GNSS 测量作业的基本技术要求

项　目	方　法	二等	三等	四等	一级	二级
卫星高度角(°)	相对　快速	≥15	≥15	≥15	≥15	≥15
有效观测卫星数	相对　快速	≥4	≥4 ≥5	≥4 ≥5	≥4 ≥5	≥4 ≥5
观测时段数	相对	≥2	≥2	≥2	≥2	≥1
重复设点数	快速		≥2	≥2	≥2	≥2
时段长度(′)	相对 快速	≥90	≥60 ≥20	≥45 ≥15	≥45 ≥15	≥45 ≥15
数据采样间隔(″)	相对快速	10～60	10～60	10～60	10～60	10、60
PDOP	相对快速	<6	<6	<8	<8	<8

2. 天线安置

(1) 在正常点位，天线应架设在三脚架上，并安置在标志中心的上方直接对中，天线基座上的圆水准气泡必须整平。

(2) 特殊点位，当天线需要安置在三角点觇标的观测台或回光台上时，应先将觇顶拆除，防止对 GNSS 信号的遮挡。

天线的定向标志应指向正北，并顾及当地磁偏角的影响，以减弱相位中心偏差的影响。天线定向误差依定位精度不同而异，一般不应超过±(3°～5°)。

(3) 刮风天气安置天线时，应将天线进行三向固定，以防倒地碰坏。雷雨天气安置时，应该注意将其底盘接地，以防雷击天线。

(4) 架设天线不宜过低，一般应距地 1m 以上。天线架设好后，在圆盘天线间隔 120°的三个方向分别量取天线高，三次测量结果之差不应超过 3mm，取其三次结果的平均值记入测量手簿中，天线高记录取值 0.001m。

(5) 测量气象参数：在高精度 GNSS 测量中，要求测定气象元素。每时段气象观测应不少于 3 次(时段开始、中间、结束)。气压读至 0.1mbar ($1bar=10^5Pa$)，气温读至 0.1℃，对一般城市及工程测量只记录天气状况。

(6) 复查点名并记入测量手簿中，将天线电缆与仪器进行连接，经检查无误后，方能通电启动仪器。

3. 开机观测

观测作业的主要目的是捕获 GNSS 卫星信号，并对其进行跟踪、处理和量测，以获得所需要的定位信息和观测数据。

天线安置完成后，在离开天线适当位置的地面上安放 GNSS 接收机，接通接收机与电源、天线、控制器的连接电缆，并经过预热和静置，即可启动接收机进行观测。

通常来说，在外业观测工作中，仪器操作人员应注意以下事项。

(1) 当确认外接电源电缆及天线等各项连接完全无误后，方可接通电源，启动接收机。

(2) 开机后接收机有关指示显示正常并通过自测后，方能输入有关测站和时段控制信息。

(3) 接收机在开始记录数据后，应注意查看有关观测卫星数量、卫星号、相位测量残差、实时定位结果及其变化、存储介质记录等情况。

（4）一个时段观测过程中，不允许进行以下操作：关闭又重新启动；进行自测试（发现故障除外）；改变卫星高度角；改变天线位置；改变数据采样间隔；按动关闭文件和删除文件等功能键。

（5）每一观测时段中，气象元素一般应在始、中、末各观测记录一次，当时段较长时可适当增加观测次数。

（6）在观测过程中要特别注意供电情况，除在出测前认真检查电池容量是否充足外，作业中观测人员不要远离接收机，听到仪器的低电报警要及时予以处理，否则可能会造成仪器内部数据的破坏或丢失。对观测时段较长的观测工作，建议尽量采用太阳能电池或汽车电瓶进行供电。

（7）仪器高一定要按规定始、末各测一次，并及时输入及记入测量手簿之中。

（8）接收机在观测过程中不要靠近接收机使用对讲机；雷雨季节架设天线要防止雷击，雷雨过境时应关机停测，并卸下天线。

（9）观测站的全部预定作业项目，经检查均已按规定完成，且记录与资料完整无误后方可迁站。

（10）观测过程中要随时查看仪器内存或硬盘容量，每日观测结束后，应及时将数据转存至计算机硬、软盘上，确保观测数据不丢失。

4. 观测记录和测量手簿

（1）观测记录。观测记录由 GNSS 接收机自动进行，均记录在存储介质（如硬盘、硬卡或记忆卡等）上，其主要内容有：

1）载波相位观测值及相应的观测历元；

2）同一历元的测码伪距观测值；

3）GNSS 卫星星历及卫星钟差参数；

4）实时绝对定位结果；

5）测站控制信息及接收机工作状态信息。

（2）测量手簿。测量手簿是在接收机启动前及观测过程中，由观测者随时填写的。其记录格式在现行《规范》和《规程》中略有差别，视具体工作内容选择。为便于使用，这里列出《规程》中城市与工程 GNSS 网观测记录格式（见表 8-11）供参考。

表 8-11 中，备注栏应记载观测过程中发生的重要问题，问题出现的时间及其处理方式等。

观测记录和测量手簿都是 GNSS 精密定位的依据，必须认真、及时填写，坚决杜绝事后补记或追记。

外业观测中，存储介质上的数据文件应及时拷贝一式两份，分别保存在专人保管的防水、防静电的资料箱内。存储介质的外面，适当处应贴制标签，注明文件名、网区名、点名、时段名、采集日期、测量手簿编号等。

接收机内存数据文件在转录到外存介质上时，不得进行任何剔除或删改，不得调用任何对数据实施重新加工组合的操作指令。

第五节 高程控制测量

三等与四等水准测量除限差有所区别外，其所用仪器和施测方法基本相同。下面对三、四等水准测量一并介绍，仅在不同之处另作说明。

一、三、四等水准点的选点及布设

水准测量的目的是要测定一些点的高程，并且要求把这些点固定和保存下来。为此，事先应在已有的小比例尺地形图上进行设计，然后进行实地踏勘确定，这些点应选在土质坚实，不易受振、不易破坏和便于观测的地方，并按规定埋设标石。

永久性的三、四等水准点需要长期保存，因此多用石桩或水泥柱埋入地下［见图 8-24(a)］，桩顶嵌入金属标志，其顶部呈半圆球形，水准点的高程就是指半圆球球顶的高程。为了保护桩顶和水准点，应在其上加护盖，并注明水准点的等级、号数及施测单位等［见图 8-24（b)］。

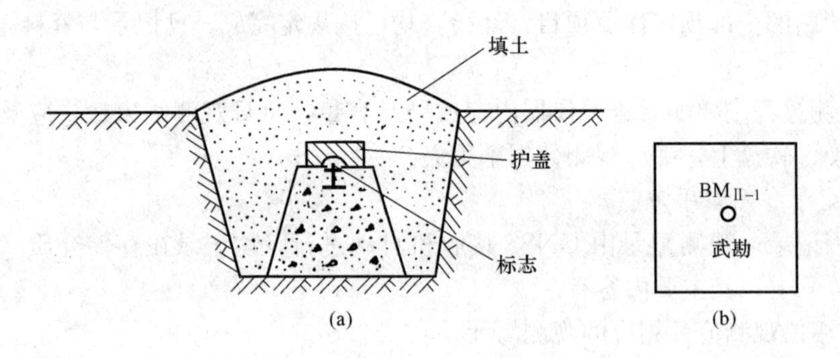

图 8-24 水准点

(a) 施工结构；(b) 护盖标注

临时的四等水准点，一般可选在坚固的岩石、桥墩等固定的地物上，刻上记号，用红漆写明点号等。

三、四等水准路线力求布设成附合或闭合线路，以便校正和提高精度。

二、三、四等水准测量使用的仪器

三、四等水准测量按规定应用 DS3 型水准仪和双面水准尺。水准尺一般为红、黑两面水准尺，在观测中不但可以检查错误，而且可以提高精度。一对双面尺的黑面起始读数均为零，而红面起始读数，通常一把为 4.687m；另一把为 4.787m。

三、三、四等水准测量施测方法及有关规定

现以四等水准测量为例，将观测、计算的方法叙述如下。

1. 一个测站上的观测顺序

（1）瞄准后视尺黑面，读取下丝、上丝读数，令符合水准气泡两端影像准确符合后，读取中丝读数，分别记入表 8-14 第（1）～（3）项；

（2）瞄准后视尺红面，令气泡重新准确符合，读取中丝读数，记入表 8-14 内第（4）项；

（3）瞄准前视尺黑面，读取下丝、上丝读数，令气泡准确符合后，读取中丝读数，分别记入表 8－14 内第（5）～（7）项；

（4）瞄准前视尺红面，令气泡重新准确符合，读取中丝读数，记入表 8－14 内第（8）项。

表 8－14　　四等水准测量记录

测站编号	点号	后尺下丝	前尺下丝	方向及尺号	水准尺读数		K＋黑－红	高差中数	高　程
		后尺上丝	前尺上丝		黑面	红面			
		后距	前距						
		后前距差 d	累计差 Σd						
顺序		（1）	（5）	后	（3）	（4）	（13）	（18）	
		（2）	（6）	前	（7）	（8）	（14）		
		（9）	（10）	后－前	（15）	（16）	（17）		
		（11）	（12）						
1	BM_1	1.571	0.744	后 47	1.384	6.171	0	＋0.8325	43.578
		1.197	0.358	前 46	0.551	5.239	－1		
	TP_1	37.4	38.6	后－前	＋0.833	＋0.932	＋1		
		－1.2	－1.2						
2	TP_1	2.021	2.101	后 46	1.834	6.522	－1	－0.0730	
		1.647	1.716	前 47	1.908	6.694	1		
	TP_2	37.4	38.5	后－前	－0.074	－0.172	－2		
		－1.1	－2.3						
3	TP_2	1.919	2.053	后 47	1.726	6.513	0	－0.1405	
		1.534	1.676	前 46	1.866	6.554	－1		
	TP_3	38.5	37.7	后－前	－0.140	－0.041	＋1		
		＋0.8	－1.5						
4	TP_3	1.865	2.041	后 46	1.732	6.419	0	－0.1745	
		1.600	1.774	前 47	1.907	6.693	＋1		
	TP_4	26.5	26.7	后－前	－0.175	－0.274	－1		
		－0.2	－1.7						

以上四等水准每站观测顺序简称为后（黑）——后（红）——前（黑）——前（红）。对于三等水准测量，应按后（黑）——前（黑）——前（红）——后（红）的顺序进行观测。

测得上述 8 个数据后，随即进行计算，如果符合规定要求，可以迁站继续施测；否则应重新观测，直至所测数据符合规定要求时才能迁站。

2. 测站上的计算及校核

（1）视距部分。

1）后距＝［（1）项－（2）项］×100，记入第（9）项；

2）前距＝［（5）项－（6）项］×100，记入第（10）项；

3）后、前距差 d＝（9）项－（10）项，记入第（11）项；

4）后、前距差累积值Σd＝本站（11）＋前站（12），记入第（12）项。

仪器至水准尺的距离，使用DS3型水准仪观测时，四等水准测量应小于100m（三等水准测量应小于75m）。四等水准测量要求仪器到后尺和前尺的距离大致相等，其差数不得大于3m（三等水准不得大于2m）；各测站的累积差数不大于10m（三等水准不得大于5m）。

不论是四等或三等水准测量，在观测时，三丝（上、中、下丝）均应能够读数，不允许只读两丝（即上丝、中丝或中丝、下丝）乘以2来求得视距。

（2）高差部分。四等水准测量采用双面水准尺，因此应根据红、黑面读数进行下列校核计算：

1）理论上讲，同一把水准尺的黑面读数加上K值减去红面读数应为零，即

后视尺　　（3）项＋K－（4）项＝（13）项

前视尺　　（7）项＋K－（8）项＝（14）项

其中K为水准尺红、黑面起始读数的差值，系一常数值。在本例中47号尺的K＝4.787m；46号尺的K＝4.687m。由于测量有误差，（13）项和（14）项往往不为零，但其不符值不得超过±3mm（三等水准不得超过±2mm）。

2）理论上讲，用黑面尺测得的高差与用红面尺测得的高差应相等。

（3）项－（7）项＝（15）项（黑面尺高差）

（4）项－（8）项＝（16）项（红面尺高差）

因为两把尺的红面起始读数各为4.787m和4.687m，两者相差0.1m，所以理论上在（16）项上加或减去0.1m之后与（15）项之差应为零；但由于测量有误差，往往不为零，其不符值不得超过±5mm（三等水准不得超过±3mm），并记入第（17）项。

（17）项＝（15）项－［（16）项±0.1m］

表8-14中第（17）项除了检查用黑、红面测得的高差是否合乎要求外，同时也用作检查计算是否有误，这是因为

（17）项＝（15）项－［（16）项±0.1m］＝（13）项－（14）项

当以上计算合格后，再按下式计算出高差中数

$$\text{高差中数（18）项}=\frac{1}{2}\left[\text{（15）项＋（16）项}\pm 0.1\text{m}\right]$$

这一站的观测与计算工作结束后，方可把仪器搬到下一站进行观测，此时前视尺作为后视尺，后视尺作为前视尺。以后各站的观测程序、计算和校核与上述相同。

三等水准测量应沿路线进行往返观测。四等水准测量当两端点为高级水准点或自成闭合环时只进行单程测量。四等水准支线则必须进行往返观测。每一测段的往测与返测，其测站数均应为偶数。

四、三、四等水准测量的成果整理

当一条水准路线的测量工作完成后，首先应将手簿的记录计算进行详细的检查，并计算高差闭合差是否超过如下容许误差

平地　$\Delta h_{允}=\pm 20\sqrt{L}$(mm)（四等）　　$\Delta h_{允}=\pm 12\sqrt{L}$(mm)（三等）

山地　$\Delta h_{允} = \pm 6\sqrt{n}$(mm)（四等）　　$\Delta h_{允} = \pm 4\sqrt{n}$(mm)（三等）

式中　L——路线长度，km；

n——测站数。

确认无误后，才能按照第二章介绍的方法进行高差闭合差的调整和高差的计算。否则要局部返工，甚至全部返工。

第九章 大比例尺地形图的测绘

第一节 地形图的基本知识

测区控制网建立后，就可以根据控制点进行碎部测量，即以一个控制点为测站，另外一个控制点为后视方向，按一定的比例尺，测出其周围能代表各种地物、地貌等特征点的点位及高程，用规定的符号展绘到图纸或计算机上。这种不仅表示地物的平面位置，而且也表示地面高低起伏情况的图称为地形图。

大比例尺地形图传统的测绘方法有经纬仪测绘法、大平板仪测绘法等。目前，随着测绘技术的迅速发展，用全站仪及 GNSS 接收仪测绘大比例尺地形图的方法已经普及，从外业数据采集到内业成图形成了一整套的自动化作业方法。鉴于在水利工程、城市规划、设计和施工中，一般都需要测绘大比例尺地形图，因此，本章将主要介绍大比例尺地形图的经纬仪测绘法、全站仪数字测图法和 GNSS 实时动态系统（GNSS RTK）测图技术。

一、比例尺

地形图上任意一线段的长度与地面上相应线段的水平距离之比称为比例尺。比例尺的表示方法有两种：数字比例尺和图示比例尺。

1. 数字比例尺

数字比例尺一般用分子为 1、分母为整数的分数表示。例如图上一线段长度为 d，相应实地水平距离为 D，则该图的比例尺为

$$\frac{d}{D}=\frac{1}{\frac{D}{d}}=\frac{1}{M} \tag{9-1}$$

式中 M——比例尺分母，M 越小，比例尺越大。

通常把 1∶500、1∶1000、1∶2000 和 1∶5000 的比例尺地形图称为大比例尺地形图；把 1∶10 000、1∶25 000 和 1∶50 000 的地形图称为中比例尺地形图；把 1∶100 000、1∶200 000、1∶500 000 和 1∶1 000 000 的地形图称为小比例尺地形图。

2. 图示比例尺

为了使用方便，避免由于图纸伸缩引起误差，通常在地形图图幅的下方绘一图示比例尺。最常见的图示比例尺为直线比例尺。图 9-1 所示为 1∶1000 直线比例尺，它是在图纸

上先绘两条平行的线条，把全长分为若干个 2cm 长的基本单位，再将左端的一个基本单位分成 10 等分。直线比例尺上所注记的数字表示以米为单位的实地水平距离。由它能读到基本单位的 1/10。

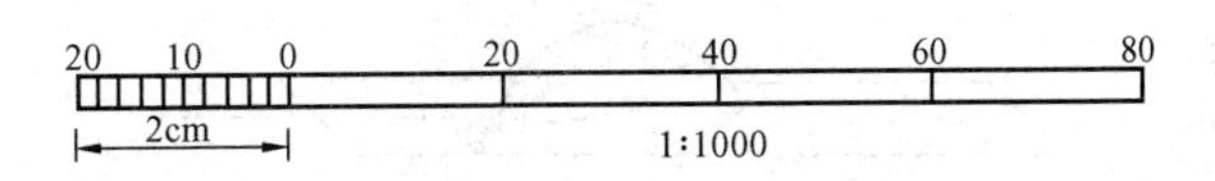

图 9-1 图示比例尺示意图

3. 比例尺精度

一般人眼能分辨图上的最小距离为 0.1mm。因此，把相当于图上 0.1mm 的实地水平距离称为比例尺精度。对于不同的比例尺，其比例尺精度的数值也不相同，表 9-1 为各种大比例尺的比例尺精度值。

表 9-1 **比例尺精度**

比例尺	1∶500	1∶1000	1∶2000	1∶5000
比例尺精度（m）	0.05	0.1	0.2	0.5

比例尺精度的概念对于测图和用图都具有十分重要的意义。一方面，人们可以根据比例尺精度，确定测图时测量的地物应准确到什么程度。例如，要测 1∶1000 的地形图，实地量距精度只需达到 0.1m，因为测量得再精确，在图上也表示不出来。另一方面，可按照用图的要求，根据比例尺精度确定测图比例尺的大小。例如，在设计用图中，要求在图上能反映地面上 0.2m 的精度，则所采用的测图比例尺应为 1∶2000。

从表 9-1 可以看出，比例尺越大，所表示的地物、地貌就越详细，精度也就越高，但测图工作量也随之成倍地增加。因此，应按实际需要选择测图比例尺。

二、地物符号

根据地物符号大小和描绘方法的不同，地物符号可分为比例符号、非比例符号、线形符号和注记符号。

（1）比例符号。将地面物体按测图比例尺缩小，用规定的符号测绘于图上。它的特点是能真实地反映该物体轮廓的位置、形状及大小。如房屋、河流、湖泊、耕地等这些轮廓较大的地物，常采用比例符号。

（2）非比例符号。有些地物，如测量控制点、地质钻孔、纪念碑等，不能按测图比例尺缩绘，但又很重要，必须在图上表示其点位，则往往采用比它们缩绘后大得多的特定符号表示，这类符号称为非比例符号，如控制点符号等。

（3）线形符号。线形符号是指地物的长度依地形图比例尺缩绘，而宽度不依比例尺表示的地物符号。如围墙、篱笆、铁路、输电线路等一些线状延伸的地物，都用线形符号表示，描绘时中心线应和实际地物的中心线一致。

（4）注记符号。有些地物除用一定的符号表示外，还需要说明和注记，如河流和湖泊的水位，村、镇、工厂、铁路、公路的名称等。

测图的比例尺不同，其符号的大小和详略也有所不同。测图比例尺越大，用比例符号描绘的地物就越多。具体表示方法详见《国家基本比例尺地图图式 第 1 部分：1∶500 1∶1000 1∶2000 地形图图式》。

三、地貌符号

在地形图中，常用等高线表示地貌，因为等高线不仅能表示出地面的起伏形态，而且能表示出地面坡度和地面点的高程。对于不便用等高线表示的地貌，如峭壁、冲沟、梯田等特殊地方，可测出其实际轮廓，再绘注相应的符号表示。

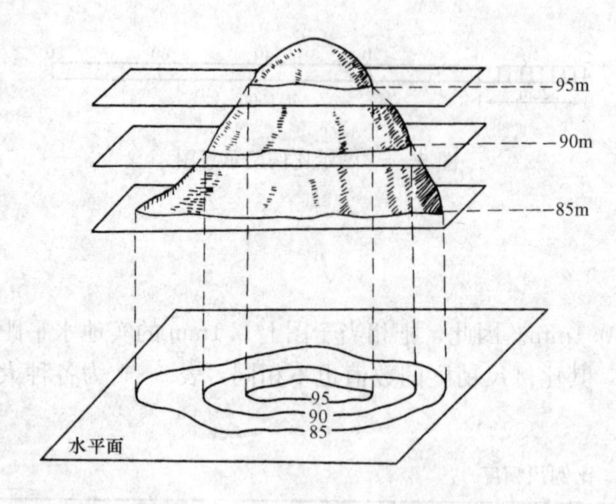

图 9－2　用等高线表示地貌的方法

1. 等高线

等高线是地面上高程相同的相邻点所连成的闭合曲线。如图 9－2 所示为一山头，当水面的高程为 85m 时，水面与山头的交线即为 85m 的等高线；若水位上升 5m，则得 90m 的等高线；随后又上升 5m，则得 95m 的等高线。然后把这些实地的等高线垂直投影到水平面上，并按规定的比例尺缩绘在图纸上，即可得到表示该山头地貌形态的等高线图。

2. 等高距和等高线平距

相邻两等高线间的高差称为等高距（或等高线间隔），用 h 表示。如图 9－2 中的等高距为 5m。在同一地形图上，等高距应相同。基本等高距的大小应按测图比例尺、测区地形类别及用图目的来确定，一般情况见表 9－2。

表 9－2　　**地形图的基本等高距**　　（m）

比例尺	地形类别			
	平坦地 3°以下	丘陵地 3°～10°	山地 10°～25°	山地 25°以上
1∶500	0.5	0.5	1	1
1∶1000	0.5	1	1	2
1∶2000	1	2	2	2

相邻两等高线间的水平距离称为等高线平距，用 d 表示，它随地面坡度的变化而变化。在同一幅地形图上，等高距相同。地面坡度越陡，等高线平距就越小，等高线就越密集；若地面坡度相同，则等高线平距就相等。

3. 等高线的分类

（1）首曲线。在同一幅图上，按规定的等高距测绘的等高线称为首曲线，也叫基本等高线。常用 0.15mm 粗实线表示。

（2）计曲线。为了便于读图，每隔四条首曲线加粗描绘一条等高线，这些加粗的等高线称为计曲线。常用 0.3mm 的粗实线表示，并在计曲线上的适当位置注记高程。注高程时，计曲线断开，字头朝高处。

4. 地貌的基本形态及其等高线

地表形态千变万化，但仔细观察分析，不外乎是山头、山脊、山谷、鞍部、洼地等几种基本形态的组合。地貌的这些基本形态及其相应的等高线如图 9－3 所示。

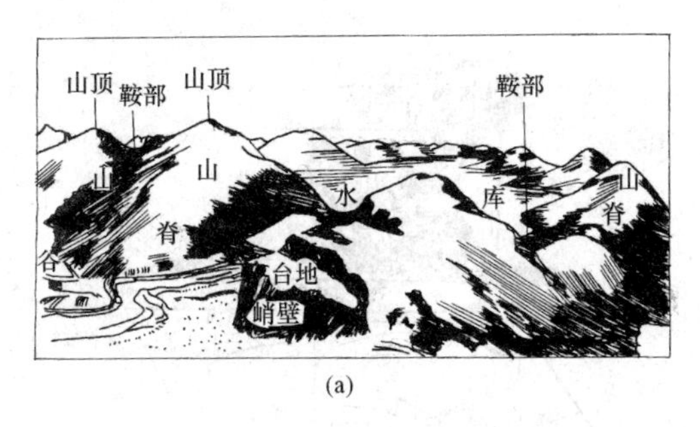

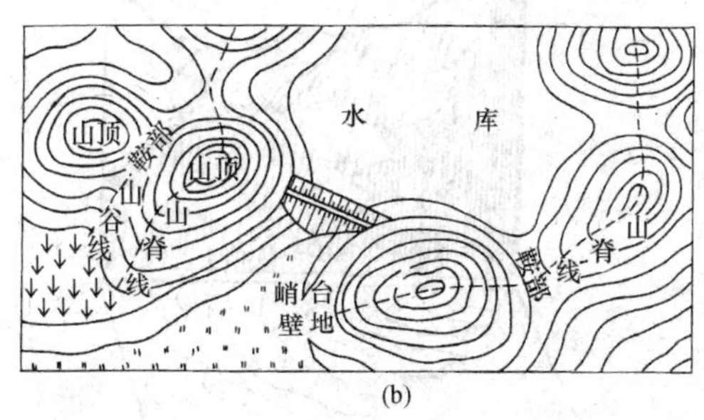

图 9－3 各种地貌的等高线示意图

(a) 地貌基本形态；(b) 等高线图

隆起而高于四周的高地称为山地，其最高处为山头［见图 9－4 (a)］，而低于四周的低地称为洼地，大的洼地称盆地［见图 9－4 (b)］。从图 9－4 中可以看出，山头和盆地的等高线形状是相似的，其区别是：等高线的高程向外逐渐减小的是山头，等高线的高程向外逐渐增加的是盆地。如果等高线上没有注记高程，则可用示坡线表示。示坡线是一条垂直于等高线而指示坡度下降方向的短线。

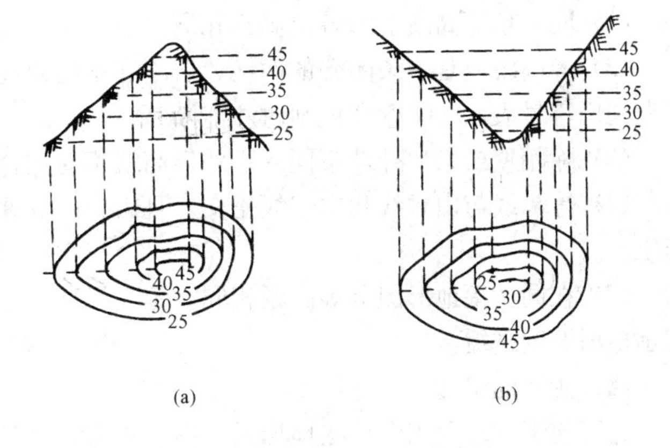

图 9－4 山头和洼地等高线

(a) 山头；(b) 洼地

沿一个方向延伸的高地称为山脊，山脊上最高点的连线称为山脊线（即分水线）；沿一个方向延伸的低地称为山谷，山谷最低点的连线称为山谷线（即集水线）；介于两个山头之间的低地，形状好像马鞍一样，称为鞍部。如图 9－5 所示为山脊、山谷和鞍部的形态及其等高线。

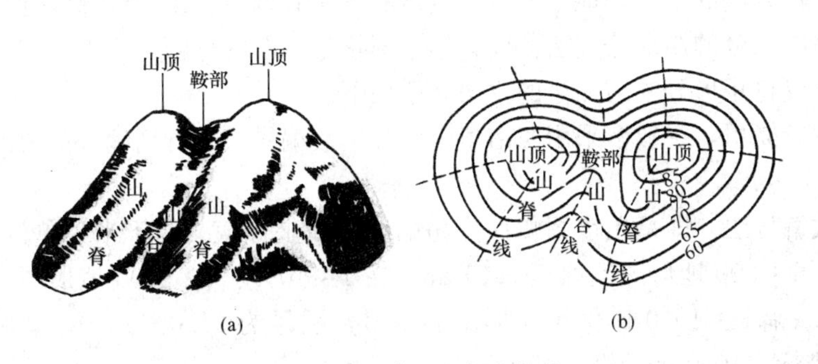

图 9－5 山脊、山谷和鞍部

(a) 地貌图；(b) 等高线

近于垂直的山坡称为峭壁或绝壁，在峭壁处等高线非常密集甚至重叠，可用峭壁符号表示，如图 9－6 所示。下部凹进的峭壁称为悬崖，悬崖的等高线投影到水平面上会出现相交，一般将下部凹进的地方用虚线表示，如图 9－7所示。

除上述以外，还有冲沟、地缝裂、坑穴等一些特殊地貌，其表示方法可参见地形图图式。

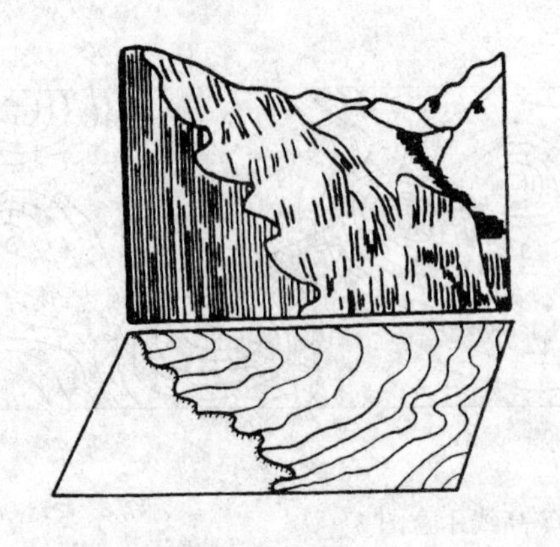

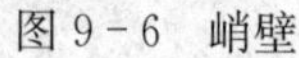

图 9-6　峭壁

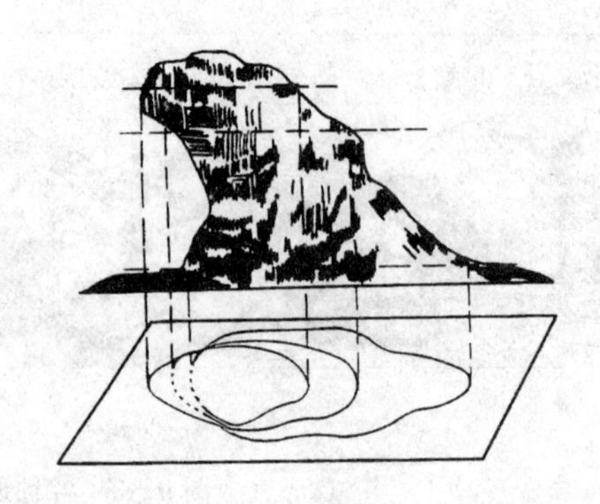

图 9-7　悬崖

5. 等高线的特性

（1）同一条等高线上的各点高程相同。

（2）等高线应是一条闭合的曲线；若不在本图幅内闭合，就必在相邻的图幅内闭合，只有遇到用符号表示的峭壁和坡地时才能断开。

（3）除峭壁或悬崖外，不同高程的等高线不能重合或相交。

（4）等高线与山脊线和山谷线正交，且山脊的等高线向低处凸出，山谷的等高线向高处凸出。

（5）在同一幅地形图上等高距相同。等高线越密，表示地面坡度越陡；等高线越稀，则表示地面坡度越缓。

四、图外注记

为了便于管理和用图，在地形图的图框外有许多注记。如图 9-8 所示，图框外注有图名、图号、接图表、比例尺、图廓和坐标格网等。

1. 图名和图号

图名即为本图幅的名称，常用本图幅内最著名的地名、最大的村庄或突出的地物、地貌名称来命名，如图 9-8 中，图名为红星镇。

图号是指本图幅相应分幅方法的编号。地形图分幅编号的方法有两种：①按经纬线划分的梯形分幅法；②按坐标格网划分的矩形分幅法。前者用于国家基本图的分幅，后者多用于大比例尺地形图的分幅。现仅将矩形分幅与编号的方法介绍如下。

矩形分幅与编号的方法较简单，一般多采用西南角坐标公里数编号法、行列编号法或流水编号法。

（1）西南角坐标公里数编号法。即是用该图幅西南角的纵、横坐标值（以千米为单位）作为图幅的编号，其图号在 1∶500 地形图上取至 0.01km，在 1∶1000、1∶2000 地形图上取至 0.1km。如图 9-9 为一幅 1∶1000 比例尺地形图的编号，图号为 21.0-10.0，其中 21.0 为该图幅西南角的纵坐标，10.0 为其横坐标。

（2）行列编号法。将图幅由左至右划分为纵行，以阿拉伯数字为其代号；由上至下划为横列，以大写字母为其列的代号，一般按先列后行的方法编号。如图 9-10 所示，虚线表示测区范围，图幅的编号为 A-1、A-2、…、D-3。

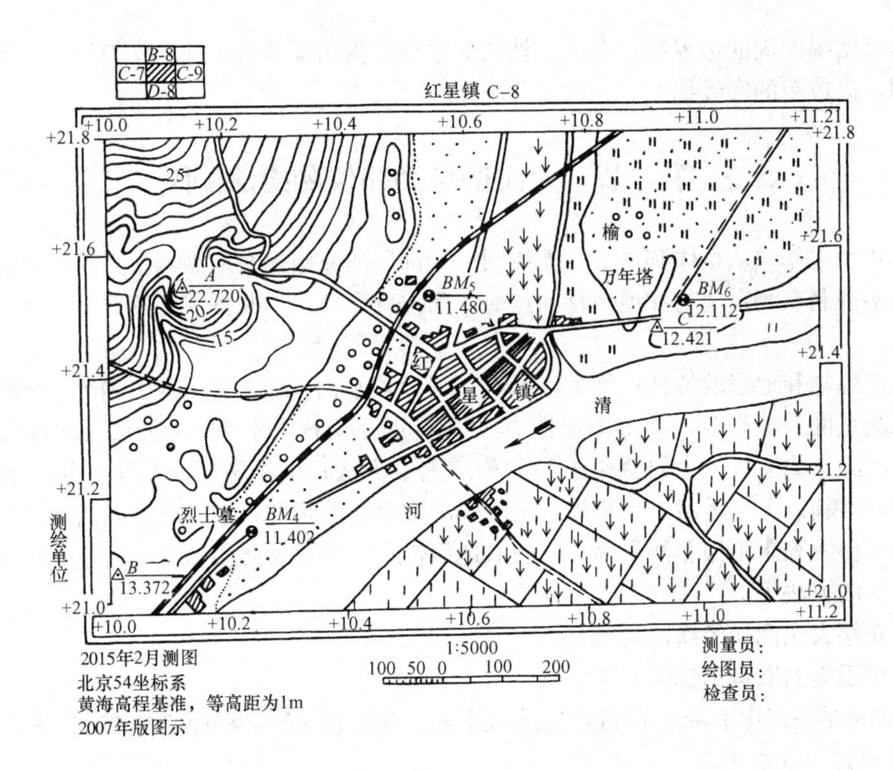

图 9-8　红星镇地形图

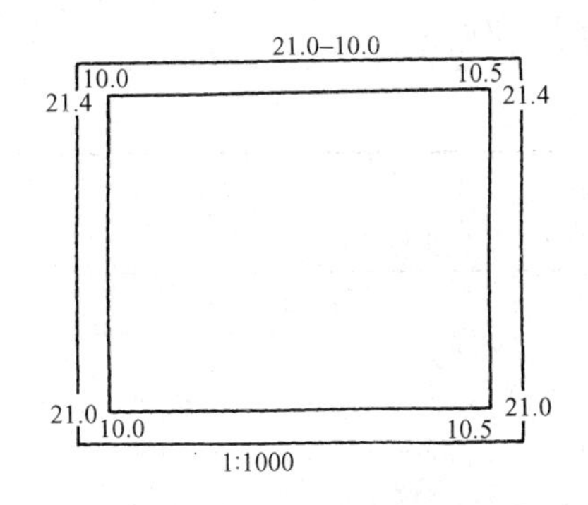

图 9-9　西南角坐标千米数编号法

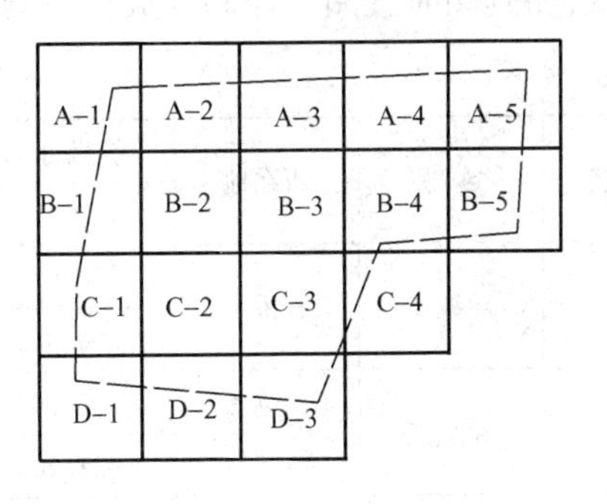

图 9-10　行列编号法

（3）流水编号法。图幅的编号自左向右、从上而下用阿拉伯数字顺序编定。如图 9-11 所示，在虚线所包围的测区内，阿拉伯数字 1、2、…、27 分别表示各幅图的图号。

图名和图号均注于该图幅上方正中央。

2. 接图表和比例尺

为了表明本图幅与相邻图幅的联系，便于查找相邻图幅，通常在图幅的左上方画几个小方格，注上相邻图幅的图号或图名，称为接图表。在每幅图的下方中央注以测图的数字比例尺，有的图则在数字比例尺的下方绘出图示比例尺，如图 9-8 所示。

	1	2	3	4	5	
6	7	8	9	10	11	
12	13	14	15	16	17	
		18	19	20	21	22
		23	24	25	26	27

图 9-11　流水编号法

3. 图廓和坐标格网

图廓是图幅四周的边界线，有内、外图廓之分，内图廓绘有坐标格网短线，外图廓仅起装饰作用，以较粗的实线描绘（见图 9－8）。

第二节　大比例尺经纬仪测绘法测图

遵循测量工作“从整体到局部，先控制后碎部”的原则，在控制测量工作结束后，就可以根据图根控制点测定地物和地貌特征点的平面位置和高程，并按规定的比例尺和符号缩绘成地形图。

地面上地物和地貌的特征点称为碎部点，测量其平面位置和高程的工作称为碎部测量。根据碎部测量的方法划分，地形图成图方法主要分为以下三种：以平板仪、水准仪或经纬仪、光电测距仪或皮尺为主要测量工具的传统测绘方法；以全站仪或 GNSS 接收机为主要测量工具，并辅以电子手簿、计算机、绘图仪的数字化测量和自动化成图方法；以航空航天摄影、地面摄影和水下摄影测量等方法获取地面信息，然后按照摄影测量内业处理方法进行绘制地形图的方法等。

本节介绍大比例尺经纬仪测绘方法。

一、测图前的准备工作

测图前的准备工作主要包括编制控制点成果表、直角坐标方格网的绘制和控制点展绘等。

1. 编制控制点成果表

在控制测量的外业和内业工作结束后，应将测算的结果编制成控制点成果表，以便控制点的展绘和测图时查阅。控制点成果表的内容如表 9－3 所示。

表 9－3　控制点成果表

点　名	类　别	所在地	纵坐标 x / 横坐标 y	高程 (m)	边长 (m)	方位角 α ° ′ ″	备　注
1	导线点	石桥旁	800.000	48.531			
			500.000				
					156.444	52 29 46	
2	导线点	李家湾西南角	895.246	48.369			
			624.109				
					152.623	139 53 03	
3	导线点	小石溪东侧	778.529	36.245			
			722.449				
					227.292	234 26 35	
4	导线点	公路旁高地	646.356	53.340			
			537.538				
					158.163	346 16 14	

2. 直角坐标方格网的绘制

根据控制点的坐标，将控制点展绘到图纸上的工作称为展点。为了保证展点的精度，首先要在图纸上精确地绘制直角坐标方格网，然后根据坐标格网将控制点展绘在图纸上。直角坐标方格网由 10cm×10cm 的正方形组成。目前测绘单位常采用的图幅尺寸有 50cm×50cm、50cm×40cm、40cm×40cm 等几种。

如图 9－12 所示，先用直尺在图纸上画两条对角线交于 O 点，然后以 O 为中心，适当的长度为半径，从 O 点沿对角线上量取四段相等的长度，得 A、B、C、D 四点，连接 A、B、C、D 四点即得一矩形。在 AD 和 BC 线上，从 A 和 B 开始向右每隔 10cm 截取一点，即得 1、2、3、4、5 点；在 AB 和 DC 线上，从 A 和 D 开始向上每隔 10cm 截取一点，得 1′、2′、3′、4′、5′点，连接相应各点即为直角坐标方格网。

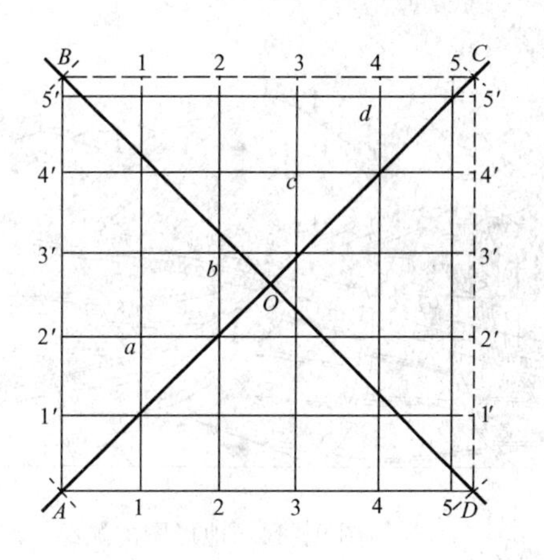

图 9－12 绘制坐标方格网

直角坐标方格网绘制好后，应仔细进行检查，如检查 1′、a、b、c、d 对角线上各点是否在一条直线上，各正方形的边长和对角线的长度是否与规定的长度相等，其误差不得大于 0.2mm。检查合格后，在图廓外注明格网线的纵、横坐标值。

3. 控制点的展绘

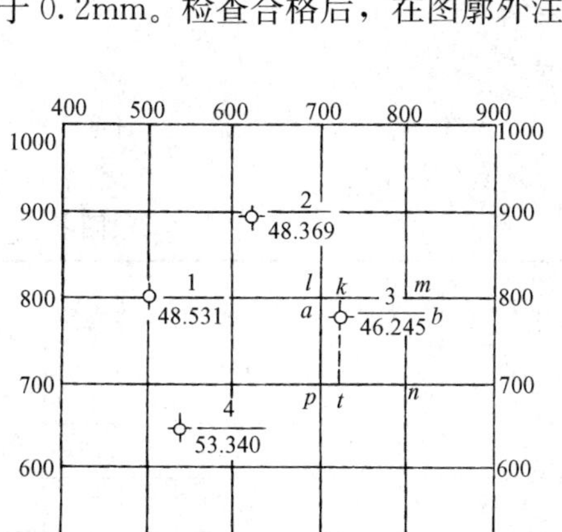

图 9－13 控制点的展绘

展绘控制点时，先确定所要展绘的控制点坐标值所在的方格，然后根据该控制点与该方格西南角的坐标差确定控制点在该方格内的位置。如图 9－13 所示，控制点 3 的坐标 $x_3=778.529$m，$y_3=722.449$m，根据方格网所注的坐标值，知道控制点 3 应在 $lmnp$ 方格内，离 pn 线 78.529m，离 pl 线 22.449m，按比例尺由 p、n 点向上截取 78.529m，得 a、b 两点；由 p、l 点按比例尺向右截取 22.449m，得 t、k 两点；分别连接 a、b 和 t、k，其交点就是控制点 3 的位置。同法展绘其他各点，待控制点全部展完后，检查各相邻控制点间的距离是否与其边长相等，其相差值在图上应小于 0.3mm。若误差在允许范围内，则在点上用针刺一小孔（孔径应小于 0.1mm），作为该点的点位，再按图式的规定符号表明其类别，并注上点号及高程。

二、碎部测量的方法

经纬仪测绘法是将经纬仪安置在控制点上，测出碎部点与后视方向（起始方向）间的水平角，用视距测量的方法测定测站点到碎部点间的水平距离和高差，然后按极坐标法用量角器按比例尺将碎部点展绘到图纸上，并注上高程，当测出了一些碎部点之后，即对照实地并按规定的图式符号在图上勾绘出地物和地貌。现结合图 9－14 将具体做法介绍如下。

1. 作业步骤

如图 9－14 所示，欲测定控制点 B 周围的地物和地貌，其作业步骤如下。

（1）将经纬仪安置于控制点 B 上，对中、整平、量取仪器高，并填入记录手簿（见表 9－4）。

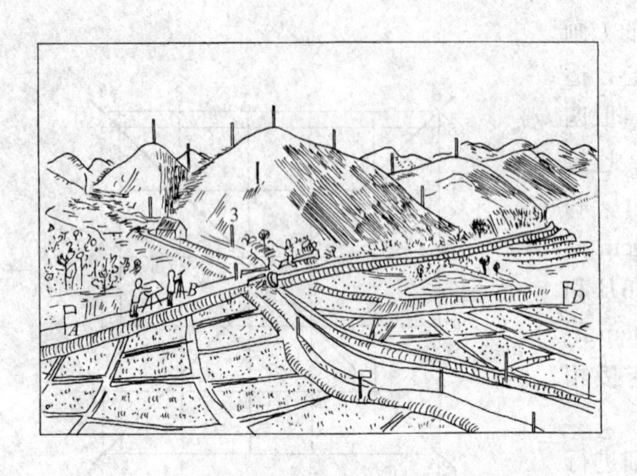

图 9-14　地形图的测绘

（2）定向。选定某一控制点（见图 9-14 中 A 点）为后视方向，用经纬仪盘左瞄准 A 点，并使水平度盘读数为 0°00′00″，并再瞄准另一控制点作为检查方向，检查其角度是否正确。检验方向线的偏差不应大于图上 0.3mm，且每站测图过程中和结束前应注意检查定向方向。检查另一测站点的高程时，其较差不应大于基本等高距的 1/5。

（3）将小平板安放于经纬仪旁，用小针把量角器圆心插在 B 点上，画出后视方向线 BA。

（4）观测。当要观测山脚碎部点 3 时，转动照准部，瞄准点 3 的地形尺，读取水平度盘读数，读取下丝、上丝、中丝读数，使竖直度盘指标水准管气泡居中，读取竖直度盘读数，并依次填入手簿（见表 9-4）。

表 9-4　　**地形测量记录**

地形图号数 ________　地点 ________　天气　晴　　日期 1995.06.09

测站名称　B　　后视点 A　　经纬仪 DJ6　　观测者 ________

测站高程　32.930m　　仪器高 1.38m　　　　绘图者 ________

测　点	水平角 ° ′	视距间隔 （m）	竖直度盘读数 ° ′	竖直角 ° ′	中丝读数 （m）	水平距离 （m）	高差 （m）	测点高程 （m）	备注
1	81 51	0.972	88 46	+1 14	1.38	97.15	+2.09	35.02	山脚
2	98 22	0.793	89 22	+0 38	1.38	79.29	+0.88	33.81	山脚
3	153 03	0.625	89 32	+0 28	1.38	62.50	+0.51	33.44	山脚
4	181 39	0.347	90 12	−0 12	1.00	34.70	+0.26	33.19	桥
…	…	…	…	…	…	…	…	…	…

（5）计算。按视距测量公式计算测站 B 至碎部点 3 的水平距离 D 和高差 h，并求其高程。

（6）展点。转动量角器，在量角器上读出所测的水平角值，并使其对准所绘的后视方向线 BA，然后沿直径方向根据比例尺及水平距离，刺出碎部点的位置，并注上高程。

值得注意的是：用来展绘碎部点的量角器与一般量角器不同，如图 9-15 所示，在它的半圆周上刻有两排顺时针方向每隔 15′注记的刻度，一排注记为 0°～180°，另一排注记为 180°～360°，直径上刻有厘米分划，以圆心为零，向两边增加。如果水平角在 180°以内，则沿右边直尺上的分划截距；若大于 180°，则沿左边直尺上的分划截距。

2. 碎部点的选择

测绘地形图时，能否合理地选择好碎部点，将直接关系到测图的质量和速度。选择碎部点的工作又称为跑点。碎部点一般应选取既能充分表示地物、地貌的特征，又均匀分布在测区内，代表性较强的点。碎部点的密度，一般在图上的间隔约为 2cm 左右。

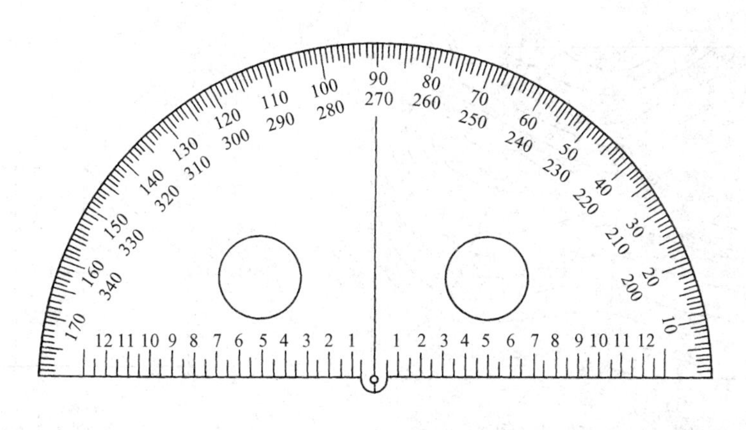

图 9－15　量角器

对于地物，主要是测出其轮廓线的转折点，如房屋角、道路边线的转折点、河岸线的转折点，水井、独立树的中心等。一般规定，建构筑物宜用其外轮廓表示，房屋外轮廓以墙角或外墙皮为准。当建构筑物轮廓凹凸部分在 1∶500 比例尺图上小于 1mm，或在其他比例尺图上小于 0.5mm 时，可用直线连接。

对于地貌，应测出最能反映地貌特征的山脊线、山谷线、山顶、鞍部、山脚线及坡度变化处，在地势比较平坦而地物又稀少的地区跑点，则只需注意地形点均匀分布既可。如图 9－14 中的立尺点即表示该地区选择的一些地物、地貌特征点的位置。

3. 地物和等高线的勾绘

在地形测量的过程中，应做到随测、随记、随算、随绘。在展点的同时，参照实地情况随即用铅笔将地物、地貌勾绘出来。地物的勾绘是将各转折点按其顺序连起来。如房屋，将屋角用直线连起来即成；道路、河流按其转折点顺序连成光滑的曲线；水井、独立树等地物可在图上标明其中心位置，画个记号，待整图时用规定的符号描绘。

对于地貌，绘图者可根据测出的碎部点，把有关的地貌特征点连起来，在图上用铅笔轻轻地勾出地性线（山脊线用实线，山谷线用虚线），如图 9－16 所示，然后在两相邻点之间，按其高程内插等高线，并要使内插的等高线高程为等高距的整倍数。

等高线内插法的原理是：由于碎部点一般选在坡度变化处，这样相邻碎部点之间的坡度可视为均匀的。因此，内插等高线时，可按平距与高差成正比的方法处理。如图 9－17 所示，A、B 两点的高程分别为 38.5m 和 31.6m，取等高距为 1m 时，就有 32、33、34、35、36、37、38m 的七条等高线通过，依平距与高差成正比的原理，便可定出它们在图上的位置。根据上述原理，可采用目估法或图解法在相邻两地形点间按其高程之差来确定等高线通过的点。

在实际工作中常用目估法勾绘等高线。如图 9－17 所示，先按比例关系估计 32m 和 38m 两等高线的位置，然后 6 等分定出 33、34、35、36、37m 的等高线位置，同法可求得其他相邻地形点间等高线通过的点位，然后将高程相同的相邻点连接起来，就得到等高线图。

三、地形图的拼接、检查与整饰

地形图是进行工程规划、设计的依据，图上字、线条如有错误均可能会对工程设计产生影响，甚至会造成严重的工程事故。因此，在地形测量完毕后，要根据测量规范的要求，对地形图进行检查整理，以保证成图质量。

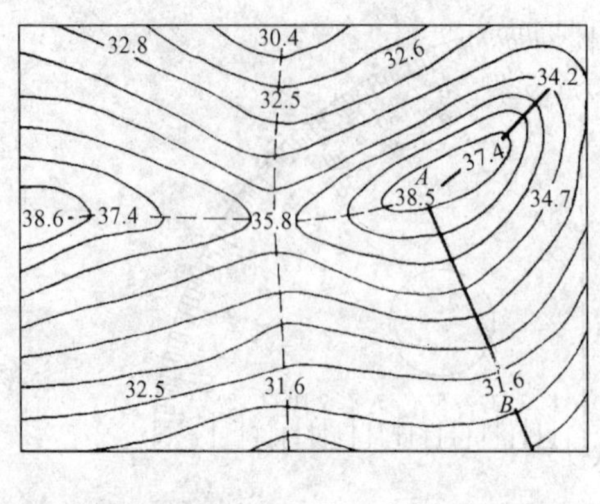

图 9-16　等高线图

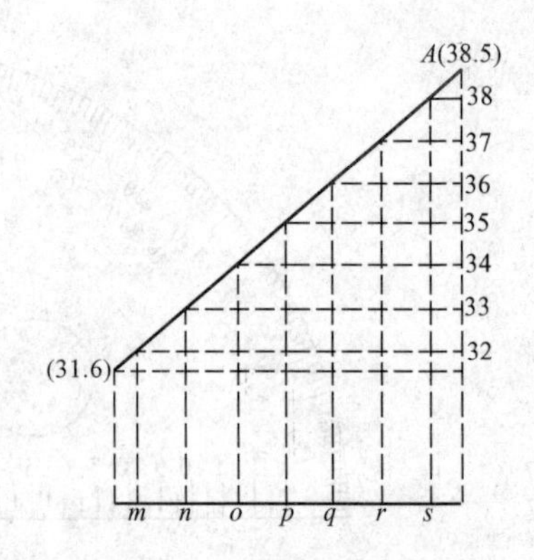

图 9-17　等高线勾绘原理

1. 地形图的拼接

当测区面积较大时，必须采用分幅测图。在各相邻图幅的衔接处，由于测量和绘图误差，使得地物轮廓线和等高线都不可能完全吻合（见图 9-18）。如误差在允许范围以内，必须对这些地物及等高线进行必要的改正。

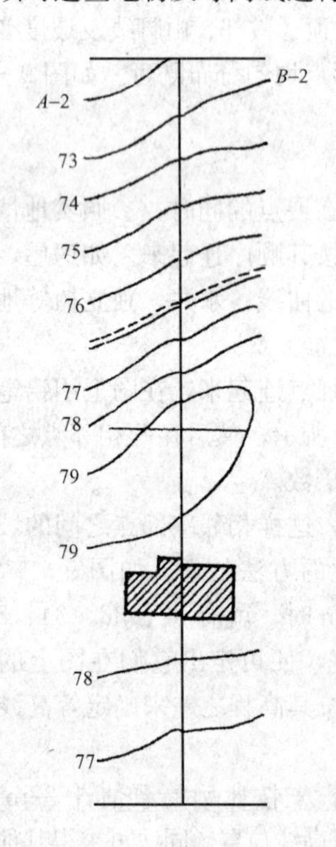

图 9-18　地形图的拼接

为了图幅的拼接，测图时规定每幅图的东、南图边应测出图廓线以外 5～10mm。拼接时需用透明纸条将每幅图的东、南图廓线外及图廓线内 1～1.5cm 的所有地物、等高线、图廓线、坐标格网线蒙绘出来，然后将此透明纸条按坐标方格网蒙到相邻图幅上，以观察相应地物和等高线的衔接情况。对于使用聚酯薄膜所测的图纸，由于其本身具有半透明性，故只需把两张图纸的图幅格网上下重叠，便可检查接边处地物和等高线的衔接情况。若图廓线两侧相应地物和等高线的偏差不超过规定的碎部点位中误差或高程中误差的 $2\sqrt{2}$ 倍时，在保持地物、地貌相互位置和走向正确性的条件下，将其平均位置绘在透明纸上，并以此修改这两幅图接边处的地物和地貌位置。

2. 地形图的检查

地形图除了在测绘过程中要进行随时检查外，测完后必须对成图质量作全面检查，其内容包括室内检查和室外检查两部分。

（1）室内检查。室内检查主要是检查图面内容表示是否合理、地物线条和等高线勾绘是否清楚，连线有无矛盾，各种注记是否清晰或有无遗漏，图边是否接好，各种手簿和资料是否齐全无误。若发现错误或疑点，则做出记号，经实地检查后修改。

（2）室外检查。室外检查是根据室内检查所发现的问题，到野外直接检查、校对。常用的方法有巡视检查和设站检查两种。

1）巡视检查就是拿着图板沿选定的路线进行实地对照查看，检查地物、地貌有无遗漏，图上等高线所表示的地貌是否与实际相符，注记是否与实际一致，对于室内有怀疑的地方应重点检查。将发现的问题及修正意见均记在透明纸上，以便室内修正或用仪器补测。

2）设站检查是根据室内检查和巡视检查发现的问题，到野外架设仪器进行检查，以便修正或补测。除此之外，对每幅图都要利用仪器设站检查部分范围，看原测地形图是否符合精度要求，仪器设站检查量一般为10%左右，若发现问题，应当场修正。

3. 地形图的整饰

经拼接、检查和修正后，便可按图式规定的符号和线号进行铅笔原图的整饰。然后绘画图框和接图表，写上图名、图号、比例尺、坐标系、高程系、测绘单位及测图日期等，以提供一幅精确、美观、清晰、完整的地形图。

第三节 全站仪数字化测图技术

一、概述

1. 数字化测图的概念

常规的白纸测图其实质是图解法测图，在测图过程中，将测得的观测值按图解法转化为静态的线划地形图。数字化测图的实质是解析法测图，将地形图信息通过测量仪器转化为数字输入计算机，以数字形式储存在存储器中形成数字地形图。

数字测图（Digital Mapping）是近年来广泛应用的一种测绘地形图的方法。从广义上说，数字测图应包括：利用电子全站仪、GNSS RTK 或其他测量仪器进行野外数字测图；利用数字化仪或扫描仪对传统方法测绘原图的数字化；以及对航空摄影、遥感相片进行数字化测图等技术。利用上述技术将采集到的地形数据传输到计算机，并由功能齐全的成图软件进行数据处理、建库、成图显示，再经过编辑、修改，生成符合要求的地形图。需要时用绘图仪或打印机完成地形图和相关数据的输出。

以计算机为核心，在连接输入、输出硬件设备和软件的支持下，对地形空间数据进行采集、传输、处理编辑、入库管理和成图输出的整个系统，称为数字成图系统，其主要流程示意图如图 9-19 所示。

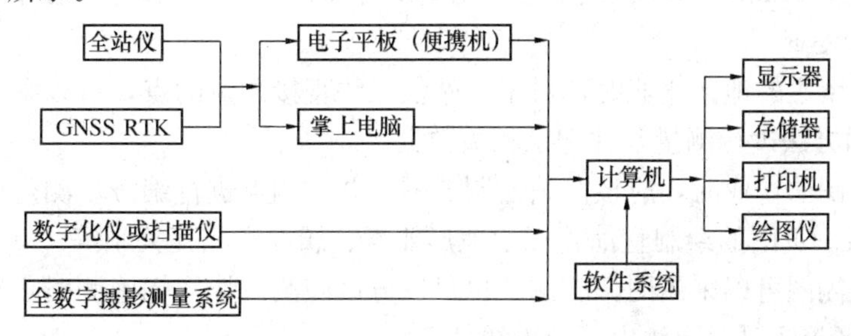

图 9-19 数字成图系统主要流程示意图

测图不仅仅是为减轻测绘人员的劳动强度，保证地形图绘制质量，提高绘图效率，而更深远的意义是由计算机进行数据处理，可以直接建立数字地面模型和电子地图，为建立地理信息系统提供可靠的原始数据，以供国家、城市和行业部门的现代化管理，以及供工程设计人员进行计算机辅助设计（CAD）使用。提供地图数字图像等信息资料已成为建立数码城市、为城市化决策服务，以及一些部门和工程设计、建设单位必不可少的工作，正越来越受到各行各业的普遍重视。

2. 数字测图的主要特点

测图技术是在野外直接采集碎部点的三维坐标，与图解法传统地形测绘方法相比，其特点非常明显，主要表现在以下几个方面。

（1）自动化程度高。由于采用全站仪在野外采集数据，自动记录存储，并可直接传输给计算机进行数据处理、绘图，不但提高了工作效率，而且减少了错误的产生，使绘制的地形图精确、美观、规范。同时由计算机处理地形信息，建立数据库，并能生成数字地图和电子地图，有利于后续的成果应用和信息管理工作。

（2）精度高。数字化测图的精度主要取决于对地物和地貌点的野外数据采集的精度，而其他因素的影响，如微机数据处理、自动绘图等误差，对地形图成果的影响都很小，测点的精度与比例尺大小无关。全站仪的解析法采集精度则远远高于图解法的精度。

（3）使用方便。数字测图采用解析法测定点位坐标与绘图比例尺无关；利用分层管理的野外实测数据，可以方便地绘制不同比例尺的地形图或不同用途的专题地图，实现了一测多用，同时便于地形图的管理、检查、修测和更新。

（4）为 GIS 提供基础数据。地理空间数据是地理信息系统（GIS）的信息基础，数字地图可提供适时的空间数据信息，以满足 GIS 的需求。

二、全站仪数字测图技术

全站仪数字测图包括野外数据采集和内业成图方法。野外数据采集的作业方法有全站仪草图法、全站仪编码法、电子平板法等。内业成图软件包括南方测绘公司的 CASS 成图软件、清华山维公司的 EPSW 软件等。

（一）全站仪测图的一般规定

（1）宜使用 6″级全站仪，其测距标称精度中固定误差不应大于 10mm，比例误差系数不应大于 5ppm。

（2）仪器的对中偏差不应大于 5mm，仪器高和反光镜高的量取应精确到 1mm；定向时应选择较远的图根点，并测量另一图根点的高程和坐标作为测站检核，检核点的平面位置较差不应大于图上 0.2mm，高程较差不应大于基本等高距的 1/5；作业过程中和作业结束前应对定向方向进行检查。

（3）在建筑密集的地区作业时，对于全站仪无法直接测量的点，可以采用支距法、线交会法等几何作图方法进行测量，并记录相关数据。

（4）采用草图法作业时，应按测站绘制草图，并对测点进行编号。测点编号应与仪器的记录点号相一致。草图的绘制宜简化标示地形要素、属性和相互关系等。

（5）全站仪测图可以采用图幅施测，也可以分区施测。按图幅施测时，每幅图应测出图廓外 5mm；分区施测时，应测出区域界线外 5mm。

（6）对采集的数据应进行检查处理，删除或标注作废数据、重测超限数据、补测错漏数据。对检查修改后的数据，应及时与计算机联机通信，生成原始数据文件并做备份。

（二）野外数据采集作业程序

下面以瑞得 RTS-800 系列全站仪为例介绍野外数据采集方法。其他仪器作业程序大致相同。

1. 设站和定向

(1) 安置全站仪于测站，新建一个项目，用于存储测量原始数据和坐标高程数据。量取仪器高，将测站和后视点名、坐标、高程、仪器高以及反射镜高度输入全站仪内存。具体步骤为：

1) 按“菜单”键，显示如图 9－20 (a) 所示选单 (图中按实际显示为选单的俗称——菜单)。

2) 按“1”键，或用光标选取“1. 项目”并回车，显示如图 9－20 (b) 所示选单。

3) 按“创建”键，显示如图 9－20 (c) 所示选单。

4) 输入自定义的项目名称，见图 9－20 (d)，按“确认”键后回到开始的状态。

5) 按“建站”键进入建站状态，见图 9－20 (e)；按“1. 已知”进入已知点建站状态，显示见图 9－20 (f)。

6) 输入测站点点名后回车，如果项目中有该点的坐标和高程，则显示出来；如果没有该点坐标和高程，则显示空白，需要输入该点坐标和高程；输入完毕后回车，回到图 9－20 (f) 状态，输入仪器高，回车，进入设置后视点选单。

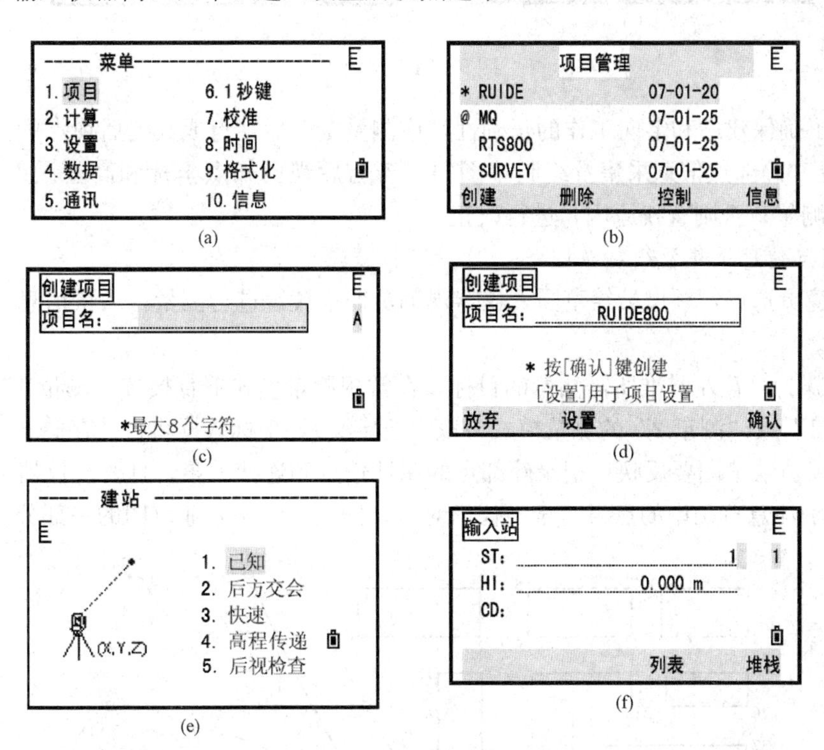

图 9－20 设置测站点

(2) 照准后视点进行定向，定向完成后，水平角会改变为测站点到后视点的方位角。方法如下：

1) 在完成建站工作回车后，仪器出现 9－21 (a) 所示界面，需要选择定向方式。

2) 选择“1. 坐标”定后视，出现如图 9－21 (b) 所示界面。

3) 按照建站时测站点坐标的输入方法输入后视点号、坐标和高程、棱镜高，按“回车”，进入如图 9－21（c）所示界面。

4）在确保对准后视点且在盘左状态下进行按“测量 1”键完成对后视点的测量工作，如图 9－21（d）所示。

5）按“回车”结束定向工作，界面回到初始状态。

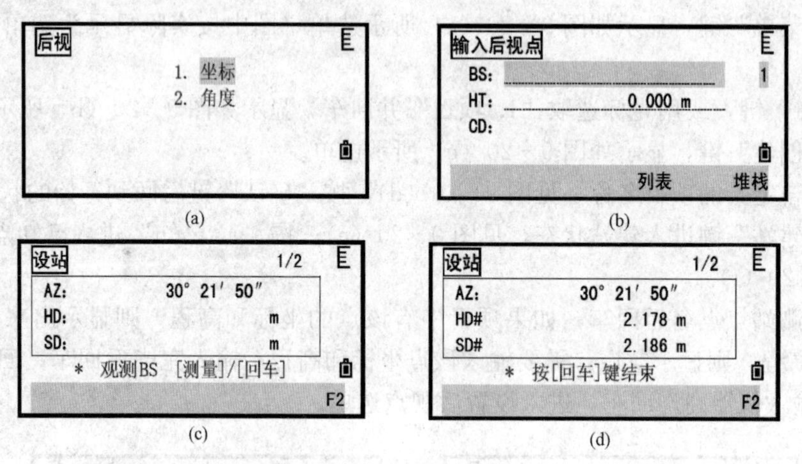

图 9－21 定向

（3）为了确保建站和定向工作的正确性，应测量定向后视点或其他后视点的坐标和高程（测量方法见“碎部点信息采集及绘制草图”），若与后视已知点坐标和高程误差满足要求，则进行碎部测量；否则查找原因，进行改正。

2. 碎部点信息采集及绘制草图

（1）立镜员选点，领尺员绘草图，仪器观测员照准棱镜进行测量，测量信息将自动存储在全站仪内。

具体步骤为：盘左瞄准所需测量的目标，在常规测量模式下直接按“测量 1”或“测量 2”（“测量 1”或“测量 2”的测量模式可以自己定义），坐标数据将自动存储到全站仪中。

（2）领尺员绘草图要反映、记录碎部点的属性信息和连接关系，且要与仪器内存储的信息一致，特别注意草图中的点号与全站仪内对应。图 9－22 是外业草图的一部分。

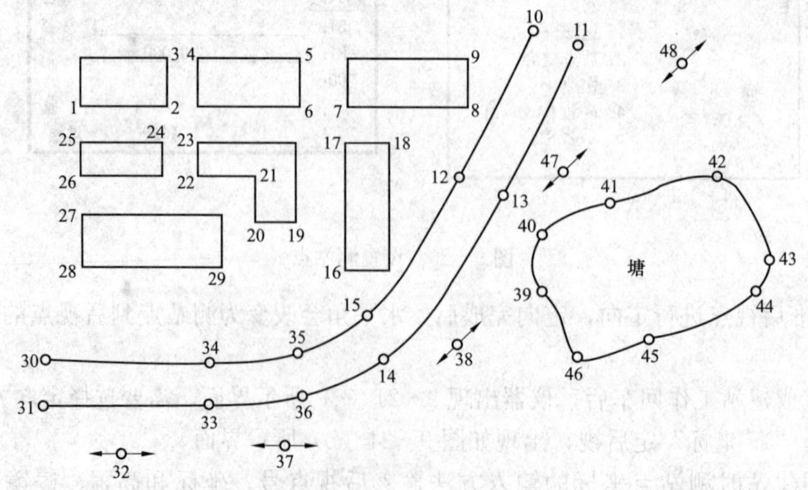

图 9－22 数字测图中的手绘草图

3. 原始数据和坐标数据的查看

按“菜单”键，显示如图 9-23（a）所示选单；然后选择“4. 数据”，显示如图 9-23（b）所示选单；下面就可以根据需要查看数据信息。

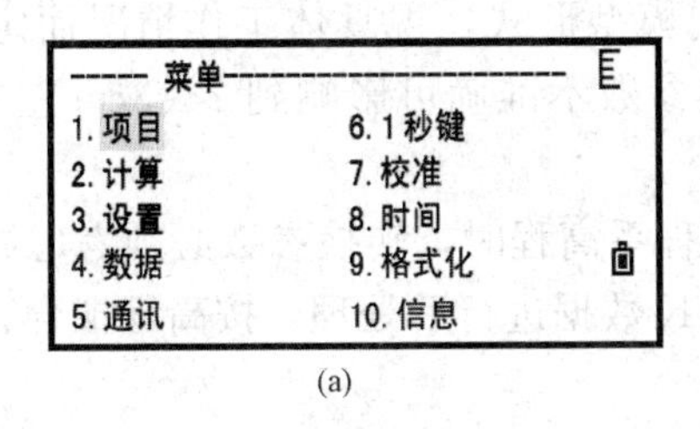

(a)

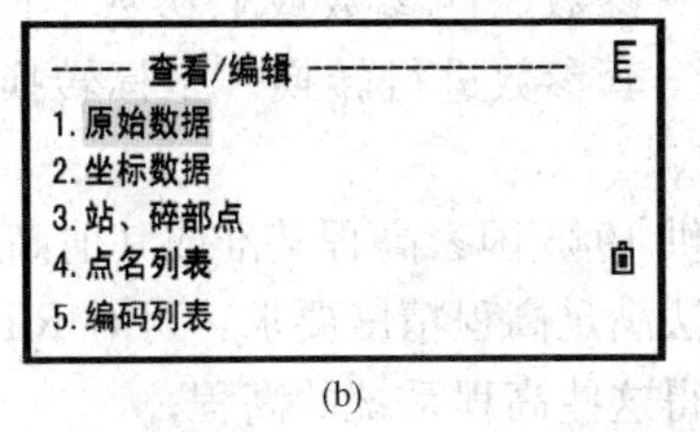

(b)

图 9-23 数据查找

第四节 实时动态系统（GNSS RTK）测图技术

GNSS RTK（Real Time Kinematic）技术就是利用 GNSS 接收机进行实时动态测量，RTK 定位技术是基于载波相位观测值的实时动态定位技术，它能够实时地提供测站点在指定坐标系中的三维定位结果，并达到厘米级精度。在 RTK 作业模式下，参考站通过数据链将其观测值和测站坐标信息一起传送给流动站。流动站不仅通过数据链接收来自参考站的数据，还要采集 GNSS 观测数据，并在系统内组成差分观测值进行实时处理。流动站可处于静止状态，也可处于运动状态。RTK 技术的关键在于数据处理技术和数据传输技术。本节介绍 GNSS RTK 数据采集方法。

一、术语介绍

（1）观测时段：测站上开始接收卫星信号到停止接收，连续观测的时间长度。

（2）同步观测：两站或两站以上接收机同时对同一组卫星进行观测。

（3）天线高：观测时接收机相位中心到测站中心标志面的高度。

（4）参考站（或基准站）：在一定的观测时间内，一台或几台接收机分别在一个或几个测站上，一直保持跟踪观测卫星，其余接收机在这些测站的一定范围内流动作业，这些固定测站就称为参考站。

（5）流动站：在参考站的一定范围内流动作业，并实时提供三维坐标的 GNSS 接收机称为流动站。

（6）世界大地坐标系 1984（WGS1984）：1984 由美国国防部在与 WGS72 相关的精密星历 NSWC-9Z-2 基础上，采用 1980 大地参考数和 BIH1984.0 系统定向所建立的一种地心坐标系。

（7）在航初始化（OTF）：整周模糊度的在航解算方法。

（8）截止高度角：为了屏蔽遮挡物（如建筑物、树木等）及多路径效应的影响所设定的角度阈值，低于此角度视野域内的卫星不予跟踪。

（9）坐标系统和时间系统

RTK 测量采用 WGS84 系统，当 RTK 测量要求提供其他坐标系（如 1954 北京坐标或 1980 国家坐标系等）时，应进行坐标转换。

坐标转换求转换参数时应采用具有 3 点共同测点以上的两套坐标系成果，采用 Bursa-Wolf、Molodenky 等经典、成熟的模型，使用 PowerADJ3.0、SKIpro2.3、TGO1.5 以上版本的通用 GNSS 软件进行求解，也可自行编制求参数软件，经测试与鉴定后使用。转换参数时应采用三参数、四参数或七参数不同模型形式，视具体工作情况而定，但每次必须使用一组的全套参数进行转换。坐标转换参数不准确可影响到 2～3cm 左右 RTK 测量误差。

当要求提供 1985 国家高程基准或其他高程系高程时，转换参数必须考虑高程要素。如果转换参数无法满足高程精度要求，可对 RTK 数据进行后处理，按高程拟合、大地水准面精化等方法求得这些高程系统的高程。

RTK 测量宜采用协调世界时 UTC。当采用北京标准时间时，应考虑时区差加以换算。这点在 RTK 用作定时器时尤为重要。

二、GNSS－RTK 测图的一般要求

（1）作业前应收集：测区的控制点成果及 GNSS 测量资料；测区的坐标系统和高程基准的参数；WGS-84 坐标系与测区地方坐标系的转换参数及 WGS-84 坐标系的大地高基准与测区的地方高程基准的转换参数。

（2）参考站点位的选择应符合下列规定：

1）应根据测区的面积、地形地貌和数据链的通信范围均匀布设参考站。

2）参考站站点的地势应相对较高，周围无高度角超过 15°的障碍物和强烈干扰接收卫星或反射卫星信号的物体。

3）参考站的有效作业半径不应超过 10km。

（3）参考站的设置，应符合下列规定：

1）接收机天线应精确对中、整平。对中误差不应大于 5mm；天线高的量取应精确至 1mm。

2）正确连接天线电缆、电源电缆和通信电缆等；接收机天线与电台天线之间的距离不宜小于 3m。

3）正确输入参考站的相关数据，包括点名、坐标、高程、天线高、基准参数、坐标高程转换参数等。

4）电台频率的选择不应与作业区其他无线电频率相冲突。

（4）流动站的作业应符合下列规定：

1）流动站作业的有效卫星数不宜少于 5 个，PDOP 值应不小于 6，并应采用固定解成果。

2）正确地设置和选择测量模式、基准参数、转换参数和数据链的通信频率等，其设置应与参考站相一致。

3）流动站的初始化应在比较开阔的地方进行。

4）作业前，宜检测 2 个以上不低于图根精度的已知点。检测成果与已知成果的平面较差不应大于图上 0.2mm，高程较差不应大于基本等高距的 1/5。

5）作业时如果出现卫星信号失锁，应重新测试初始化，并经重合点检查合格后方可继续作业。

6）结束前，应进行已知点的检查；数据应及时存到计算机并备份。

三、GNSS - RTK 外业操作方法（以 Trimble 5700/5800 为例）

1. 架设基准站

架设基准站包括对中、整平、天线电缆及电源电缆的连接、量取天线高、基准站接收机开机等。

2. TRIMBLE TSC 控制器开机

按下"开/关机键"仪器将进行加电自检，自检成功后显示主菜单，如图 9 - 24 所示。

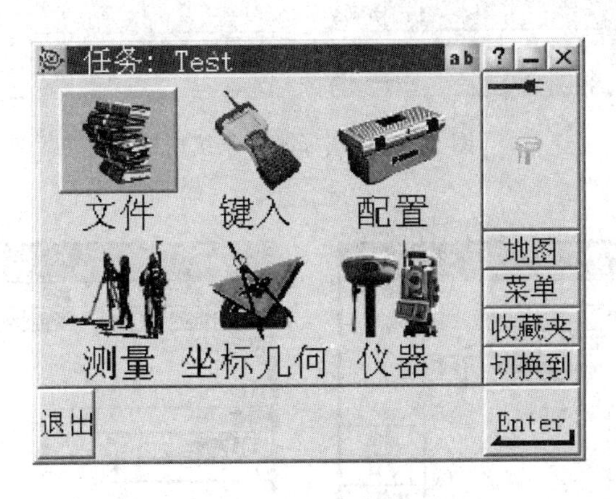

图 9 - 24　主菜单

3. 建立新任务

本过程基准站与流动站都需要做，但如果是用同一个控制器则流动站可省去此步骤。

在控制器中选择"任务 \ 新任务"，输入任务名，如图 9 - 25 所示。

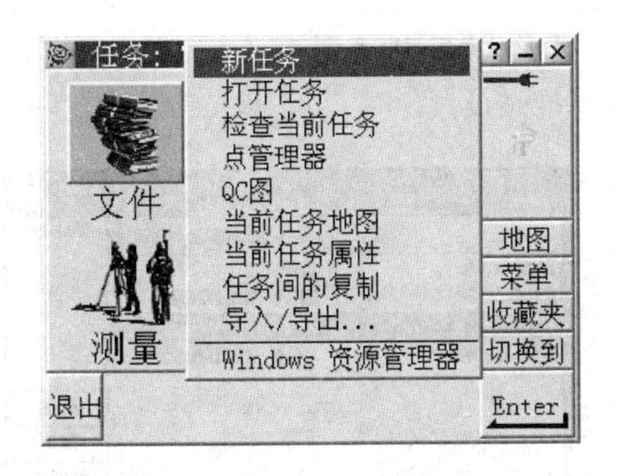

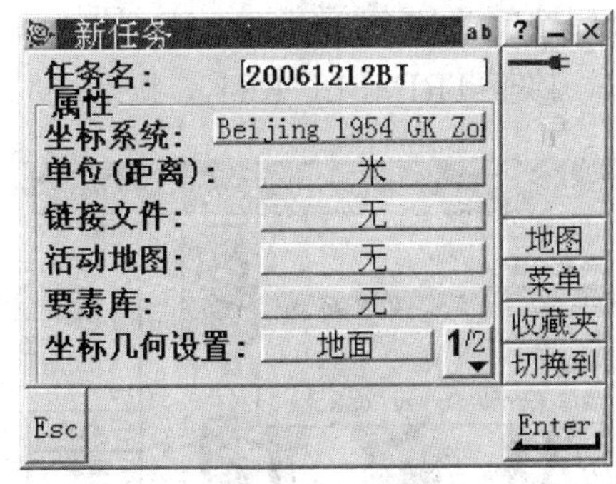

图 9 - 25　新建任务窗口

(1) 点击"坐标系统"选择你所需要存储数据的坐标系统。一般选键入参数或从其他任务中拷贝，现以北京 54 坐标系统为例。选键入参数，"回车"配置任务的坐标系统投影参数，如图 9 - 26 所示。

北京 54 坐标系统的投影可设为横轴墨卡托投影，如图 9 - 27 所示。

(2) 定义投影转换。定义 WGS - 84 基准与地方基准之间的关系，通常采用三参数（MONODENSKY）转换、七参数转换或无转换直接采用 WGS - 84 坐标。

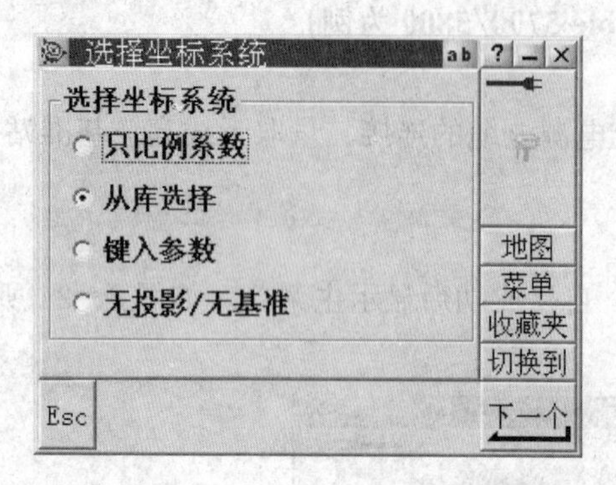

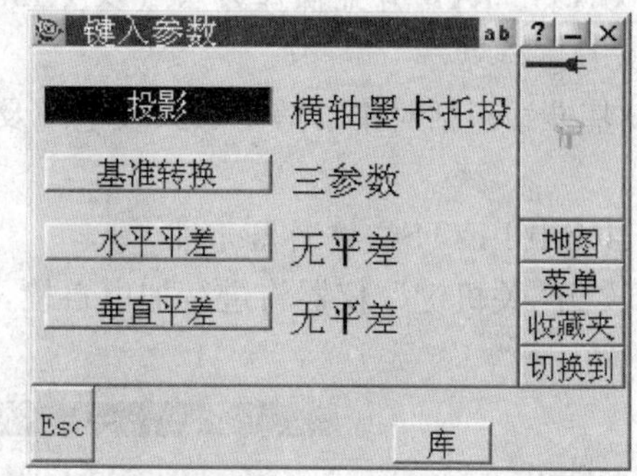

图 9-26　选择坐标系统窗口

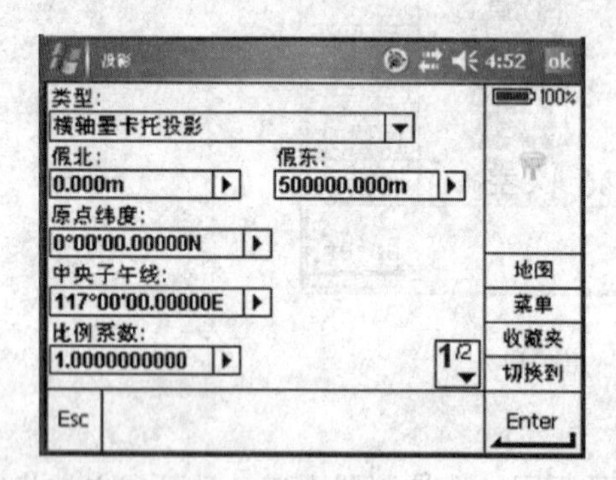

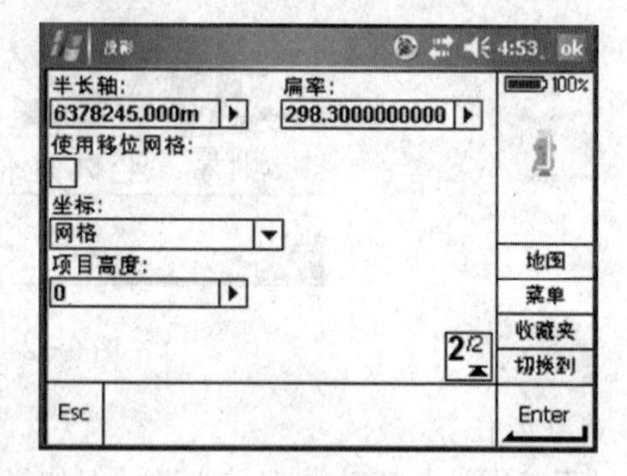

图 9-27　投影参数选择窗口

4. 基准站的设置

在"配置"菜单（图 9-28）中，设置"测量形式"，进入图 9-29，或在主菜单选"测量"回车，移至 TRIMBLE RTK，按 F5 进入基准站设置。

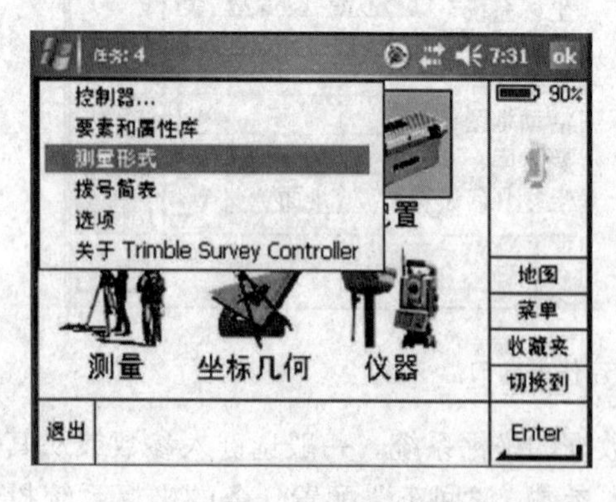

图 9-28　配置窗口

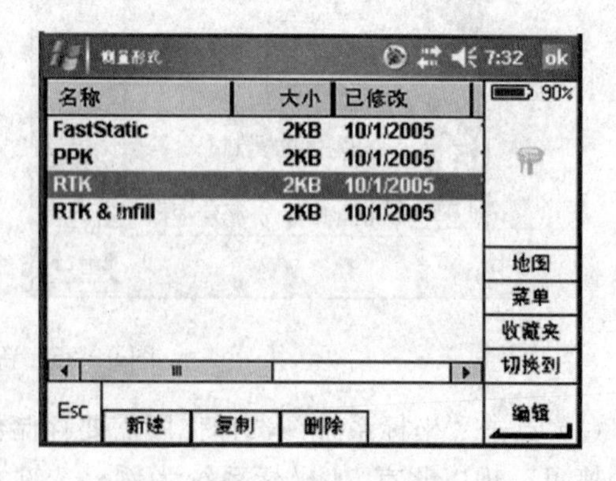

图 9-29　选择测量形式窗口

（1）基准站属性确认。如图 9-30 所示，有 3 个子图的可选项：测量高度角限值输入，广播差分电文格式选择，天线类型选择，天线高输入，天线量高方法选择，是否使用基准站索引选择等。

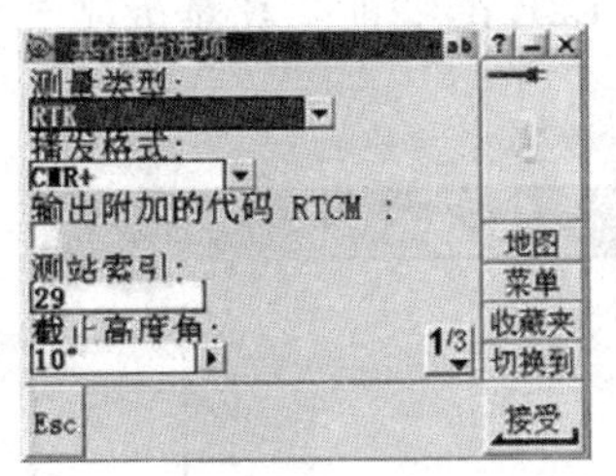

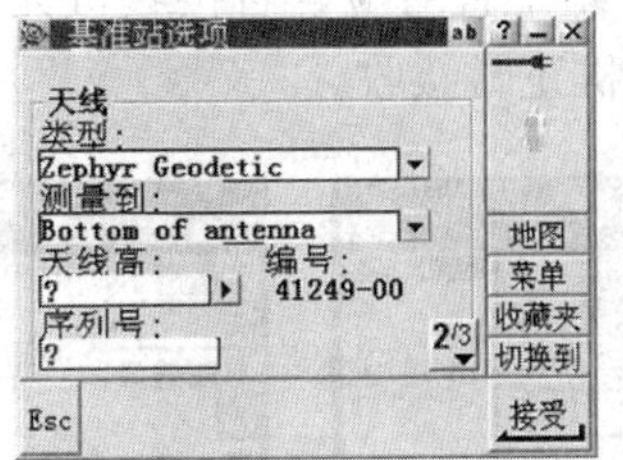

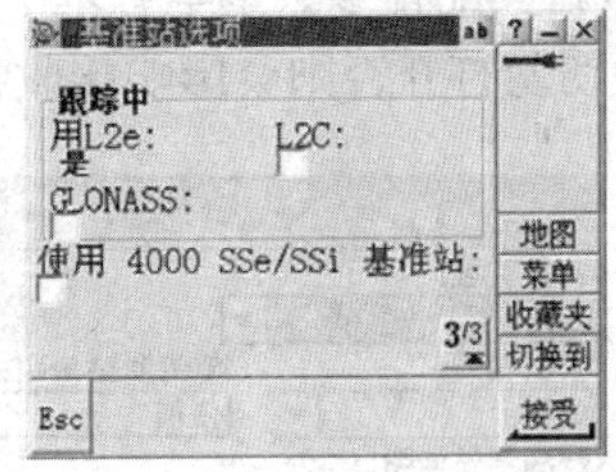

图 9－30　基准站选项设置

（2）基准站无线电的设置。无线电设置如图 9－31 所示，按 F1 连接进入，设置正确的电台类型、电台频率、通信参数（波特率、字长、奇偶性、停止位等），选择无线电工作模式（TRIMMARK Ⅱ AT 4800）及功率等。

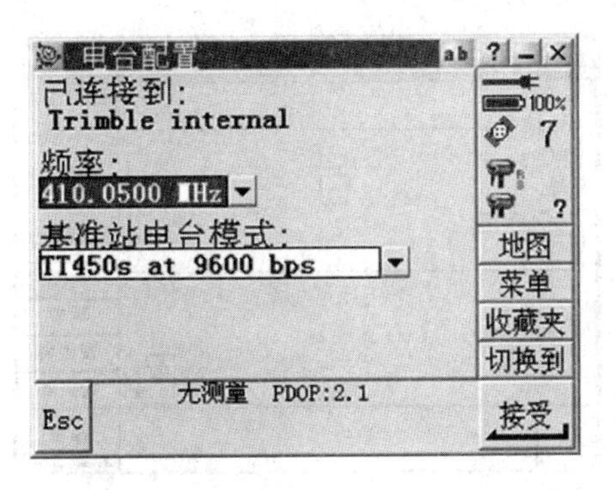

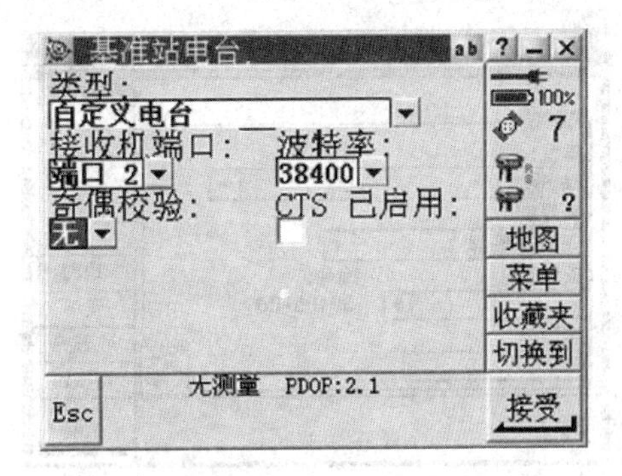

图 9－31　基准站无线电设置

其中频率为 410.05、418.05MHz 任选其一，按回车，返回基准站无线电；再按回车，返回 TRIMBLE RTK 菜单，再按下确认对应的 F1，按回车返回测量菜单。

5. 启动基准站接收机

选择：测量 \ TRIMBLE RTK \ 启动基准站接收机，此时要输入点名、点坐标和天线高。

使用过的已知点将直接调出点名而不显示测站坐标，测站坐标为上次输入的坐标。第一次使用的已知点会要求输入点位的三维坐标。坐标格式可以以三种形式输入：WGS－84 大地坐标（WGS－84）、地方坐标系大地坐标（LOCAL）、地方坐标系平面坐标（GRID）。

基准站应输入已知点的精确坐标。如果应用 PPK 后处理，可在输入已知坐标时选择 GNSS 接收机单点定位的坐标。

按下开始对应的 F1，控制器上就会出现断开控制器与接收机连接提示，而且在电台的右上角出现“TRANS”在闪动。

6. 分离控制器

断开控制器与接收机的连接，分离控制器这样就会完成基准站操作。

7. 流动站操作

（1）连接仪器。

（2）检查流动站设置。

配置流动站选项与流动站无线电，必须与基准站一致，操作方法同于基准站。如图 9－

32 所示，其配置参数基本和基准站配置对应，若接收机无 L2E 的功能，在基准站和流动站配置中切勿打开否则会影响接收机正常接收。

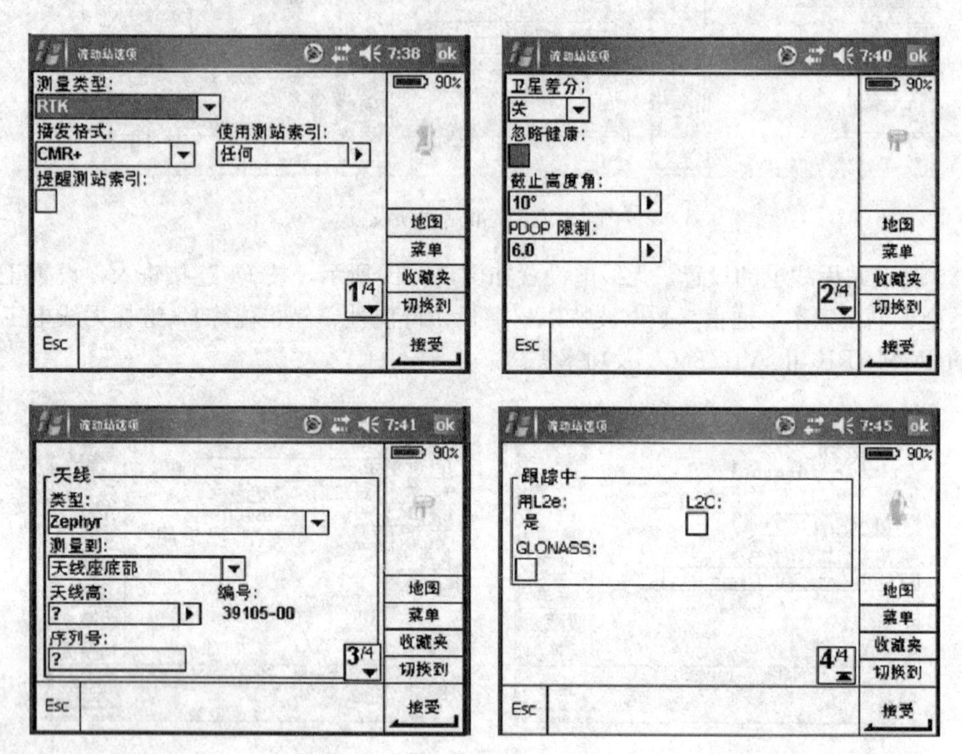

图 9－32　流动站配置窗口

流动站电台设置是对其内置电台进行的操作，如图 9－33 所示，

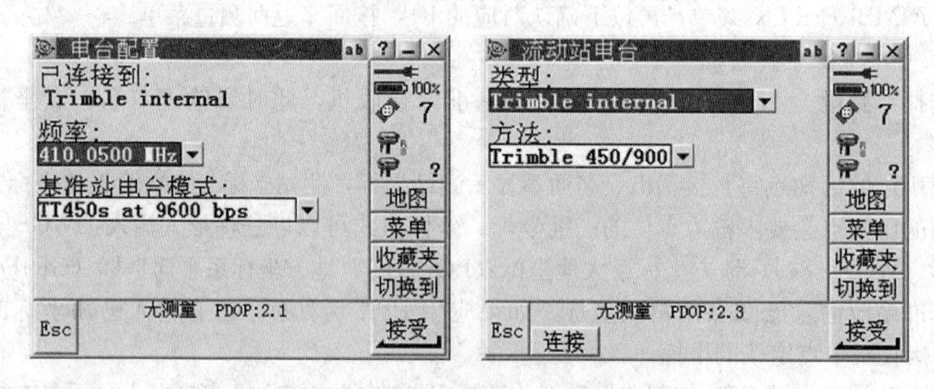

图 9－33　流动站电台配置

流动站测量形式包括坐标系统定义及电台设置，设置必须与基准站完全一致。

8. 开始测量

当卫星数≥5 并收到电台信号后，进行初始化，使 RTK 固定。初始化时可使用运动中初始化。初始化完成后即可进行碎部点的测量。测量的同时绘制草图，方法同全站仪测图法。

外业工作结束后，类似于全站仪碎部测量，必须进行内业数据处理和绘图工作。

第五节　地形图绘图软件介绍

数字测图是用全站仪或GNSS RTK采集碎部点的坐标数据，应用测图软件绘制成图。国内有多种成熟的成图软件。本章结合南方测绘仪器有限公司的CASS软件进行简单介绍，详情请参考说明书。

CASS地形地藉成图软件是基于AutoCAD平台技术的数字化测绘数据采集系统。广泛应用于地形成图、地藉成图、工程测量应用三大领域，且全面面向GIS，彻底打通数字化成图系统与GIS接口，使用骨架线实时编辑、简码用户化、GIS无缝接口等先进技术。

一、界面简介

如图9-34为南方CASS7.0开始界面，它与Auto CAD的界面及操作方法基本相同，两者的区别在于下拉菜单及屏幕菜单的内容，包括执行主要命令的下拉菜单区，拥有各种快捷键的工具栏区，显示图形及操作的绘图区，命令输入及提示操作的命令提示区，绘制各种地物地貌的屏幕菜单区。

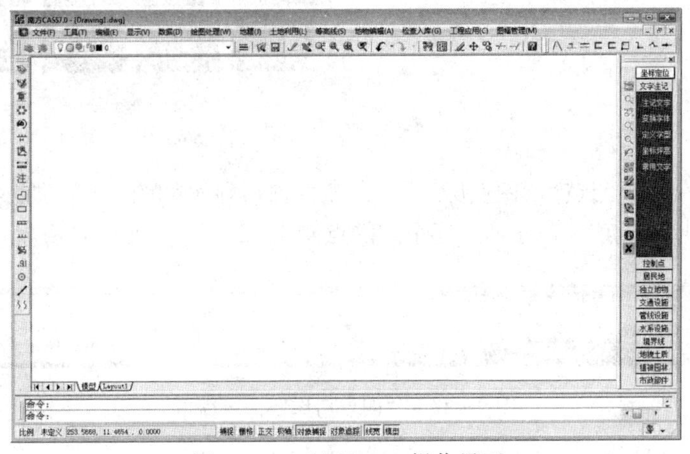

图9-34　CASS 7.0操作界面

二、数据通信

全站仪数据下载可以应用专门的软件进行，见第五章第三节。也可以使用本软件菜单中“数据”→“读取全站仪数据”，打开“全站仪内存数据转换”窗口进行仪器选择、参数选择、文件存储位置选择等，导出全站仪中数据。

GNSS接收机应用专用软件导出数据。

三、展碎部点点号

根据要求设置比例尺：“绘图处理”→“定当前图形比例尺”，在命令窗口输入比例尺。

展碎部点：“绘图处理”→“展野外测点点号”，会弹出“输入坐标数据文件名”窗口，选定文件名，确定后，所有碎部点将根据坐标展绘在CASS中。

如果在屏幕上不能看见碎部点编号，则可以通过“绘图”→“定显示区”命令使其显示。

四、根据草图绘制地物

CASS中可以应用“坐标定位”和“点号定位”来捕捉点位进行地物的连接。“坐标定位”可以直接在屏幕上捕捉点位（需要对象捕捉打开）；“点号定位”是直接输入点的编号捕

图 9-35　屏幕菜单

捉点位。两者各有优势，可根据需要选择。

根据草图，首先确定地物或地貌符号属于哪一类，然后在图 9-35 所示的屏幕菜单中选择，选择后会弹出具体的地物地貌类型，根据具体类型进行地物地貌的绘制。

例如根据草图 9-23，1、2、3 号点为一简单房屋的三个角点，现在根据这三个角点绘制一个矩形房屋。选择屏幕菜单的“居民点”→“一般房屋”，弹出如图 9-36 所示窗口。

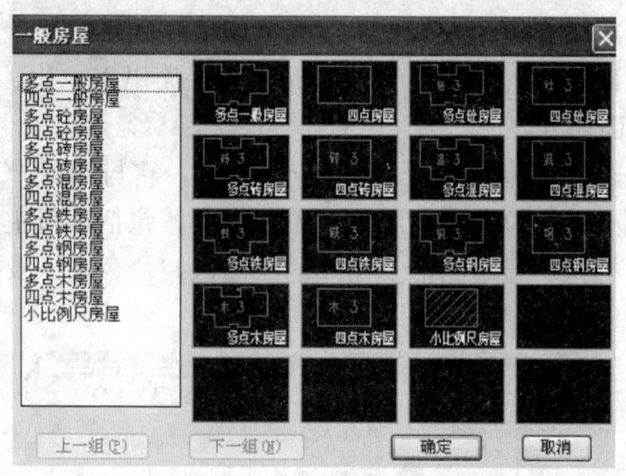

图 9-36　“一般房屋”窗口

选择“四点房屋”，在命令窗口显示如图 9-37 所示，选择“1. 已知三点”，顺序输入三个点的点号 1、2、3，一个四点房屋就会自动生成。

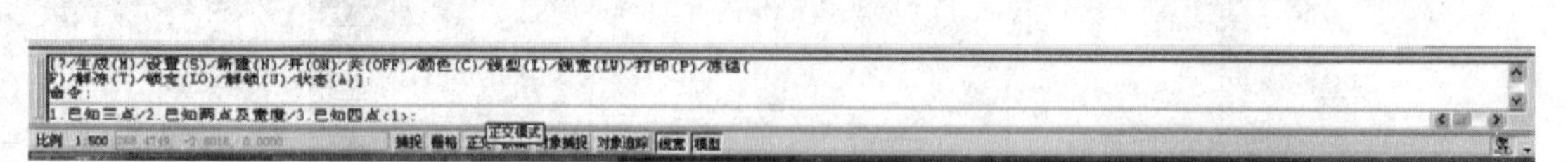

图 9-37　“四点房屋”命令窗口

五、展高程点

单击“绘图处理”→“展高程号”，会弹出“输入坐标数据文件名”窗口，选定需要的文件名，确定后，所有碎部点将每个碎部点的高程展绘在 CASS 中。

六、数字地面模型的建立和等高线的绘制

数字地面模型 DTM（Digital Terrain Model）作为对地形特征点空间分布及关联信息的一种数字表达方式，现已广泛应用于测绘、地质、水利、工程规划设计、水文气象等众多学科领域。在测绘领域，DTM 是在一定区域内，表示地面起伏形态和地形属性的一系列离散点坐标（x，y）数据的集合。如果地形属性是用高程表示时，则为数字高程模型 DEM（Digital Elevation Model）。依据野外测定的地形点三维坐标（x，y，H）组成数字地面模型，以数字的形式表述地面高低起伏的形态，并能利用 DTM 提取等高线，形成等高线数据文件和跟踪绘制等高线，这就使得地形图测绘真正实现数字化成为可能。

各个测图系统都有数字地面模型的建立软件，现介绍 CASS 测图系统的建立方法。

1. DTM 的建立——构建三角网

根据碎部点三维地形数据采集方式的不同，可分别采用不同的数字地面模型的建模方

法，常用的有密集正方形格网法和不规则三角形格网法两种，CASS7.0是用后者。

在建立数字地面模型之前，要先定显示区，输入该测区野外采集的坐标文件，据此建立DTM。

在CASS7.0中打开“等高线”→“建立DTM”，则出现相应的对话框（图9-38）。

确定用数据文件建立，不考虑陡坎，选中“显示建三角网结果”复选框，单击“确定”按钮后，则生成不规则三角形格网（图9-39）。

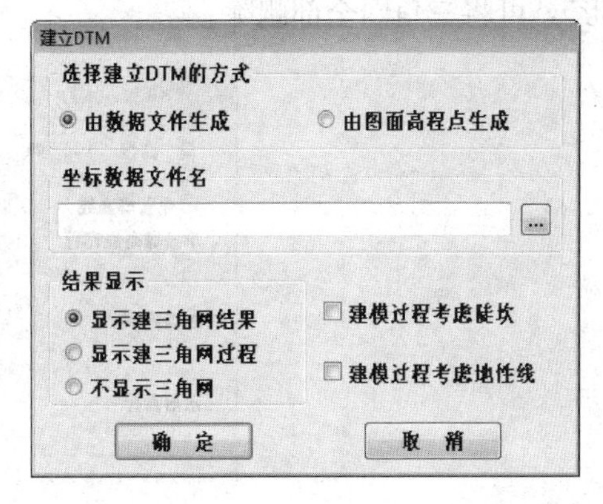

图9-38　“建立DTM”对话框

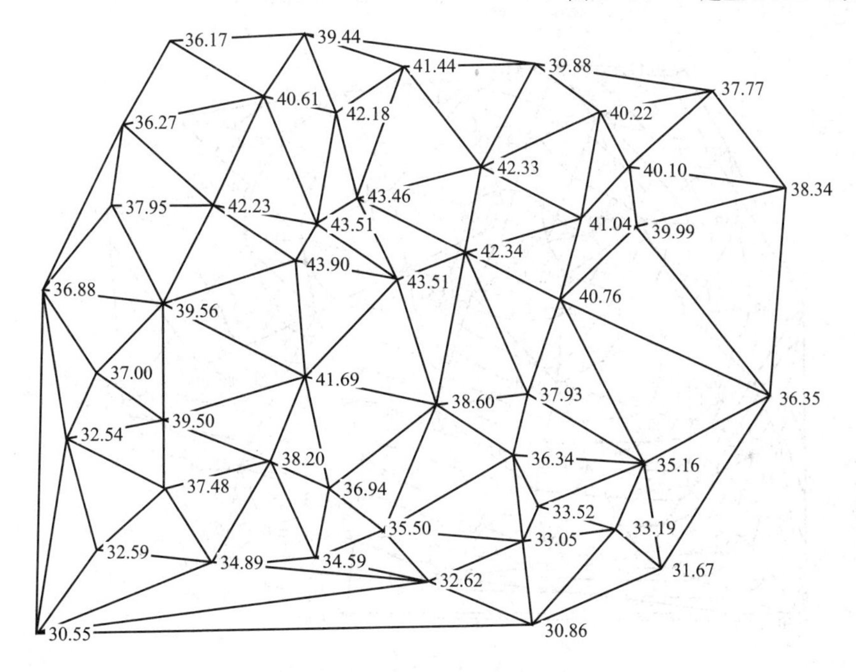

图9-39　显示的三角网

这种三角网是直接利用测区野外实测的所有地形特征点构造出邻接三角形组成的格网形结构，是由不规则三角形组成。其基本思路是：首先在野外根据实际地形进行数据采集的、呈不规则分布的碎部点进行检索，判断出最临近的三个离散碎部点，并将其连接成最贴近地球表面的初始三角形；以这个三角形的每一条边为基础，连接临近地形点组成新的三角形；再以新三角形的每条边作为连接其他碎部点的基础，不断组成新的三角形；如此继续，所有地形碎部点构造的连接三角形就组成了格网。

下面可以对三角格网进行“删除三角形”“过滤三角形”“增加三角形”等操作，最后将修改好的三角格网保存（单击“修改结果存盘”）。

2. 等高线的绘制

单击“绘制等高线”，弹出“绘制等值线”对话框（图9-40），在选择和修改相关信息后，单击“确定”则可完成等高线的绘制（图9-41）。最后单击“等高线”→“删三角形”，可将三角网全部删除。

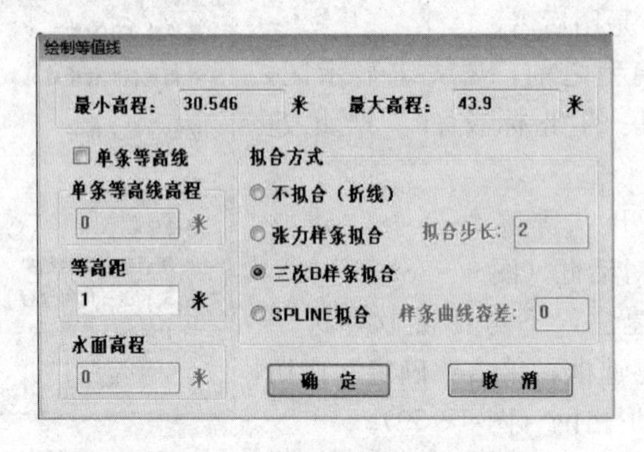

图 9-40 “绘制等值线”对话框

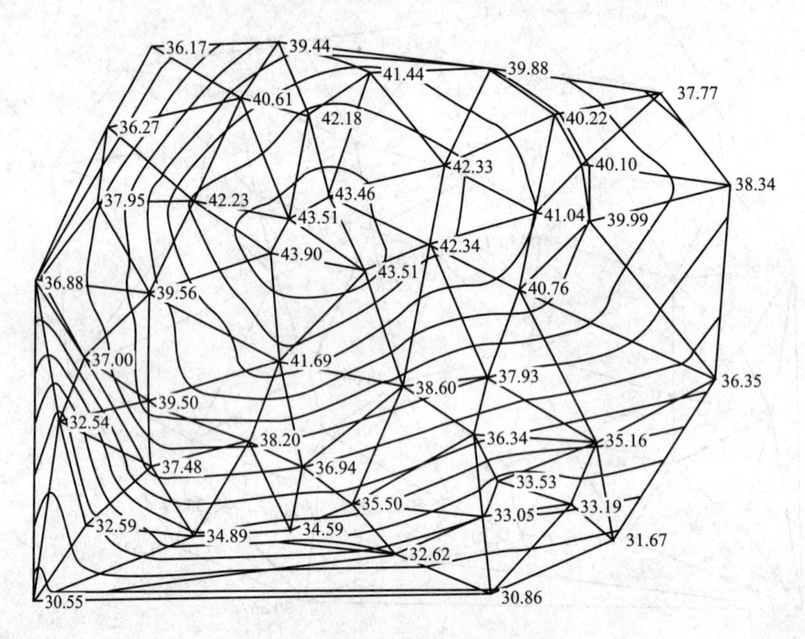

图 9-41 在 DTM 上绘制等高线

七、地形图的处理和输出

在测图过程中，由于地物、地貌的复杂性，难免有测错、漏测发生，因此必须对所测内容进行编辑、修饰，然后进行图形分幅、图廓整饰等，最后输出地形图。

1. 图形的显示与编辑

在屏幕上显示的图形可根据野外实测草图或记录的信息进行检查，若发现问题，用程序可对其进行屏幕编辑和修改，同时按成图比例尺完成各类文字注记、图式符号，以及图名图号、图廓等成图要素的编辑。经检查和编辑修改而准确无误的图形，连同相应的信息保存在图形数据文件中，供调用。

2. 图形分幅

在数字测图时，并未进行图幅的划分，因此，对所采集的数据范围应按照标准图幅的大小或用户确定的图幅尺寸，进行分幅，也称为图形截幅。在 CASS7.0 中，单击屏幕菜单

"绘图处理"→"批量分幅"，对相关参数进行修改，按"确定"就可以进行地形分幅。

3. 绘图仪自动绘图

野外采集的地形信息经数据处理、图形分幅、屏幕编辑后，形成了绘图数据文件。利用这些绘图数据，即可由计算机软件控制绘图仪输出地形图。

绘图仪作为计算机输出图形的重要设备，其基本功能是将计算机中以数字形式表示的图形描绘到图纸上，实现数（x、y 坐标串）—模（矢量）的转换，形成图纸。

地形图的应用

第一节 地形图的识读

识读地形图是对地形图内容和知识的综合了解和运用，其目的是正确地使用地形图，为各种工程的规划、设计提供合理、准确的服务。每幅地形图是该图幅的地物、地貌的总和，而地物、地貌在图上是用地形图图式规定的各种符号和等高线以及各种注记表示的。因此，熟悉这些符号和等高线的特性是识读地形图的前提。此外，识读时要讲究方法，要分层次地进行识读，即从图外到图内，从整体到局部，逐步深入到要了解的具体内容。这样，对图幅内的地形有了完整的概念后，才能对可以利用的部分提出恰当、准确的用图方案。现以图10－1为例，说明识读地形图的步骤和方法。

(1) 识读图廓外注记。从图廓外注记中可了解到测图年月、成图方法、坐标系统、高程基准、等高距、所用图式、成图比例尺、行政区划和相邻图幅的名称。根据成图比例尺即可确定其用途，如比例尺小于1∶1000时就不能用于建筑设计，但可用于建筑规划和公路建设的初步设计。如果测图年代已久，实际地形又发生了很大变化，应测绘新图才能满足要求。

(2) 识读地貌。从图10－1中的等高线形状和密集程度可以看出，其大部分地貌为丘陵地，东北部白沙河两岸为平坦地，东部山脚至图边为缓坡。由于丘陵地内小山头林立，山脊、山谷交错，沟壑纵横、地貌显得有些破碎；从图中的高程注记和等高线注记来看，最高的山顶为图根点N_4，其高程为108.23 m，最低的等高线为78m，图内最大高差30m。图内丘陵地的一般坡度为10%左右，这种坡度的地形对各种工程的施工并不很困难。在图的中部有一宽阔的长山谷，底部很平缓，也是工程建设可以利用的地形。

(3) 识读地物和植被。大部分人工地物都建在平坦地区，而地物的核心部分是居民地，有了居民地则有电力线、通信线等相应的设施和通往的道路。因此，识读地形图时以居民地为线索，即可了解一些主要地物的来龙去脉。如图10－1中的沙湾是唯一的居民地，各级道路由沙湾向四周辐射，有贯穿东西方向的大车路，通向北图边的简易公路，还有向南经过白沙河沙场通往金山的乡村路。横跨全图的大兴公路，其支线通过白沙河的公路桥向北出图，其主干线从东南出图，通往岔口和石门。图内另一主要地物为白沙河，自图幅西北进入该图，流经沙湾南侧，至东北出图，此河也是高乐乡和梅镇的分界线。

图 10－1　识读地物和植被

图 10－1 中的植被分布也是与地形相联系的：菜园和耕地多分布在居民地附近和地势平坦地区；森林则多在山区。如图 10－1 中的白沙河北岸和通过沙湾的大车路之间的植被是菜地，图幅中部的平山谷和东部的山脚平缓处都是耕地和小块梯田，自金山至图西边的北山坡分布有零星树木和灌木。

不同地区的地形图有不同的特点，要在识图实践中熟悉地形图所反映的地形变化规律，从中选取满足工程要求的地形，为工程建设服务。由于国民经济和城乡建设的迅速发展，新增地物不断出现，有时当年测绘的地形图也会落后于现实的地形变化。因此，通过地形图的识读了解到所需要的地形情况后，仍需到实地勘察对照，才能对所需地形有切合实际的了解。

第二节　地形图应用的基本内容

一、图上确定点的平面坐标

确定图上任意一点的平面坐标，可根据图上方格网及其坐标值直接量取。

如图10-2所示，欲求A点的坐标，过A点作坐标格网的垂线ef和gh，用比例尺量出ab、ad、ag、ae长度，则计算A点的坐标的计算式为

$$\left.\begin{aligned} x_A &= x_a + \frac{l}{ab} \times ag \\ y_A &= y_a + \frac{l}{ad} \times ae \end{aligned}\right\} \tag{10-1}$$

式中　l——坐标方格网原有边长（一般为10cm）；

ab、ad——图纸受伸缩影响后的坐标方格网边长。

按式（10-1）计算A点的坐标，可避免图纸伸缩的影响。

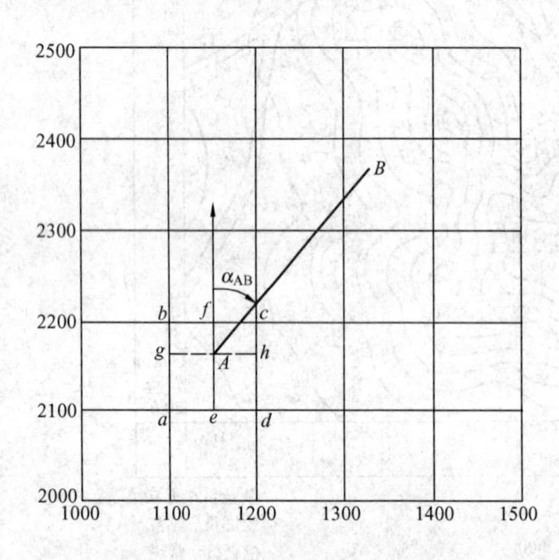

图10-2　图上确定点的平面坐标

在地形图上量取点的坐标，其精度受图解精度的限制，一般认为图解精度为图纸上的0.1mm，因此，图解坐标精度不会高于0.1mm乘比例尺分母。

二、图上确定一点的高程

在地形图上可利用等高线确定点的高程。若某点恰好位于某等高线上，该点的高程就等于所在的等高线高程，如图10-3中的A点，其高程为35m。

若某点位于两等高线之间，则应用内插法按平距与高差成正比的关系可求得该点的高程。如图10-3中的K点，位于33m和34m的等高线之间，欲求其高程，则通过K点作相邻两等高线的垂线mn，量得mn、mk的长度，即可求得K点的高程，其计算式为

$$H_K = H_m + \frac{mK}{mn} \times h \tag{10-2}$$

式中　H_m——m点的高程；

h——等高距。

三、图上量测直线的长度和方向

在同一幅图中，欲求两点间的水平距离和某一直线的方向，一般采用直接量取法，即根据比例尺用尺子量测距离，用量角器量测直线的坐标方位角。

当所求直线的两点不在同一幅图内或精度要求较高时，可在图上分别量出两个点的坐标值，然后计算其长度和坐标方位角。如图10-2所示，先得到A、B点的坐标，再计算其直线的长度D_{AB}和坐标方位角α_{AB}，计算式为

$$D_{AB}=\sqrt{(x_B-x_A)^2+(y_B-y_A)^2} \tag{10-3}$$

$$\alpha_{AB}=\arctan\frac{y_B-y_A}{x_B-x_A} \tag{10-4}$$

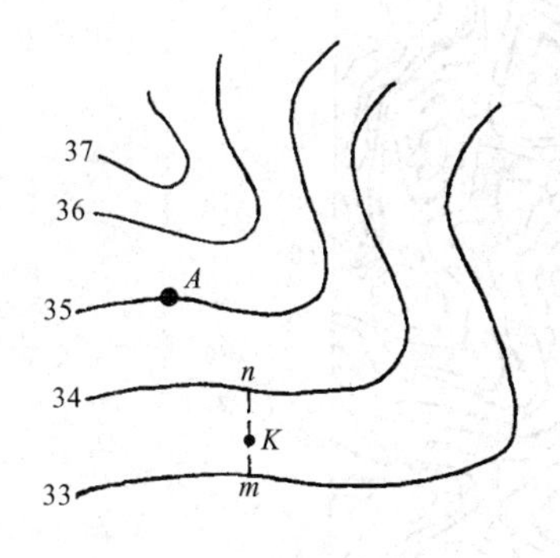

图 10-3 图上确定一点的高程

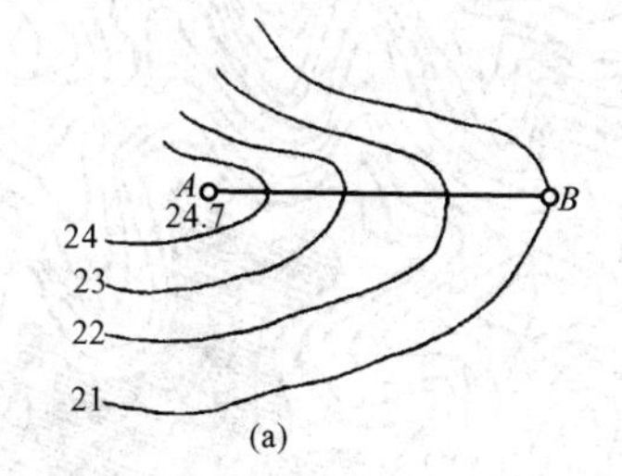

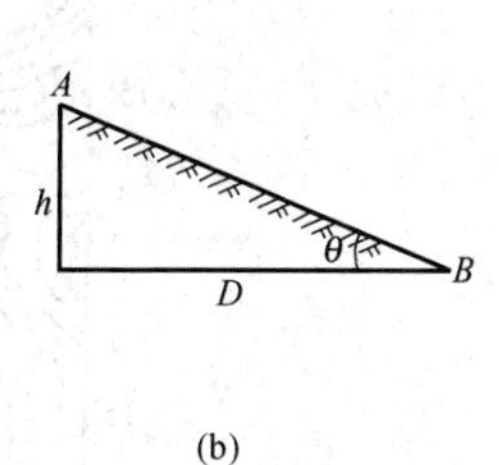

图 10-4 确定直线的坡度

四、确定直线坡度

地面的倾斜可用坡度或倾斜角表示。如图 10-4 所示，设斜坡上任意两点 A、B 间的水平距离为 D，相应的图上长度为 d，高差为 h，地形图比例尺的分母为 M，则两点间的坡度 i 或倾斜角 θ 的计算式为

$$i=\tan\theta=\frac{h}{D}=\frac{h}{dM} \tag{10-5}$$

式中 i——一般用百分率（%）或千分率（‰）表示。

第三节 地形图在工程规划设计中的应用

一、在地形图上确定汇水面积

为了防洪、发电、灌溉等目的，需要在河道上适当的地方修筑拦河坝。在坝的上游形成水库，以便蓄水。坝址上游分水线所围成的面积，称为汇水面积。汇集的雨水，都流入坝址以上的河道或水库中，图 10-5 中虚线所包围的部分就是汇水面积。

确定汇水面积时，应懂得勾绘分水线（山脊线）的方法，勾绘的要点是：

(1) 分水线应通过山顶、鞍部及山脊，在地形图上应先找出这些特征的地貌，然后进行勾绘。

(2) 分水线与等高线正交。

(3) 边界线由坝的一端开始，最后回到坝的另一端点，形成闭合环线。

(4) 边界线只有在山顶处才改变方向。

二、库容计算

进行水库设计时，如坝的溢洪道高程已定，就可以确定水库的淹没面积，如图 10-5 中的阴影部分，淹没面积以下的蓄水量（体积）即为水库的库容。

计算库容一般用等高线法。先求出图 10-5 中阴影部分各条等高线所围成的面积，然后计算各相邻两等高线之间的体积，其总和即为库容。

设 S_1 为淹没线高程的等高线所围成的面积，S_2、S_3、…、S_n、S_{n+1} 为淹没线以下各等高线所围成的面积，其中 S_{n+1} 为最低一根等高线所围成的面积，h 为等高距，h' 为最低一根

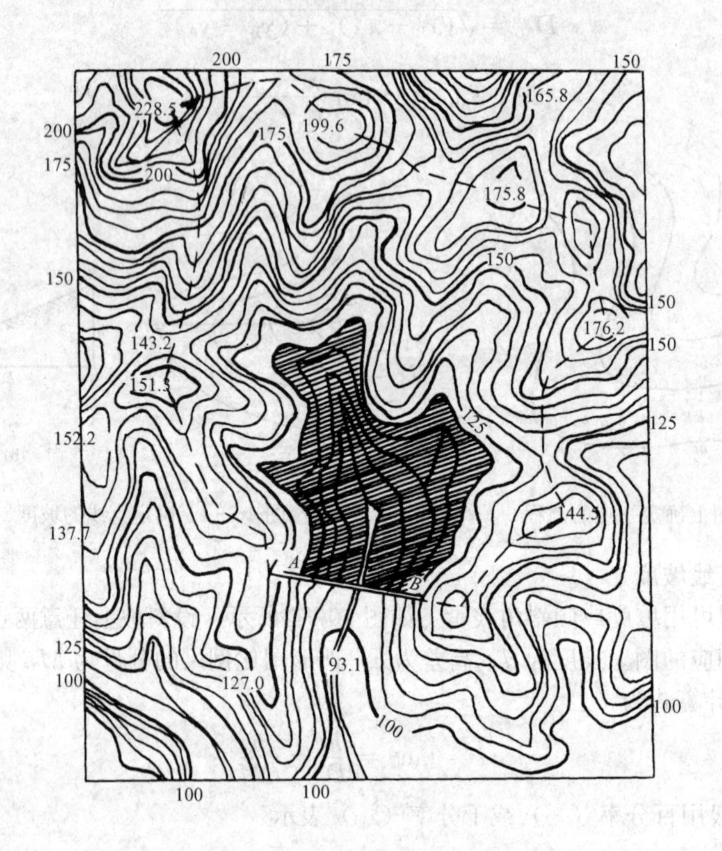

图 10-5　在地形图上确定汇水面积与水库库容示例

等高线与库底的高差，则相邻等高线之间的体积及最低一根等高线与库底之间的体积分别为

$$V_1 = \frac{1}{2}(S_1 + S_2)h$$

$$V_2 = \frac{1}{2}(S_2 + S_3)h$$

$$\vdots$$

$$V_n = \frac{1}{2}(S_n + S_{n+1})h$$

$$V'_n = \frac{1}{3} \times S_{n+1} \times h' \text{（库底体积）}$$

因此，水库的库容为

$$\begin{aligned} V &= V_1 + V_2 + \cdots + V_n + V'_n \\ &= \left(\frac{S_1}{2} + S_2 + S_3 + \cdots + \frac{S_{n+1}}{2}\right)h + \frac{1}{3}S_{n+1}h' \end{aligned} \tag{10-6}$$

如果溢洪道高程不等于地形图上某一条等高线的高程时，就要根据溢洪道高程用内插法求出水库淹没线，然后计算库容。这时水库淹没线与下一条等高线间的高差不等于等高距，式（10-6）要作相应的改动。

三、在地形图上确定土坝坡脚

土坝坡脚线是指土坝坡面与地面的交线。如图 10-6 所示，设坝顶高程为 73m，坝顶宽度为 4m，迎水面坡度及背水面坡度分别为 1∶3和 1∶2。先将坝轴线画在地形图上，再按坝顶宽度画出坝顶位置。然后根据坝顶高程，迎水面与背水面坡度，画出与地面等高线相应的坝面等高线（见图 10－6 中与坝顶线平行的一组虚线），相同高程的等高线与坡面等高线相交，连接所有交点而得的曲线，就是土坝的坡脚线。

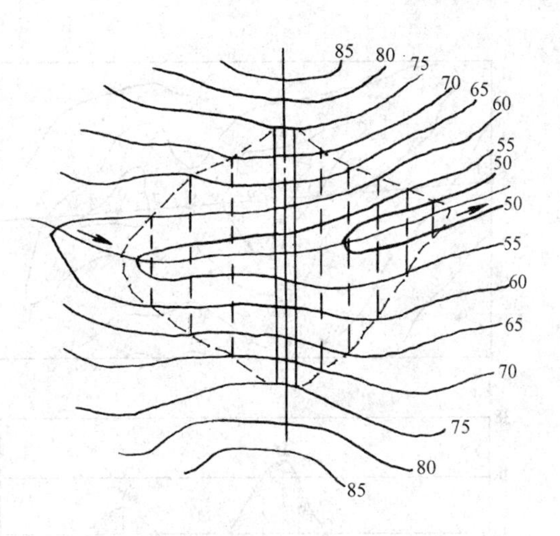

图 10－6　在地形图上确定土坝坡脚线示例

四、按限制坡度选择最短线路

在进行管线、道路、渠道等的规划设计中，要考虑其线路的位置、走向和坡度。一般先在地形图上根据规定的坡度进行初步选线，计算其工程量，然后进行方案比较，最后在实地选定。

如图 10－7 所示，A 点处为一采石场，现要从 A 点修一条公路到河岸码头 B，以便把石块运下山来。已知公路的限制坡度为 5%，地形图比例尺为 1∶2000，等高距 h=1m，则路线通过相邻两等高线的最小平距为

$$d=\frac{h}{iM}=\frac{1}{0.05\times 2000}=0.01(\mathrm{m}) \tag{10-7}$$

于是，以 A 为圆心，0.01m 为半径画弧，交 36m 等高线于 1 点，再以 1 点为圆心，依法交出 2 点，直至路线到达 B 为止，然后把相邻各交点连起来，即为所选路线。当相邻两等高线的平距大于 d 时，说明该地面坡度已小于设计的已知坡度。此时，取两等高线间的最短路线即可，图 10－7 中的 5－6 即为此种情况。

五、绘制断面图

在进行路线、管道、隧洞、桥梁等工程的规划设计中，往往要了解沿某一特定方向的地面起伏情况及通视情况。此时，常利用大比例尺地形图绘制所需方向的断面图。

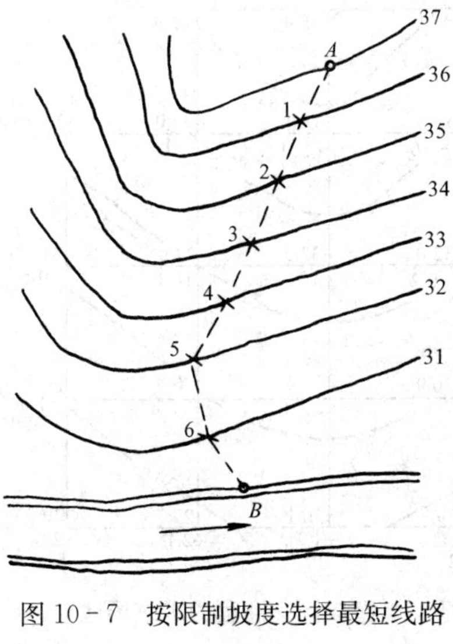

图 10－7　按限制坡度选择最短线路

欲绘制图 10－8 中 AB 直线方向的断面图，其方法如下。

1. 绘制距离尺和高程尺

在图纸上先画一横线 PQ 表示水平距离方向，再过 P 点作垂线表示高程方向。一般水平距离比例尺与地形图比例尺相同，高程比例尺比水平距离比例尺大 10～20 倍。

2. 断面点的确定

在地形图上沿 AB 方向量取各交点（1、2、…、B）至 A 点的距离，然后在距离尺上以 a 为起点依次截取 1、2、…、9、b 各点；再通过距离尺上的各点作垂线与相应高程线的交点即为

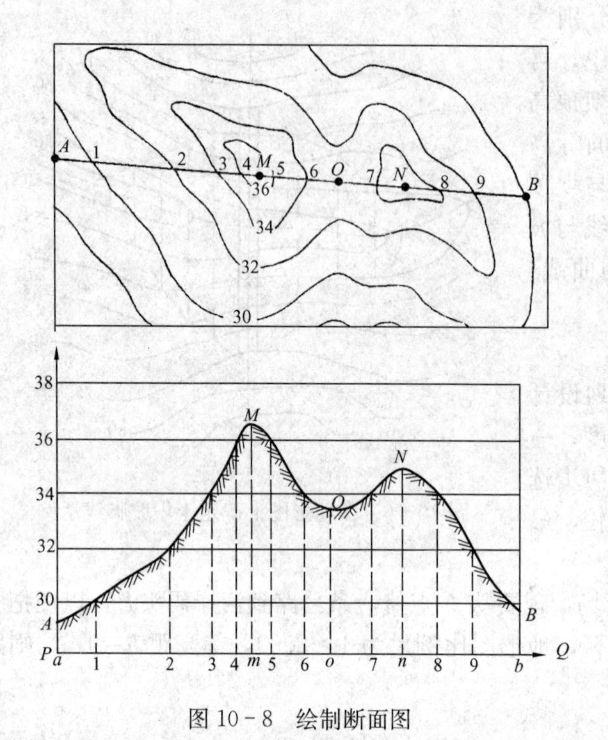

图 10-8　绘制断面图

断面点。

3. 描绘地面线

将各断面点用光滑曲线连接起来，即得直线 AB 的断面图。

断面图不仅可以表示地形变化的特征，而且可以了解地面上两点间的通视情况，以便考虑工程的施工方法。

六、建筑场地的平整

在工业与民用建筑中，通常要对拟建地区的自然地貌加以改造，整理成水平或倾斜的场地，使之适合于布置和修建各类建筑物，有利于排除地面积水，满足交通运输和敷设地下管线的需要。这种改造地貌的工作，通常称为平整场地。在平整场地工作中，为了使填、挖方量基本平衡，常常要借助于地形图进行土、石方量的概算，下面分两种情况介绍土、石方计算的方法。

1. 平整成同一高程的水平场地

图 10-9 所示为 1∶1000 比例尺地形图，要求在其范围内平整为同一高程的水平场地，并满足填挖方平衡的条件，现进行土、石方量的概算。其作业步骤如下。

(1) 绘制方格网。在拟平整场地的范围内绘制方格网。方格网的大小取决于地形复杂的程度和土、石方概算的精度，一般取 10、20、50m 等。图 10-9 中方格网的边长为 10mm（相当于实地 10m）。

(2) 计算设计高程。首先根据地形图上的等高线内插求出各方格角点的地面高程，注于相应角点右上方；再将每一方格四个角点的高程加起来除以 4，得到每一方格的平均高程；然后把所有方格的平均高程加起来除以方格总数，即得设计高程。由图 10-9 中可以看出，角点 A_1、A_4、B_5、E_1、E_5 的高程用到一次，边点 B_1、C_1、D_1、E_2、E_3、E_4、D_5、C_5、A_2、A_3 的高程用到 2 次，拐点 B_4 的高程用到 3 次，中间各方格角点 B_2、B_3、C_2、C_3…的高程用到 4 次，因此，设计高程的计算公式可写成

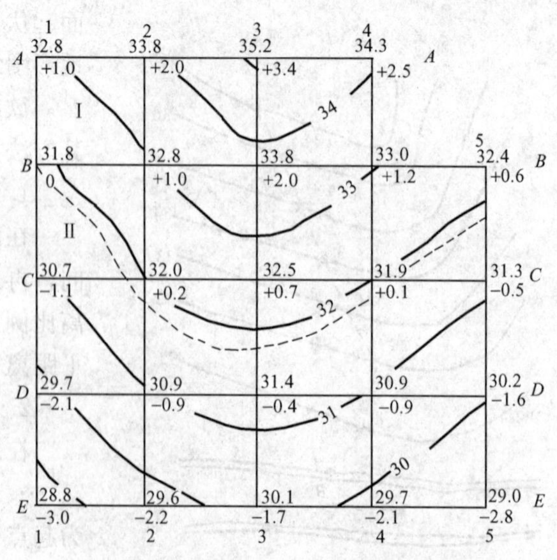

图 10-9　平整成同一高程的水平场地

$$H_{设} = \frac{\sum H_{角} + 2\sum H_{边} + 3\sum H_{拐} + 4\sum H_{中}}{4n} \tag{10-8}$$

式中 $\sum H_{角}$、$\sum H_{边}$、$\sum H_{拐}$、$\sum H_{中}$——分别为角点、边点、拐点和中点的地面高程之和；

n——方格总数。

将图 10-9 中各方格角点的高程及方格总数代入式（10-8），可得设计高程为 31.8m。

（3）绘出填挖边界线。在地形图上根据内插法定出高程为 31.8m 的设计高程点，连接各点，即为填挖边界线（见图 10-9 中虚线所示），通常称为零线。在零线以北为挖方区，以南为填方区，零线处表示不挖不填的位置。

（4）计算填、挖高度。各方格角点的填、挖高度为该点的地面高程与设计高程之差，即

$$h = H_{地} - H_{设} \tag{10-9}$$

正数表示挖深，负数为填高。并将计算的各填、挖高度注于相应方格角点下方。

（5）计算填、挖土石方量。土石方量的计算，不外乎有两种情况：①整个方格都是填方（或挖方）；②在一个方格之中，既有填方又有挖方。现以图 10-9 中的方格Ⅰ和方格Ⅱ为例，说明这两种情况的计算方法。

$$V_{\text{Ⅰ挖}} = \frac{1}{4}(1.0 + 2.0 + 1.0 + 0) \times A_{\text{Ⅰ挖}} = 1.0A_{\text{Ⅰ挖}}$$

$$V_{\text{Ⅱ挖}} = \frac{1}{4}(0 + 1.0 + 0.2 + 0) \times A_{\text{Ⅱ挖}} = 0.3A_{\text{Ⅱ挖}}$$

$$V_{\text{Ⅱ填}} = \frac{1}{4}(0 + 0 - 1.1) \times A_{\text{Ⅱ填}} = -0.37A_{\text{Ⅱ填}}$$

同法计算其他方格的填、挖方量，然后按填、挖方量分别求和，即为总的填、挖方量。

2. 平整成一定坡度的倾斜场地

图 10-10 所示为 1∶1000 比例尺地形图，拟在图上将（40×40）m^2（图上方格边长为 10mm，相当于实地 10m）的地面平整为从南到北，坡度为+10%的倾斜场地，并且使填、挖方量基本平衡，其作业步骤如下：

（1）绘制方格网，计算场地重心的设计高程。在上述拟建场地内绘成 10m×10m 的方格。根据填、挖方平衡的原则，按水平场地的计算方法，求出该场地重心的设计高程为 31.8m。

（2）计算倾斜面最高点和最低点的设计高程。在图 10-10 中，场地从南至北以 10%为最大坡度，则 A_1A_5 为场地的最高边线，E_1E_5 为最低边线。已知 A_1E_1 长 40m，则 A_1、E_1 的设计高差为

$$h_{A1H1} = D_{A1E1}i = 40 \times 10\% = 4.0(\text{m})$$

由于场地重心的设计高程为 31.8m，且 A_1E_1、A_5E_5 均为最大坡度方向，所以 31.8m 也是 A_1E_1 及 A_5E_5 边线中心点的设计高程，有

$$H_{A_1设} = H_{A_5设} = 31.8 + 2.0 = 33.8(\text{m})$$

$$H_{E_1设} = H_{E_5设} = 31.8 - 2.0 = 29.8(\text{m})$$

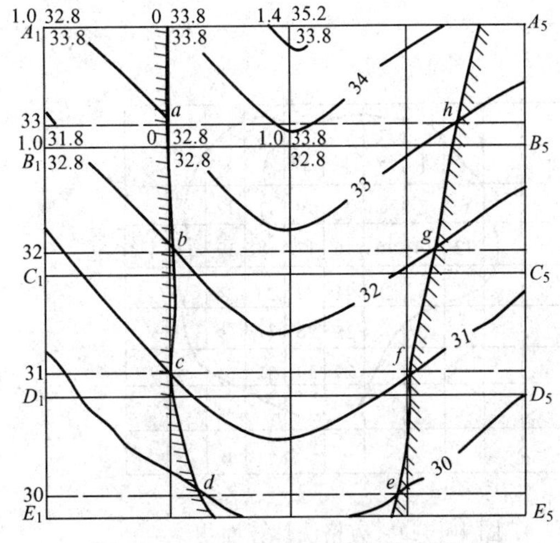

图 10-10 平整成一定坡度的场地

(3) 绘出填、挖边界线。在 A_1E_1 边线上，根据 A_1、E_1 的设计高程内插 30、31、32、33m 的设计等高线位置，且过这些点作 A_1A_5 的平行线，即得坡度为 10%的设计等高线（见图 10-10 中虚线）。设计等高线与原图上同高程等高线交点（a、b、c、d 和 e、f、g、n）的连线即为填、挖边界线（见图 10-10 中有短线的曲线）。两条边界线之间为挖方，两侧为填方。

(4) 计算方格角点的填、挖高度。根据原图的等高线按内插法求出各方格角点的地面高程，注在角点的右上方；再根据设计等高线按内插法求出各方格角点的设计高程，注在角点的右下方。然后按式（10-9）计算出各角点的填、挖高度，注在角点的左上方。

(5) 填、挖方量的计算。仿前述水平场地方法计算。

以上仅介绍了按给定坡度，将原地形改造成倾斜面的作业方法。有时还会碰到要求平整后的倾斜面必须包含某些不能任意改动的地面点。这时，应将这些地面点均列为设计倾斜面的控制高程点，然后根据控制高程点的高程来确定设计等高线的平距和方向。

第四节 面积的测算

在规划设计和工程建设中，常常需要在图上计算一定范围内的面积，如规划设计某城市一区域的面积、厂矿用地面积，场地平整时的填、挖方面积，计算道路的土石方，计算横断面填、挖面积、汇水面积等。测算面积的方法很多，下面仅介绍几种常用的方法。

一、方格法

方格法是将图形分成若干小方格，数出图形范围内的方格总数，从而计算图形面积。量测时可把透明方格纸覆盖于图上，如图 10-11 所示，先数出图形所占的整方格数，再将不完整的方格用目估拼凑成整方格数，求得总方格数，然后将总方格数乘以每个方格所代表的实地面积，即得整个图形的面积。

二、梯形法

梯形法是将图形分成若干等高的梯形，然后按梯形面积计算公式进行测算。如图 10-12 所示，l_i为梯形中线的长度，h 为梯形的高，则图形面积 A 计算式为

$$A=h(l_1+l_2+\cdots+l_n)=h\times\sum_{i=1}^{n}l_i \tag{10-10}$$

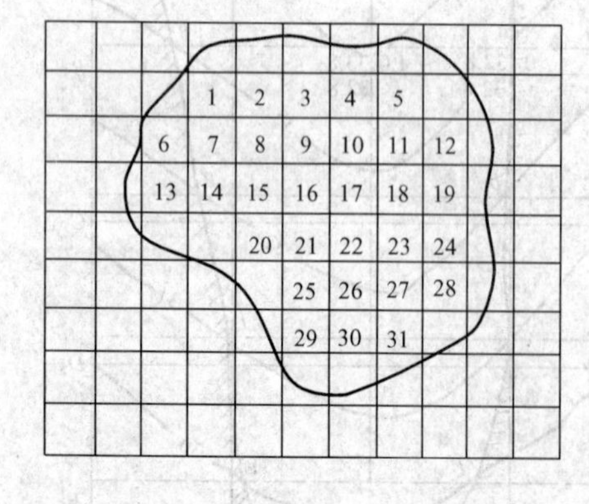

图 10-11 方格法计算面积

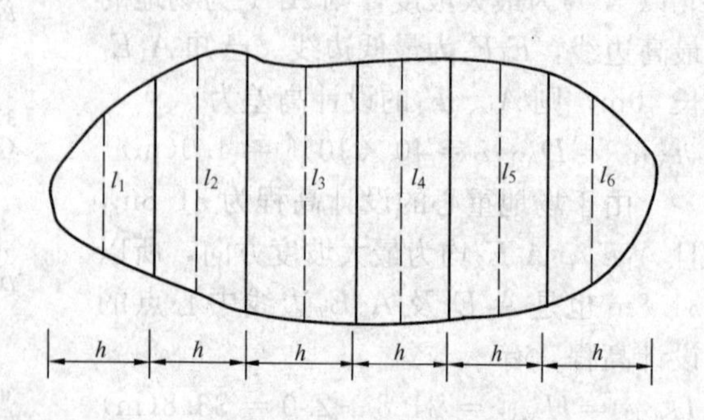

图 10-12 梯形法计算面积

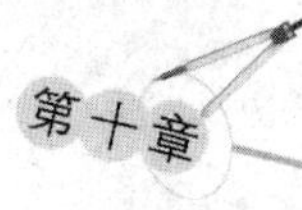

为了便于计算，梯形的高一般采用 1cm，这样只需量取各梯形的中线长求和，即能迅速得出所求面积。

采用上述两种方法计算不规则图形面积的精度，主要取决于方格网或平行线间隔的大小，方格网或平行线间隔越小，误差也越小，但工作量也相应增加。一般其精度约为测算面积的 1/50～1/100。

三、数字求积仪

数字求积仪采用具有专用程序的微处理器代替传统的机械计数器，使所量面积直接数显的一种求积仪。图 10-13 为一款数字求积仪。

数字求积仪的使用方法是：把图纸或其他要量测的物体放置于光滑的水平面上，按下电源开关启动求积仪，在设定一系列的参数后就可以开始量测。测量时，将追踪点沿被测物体周边转动一周后回到原来的一点，追踪点运动过程中，滚轴随着转动，采集到的信息通过微处理器处理后，即可在显示屏上显示。Super PLANIX α 求积仪不仅可以测量面积，而且可以测量边长、角度等，其特点如下。

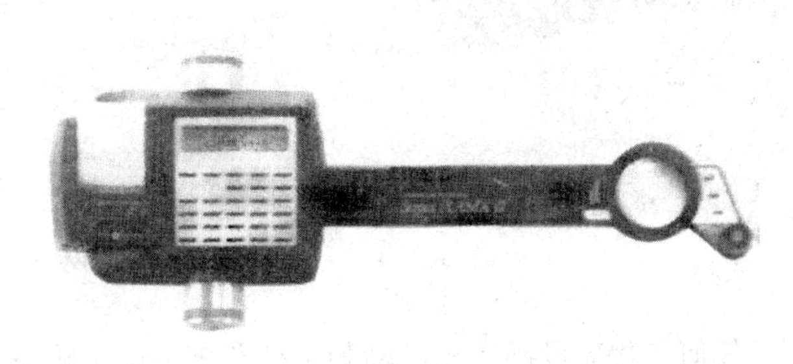

图 10-13 数字求积仪

(1) 显示屏为 LCD 两行 16 位显示，键盘为 32 键，量测范围为 380mm×100m，精度±0.1%［(100×100) mm 面积量测］，最小直线读数 0.05mm；可以采用自备电源和外接电源。

(2) 可以采用三种模式进行量测。其中包括：直线和面积量测模式、三角量测模式、角度量测模式。直线和面积量测模式可进行边长和面积量测；三角量测模式可进行三角形的坐标、底边边长、高以及面积量测；角度量测模式可进行坐标、边长以及角度量测。

(3) 可以进行面积单位制和单位的设置。单位制包括公制、英制和任意单位制。单位可以选取所在单位制里的任意单位。

(4) 比例尺和坐标系统的设置。允许分别输入 X、Y 方向上的比例尺，也可以通过实际量测改正。坐标系统可以设置数学坐标系和测量坐标系，也可以进行坐标值的校正。可以进行小数点的设置。

(5) 输出模式选择。当仪器与打印机连接时，可进行数据输出；当仪器与 RS-232C 接口电缆连接时，可选择数据输出和通信。

如果要了解更详细的信息，请参阅 TAMAYA 数字求积仪 Super PLANIX α 仪器操作说明书。

第十一章 施工测量的基本工作

第一节 概　　述

任何工程建设都要经过勘测设计和施工两个阶段。勘测设计阶段的测量工作主要是测绘各种比例尺的地形图，为设计人员提供必要的地形资料。而施工阶段的测量工作则是按照设计人员的意图，将建筑物的平面位置和高程测设到地面上，作为施工的依据，并在施工过程中，指导各工序间的衔接，监测施工质量。

由于施工现场各种建筑物分布较广，为了使建筑场地各工段能同时施工，且具有相同的测设精度，施工测量与地形测图一样，亦应遵循“从整体到局部”的原则和“先控制后细部”的工作程序。即先在施工现场建立统一的施工控制网（平面控制网和高程控制网），然后根据控制网点测设建筑物的主要轴线，进而测设细部。

施工放样的精度较地形测图要高，且与建筑物的等级、大小、结构形式、建筑材料和施工方法等有关。通常高层建筑物的放样精度高于低层建筑物；钢结构建筑物的放样精度高于钢筋混凝土结构建筑物；工业建筑的放样精度高于民用建筑；连续自动化生产车间的放样精度高于普通车间；吊装施工方法对放样的精度要求高于现场浇筑施工方法。总之，要根据不同的精度要求来选择适当的仪器和确定测设的方法，并且要使施工放样的误差小于建筑物设计容许的绝对误差。否则，将会影响施工质量。

施工测量贯穿于施工的全过程。因此，测量人员应根据施工进度事先制订切实可行的施测计划，排除施工现场的干扰，确保工程施工的顺利进行。

第二节 放样的基本测量工作

施工测量的基本任务是点位的放样。放样点位的基本工作包括：已知直线长度的放样、已知角度的放样和已知高程的放样。现分别叙述如下。

一、已知直线长度的放样

从直线的一个已知端点出发，沿某一确定方向量取设计长度，以确定该直线另一端点点位的方法称为已知直线长度的放样。

在地面上放样已知直线的长度与丈量两点间的水平距离不同。丈量距离时，通常先用钢卷尺沿地面量出两点间的距离 l'，然后加上尺长改正 Δl、温度改正 Δl_t 和倾斜改正 Δl_h，以算出两点间的水平距离 L，即

$$L = l' + \Delta l + \Delta l_t + \Delta l_h \tag{11-1}$$

在放样一段已知长度的直线时，其作业程序恰恰与此相反。首先，应根据设计给定的直线长度 L（水平距离），减去上述各项改正，求得现场放样时的长度 L'，即

$$l' = L - \Delta l - \Delta l_t - \Delta l_h \tag{11-2}$$

然后，用计算出的长度 l' 在实地放样。

【例 11-1】 如图 11-1 所示，某厂房主轴线 AB 的设计长度为 24m，欲从地面上相应的 A 点出发，沿 AC 方向放样出 B 点的位置。设所用的 30m 钢卷尺，在检定温度为 20℃、拉力 10kg（98N）时的实长为 30.005m，放样时的温度 $t=12$℃，概略量距后测定两端点的高差 $h=+0.8$m，求放样时的地面实量长度 l'。

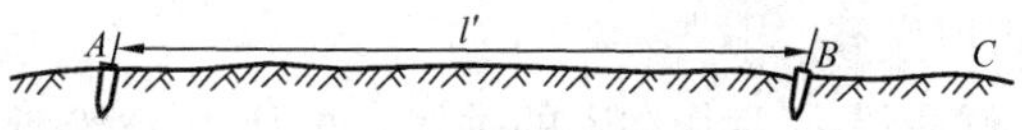

图 11-1 已知直线长度的放样

解 (1) 各项改正数的计算

$$\Delta l = L \times \frac{l - l_0}{l_0} = 24 \times \frac{30.005 - 30}{30} = +0.004(\text{m})$$

$$\begin{aligned}\Delta l_t &= L \times \alpha \times (t - t_0) \\ &= 24 \times 0.000\,012 \times (12 - 20) \\ &= -0.002(\text{m})\end{aligned}$$

$$\Delta l_h = -\frac{h^2}{2L} = -\frac{0.8^2}{2 \times 24} = -0.013(\text{m})$$

(2) 放样长度的计算

$$\begin{aligned}l' &= L - \Delta l - \Delta l_t - \Delta l_h \\ &= 24 - 0.004 + 0.002 + 0.013 \\ &= 24.009(\text{m})\end{aligned}$$

放样时，从 A 点开始沿 AC 方向实量 48.009m 得 B 点，则 AB 即为所求直线的长度。

二、已知角度的放样

根据已知水平角的角值和一个已知方向，将该角的第二个方向测设到地面上的工作，称为角度放样。由于对测设精度的要求不同，其放样方法也有所不同。

1. 一般方法

如图 11-2 所示，设 OA 为地面上已有方向线，欲从 OA 方向向右测设一个角度 α，以定出 OB 方向。为此，将经纬仪安置于 O 点，盘左度盘读数为零瞄准 A 点。松开照准部制动螺旋，转动照准部，使度盘读数为 α 时，沿视线方向在地面上定出点 B'。然后倒转望远镜，以同样的方法用盘右测设一角值 α，沿视线方向在地面上定出另一点 B''。由于测设误差的影响，点 B' 和 B'' 不重合，取 B' 和 B'' 的中点 B 为放样方向，即 $\angle AOB$ 为要测设的 α 角。

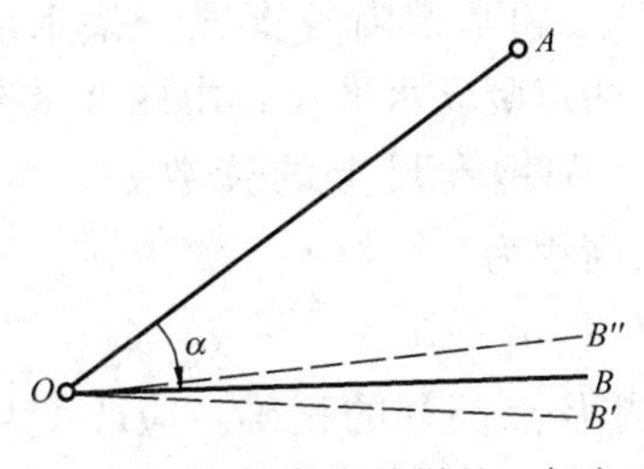

图 11-2 已知角度放样的一般方法

2. 精确方法

为了提高 α 角的测设精度，可采用作垂线改正的方法。

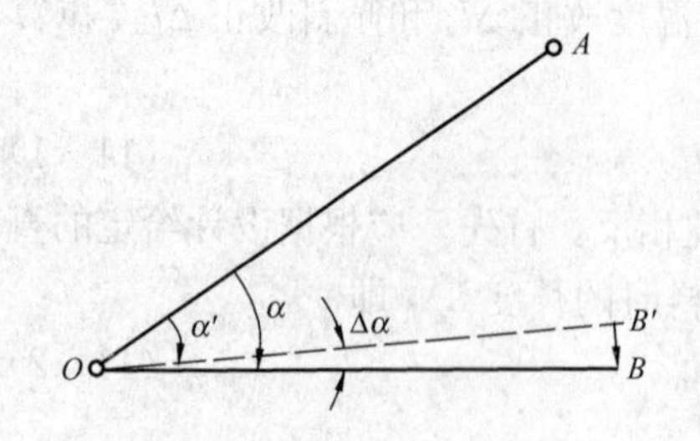

图 11-3　已知角度的放样的精密方法

如图 11-3 所示，将经纬仪安置于 O 点，先用盘左放样 α 角，沿视线方向在地面上标定出 B' 点，然后用测回法观测 $\angle AOB'$ 若干测回，取其平均角值为 α'，它与设计角之差为 $\Delta\alpha$；为了得到正确的方向 OB，先根据丈量的 OB' 长度和 $\Delta\alpha$ 值计算垂直距离 $B'B$，即

$$B'B = OB' \times \tan\Delta\alpha \approx OB' \times \frac{\Delta\alpha''}{\rho''} \qquad (11-3)$$

式中　$\Delta\alpha = \alpha' - \alpha$；$\rho'' = 206\ 265''$ 即一个弧度的角值，以秒计。

然后过 B' 点作 OB' 的垂线，再从 B' 点沿垂线方向，向外（$\Delta\alpha$ 为负时）或向内（$\Delta\alpha$ 为正时）量取 $B'B$ 定出 B 点，$\angle AOB$ 即为欲测设的 α 角。

三、已知高程的放样

在施工过程中，标定建筑物各个不同部位设计高程的工作称为高程放样。高程放样的方法，随着施工情况的不同大致可分为如下两种。

1. 地面点的高程放样

将设计高程测设于地面上，一般是采用几何水准的方法，根据附近水准点引测获得。如图 11-4 所示，A 为已知水准点，其高程为 H_A，B 为欲标定高程的点，其设计高程为 H_B。将 B 点的设计高程 H_B 测设于地面，可在 A、B 两点间安置水准仪，先在 A 点立尺，读取后视读数 a，则 B 点水准尺上应有的读数 b 为

$$b = H_A + a - H_B \qquad (11-4)$$

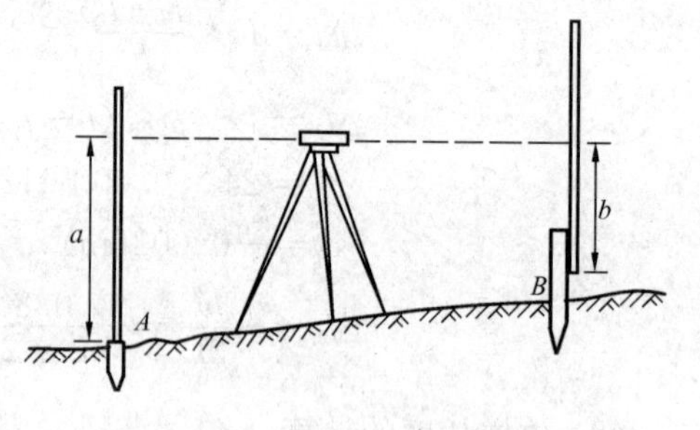

图 11-4　已知高程的放样

在 B 点上立尺，使尺紧贴木桩上下移动，直至尺上读数为 b 时，紧贴尺底在木桩上划一红线，此线就是欲放样的设计高程 H_B。

2. 高程的传递

当开挖较深的基槽、开挖隧洞竖井或建造高楼时，就得向低处或高处引测高程，这种引测高程的方法称为高程的传递。现以从高处向低处传递高程为例，说明其作业方法。如图 11-5 所示，A 为地面水准点，其高程已知，现欲测定基槽内水准点 B 的高程。为此，在基槽边埋一吊杆，从杆端悬挂一钢卷尺（零端在下），尺端吊一重锤。在地面上和基槽内各安置一架水准仪，分别在 A、B 两点竖立水准尺，由两架水准仪同时读取水准尺和钢卷尺上的读数 a_1、b_1、a_2、b_2，则 B 点的高程为

$$H_B = H_A + a_1 - b_1 + a_2 - b_2 \qquad (11-5)$$

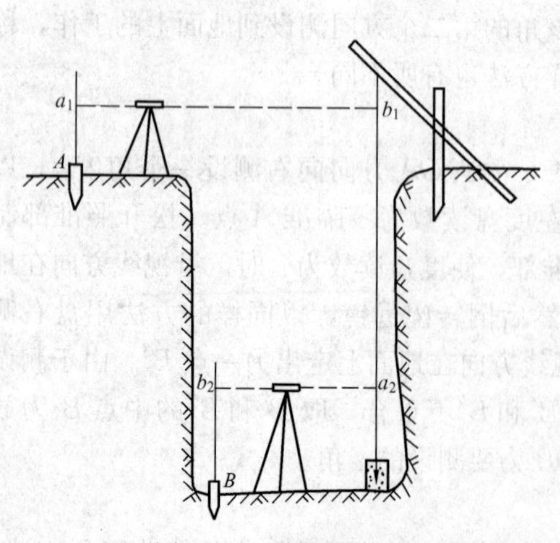

图 11-5　高程的传递

为了保证引测 B 点高程的正确，应改变悬挂钢卷尺的位置，按上述方法重测一次，两次测

得的高程较差不得大于3mm。

第三节 点的平面位置放样

点的平面位置放样的方法有：直角坐标法、极坐标法、角度交会法、距离交会法及方向线交会法等。放样时，可根据控制点与待定点的相互关系、地形条件等因素适当选用。

一、直角坐标法

若在施工场地预先布设了建筑基线、建筑方格网或矩形控制网，则可采用直角坐标法进行点位的放样。

如图11-6所示，*QRST*是建筑场地上已有的矩形控制网，*ABCD*是需放样的建筑物，它们的坐标分别注于图中。

放样之前，应根据各点坐标，计算出建筑物的长度、宽度以及测设点相对于邻近控点的坐标增量等测设数据。例如，在图11-6中，建筑物的边长为

$$AB=CD=580.00-520.00=60.00\ (\text{m})$$

$$AD=BC=470.00-430.00=40.00\ (\text{m})$$

*A*点相对于邻近控制点*Q*的坐标增量为

$$\Delta x=430.00-400.00=30.00\ (\text{m})$$

$$\Delta y=520.00-500.00=20.00\ (\text{m})$$

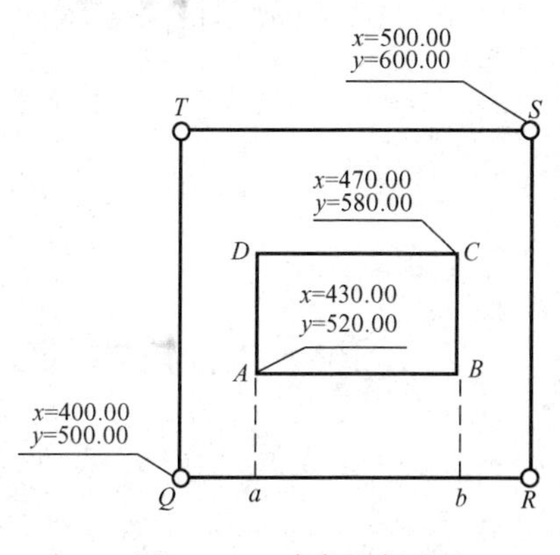

图11-6 直角坐标法

放样时，将经纬仪安置于控制点*Q*上，瞄准*R*点，沿此方向线从*Q*量20m定出*a*点，再由*a*点向前接量60m定出*b*点。把经纬仪搬至*a*点，使度盘读数为零瞄准*R*点，望远镜向左转90°，沿视线方向从*a*点量30m得*A*点，再从*A*点向前量40m得*D*点，再把经纬仪搬至*b*点，使度盘读数为零瞄准*Q*点，将望远镜向右转90°，在此视线方向上从*b*点量30m得*B*点，再从*B*点向前量40m得*C*点。这样就将建筑物的四个角点在地面上标定出来了。最后，检查建筑物的角点*D*和*C*是否为90°，边长*AB*和*CD*是否为60m，误差应在允许范围之内。

二、极坐标法

极坐标法是根据极坐标原理，由一个角度和一段距离测设点的平面位置的一种方法。如图11-7所示，*A*、*B*为控制点，其坐标已知，*P*为欲放样点，其坐标可由设计图上求得。欲将*P*点测设于地面，首先应由坐标反算公式求得放样数据β和D_{AP}。

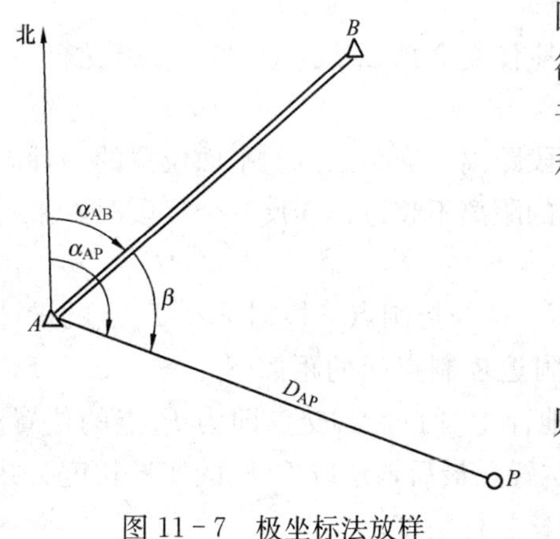

图11-7 极坐标法放样

$$\alpha_{AB}=\arctan\frac{y_B-y_A}{x_B-x_A}=\arctan\frac{\Delta y_{AB}}{\Delta x_{AB}}$$

$$\alpha_{AP}=\arctan\frac{y_P-y_A}{x_P-x_A}=\arctan\frac{\Delta y_{AP}}{\Delta x_{AP}} \tag{11-6}$$

则

$$\beta=\alpha_{AP}-\alpha_{AB} \tag{11-7}$$

$$D_{AP}=\sqrt{\Delta x_{AP}^2+\Delta y_{AP}^2} \tag{11-8}$$

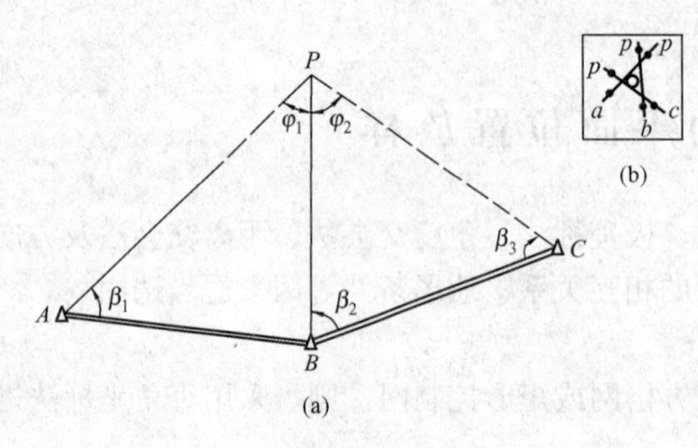

图 11-8　角度交会法放样
（a）放样图；（b）示误三角形

放样时，将经纬仪安置于 A 点，按前一节所述方法测设 β 角，定出 AP 方向，再沿此方向从 A 量距离 D_{AP}，即得 P 点在地面上的平面位置。

三、角度交会法

角度交会法是根据测设角度的方向线交会得出点的平面位置的一种方法（见图 11-8）。

如图 11-8 所示，A、B、C 为三个控制点，其坐标已知，P 为待放样点，其坐标为设计所给。采用角度交会法欲定出 P 点的实地位置，首先要计算放样数据 β_1、β_2、β_3，即

$$\left.\begin{aligned}\beta_1 &= \alpha_{AB} - \alpha_{AP}\\ \beta_2 &= \alpha_{BC} - \alpha_{BP}\\ \beta_3 &= \alpha_{CP} - \alpha_{CB}\end{aligned}\right\}\tag{11-9}$$

式中

$$\left.\begin{aligned}\alpha_{AP} &= \arctan\frac{y_P - y_A}{x_P - x_A}\\ \alpha_{BP} &= \arctan\frac{y_P - y_B}{x_P - x_B}\\ \alpha_{CP} &= \arctan\frac{y_P - y_C}{x_P - x_C}\end{aligned}\right\}\tag{11-10}$$

放样时，将经纬仪分别安置于 A、B、C 三个控制点上，先用盘左测设角 β_1、β_2、β_3，交会出 P 点的大致位置，在此位置上打一个大木桩，然后在桩顶平面上按角度放样的一般方法画出 AP、BP、CP 的方向线 ap、bp、cp，如图 11-8（b）所示。三条方向线在理论上应交于一点，但实际上由于放样的误差往往不交于一点，而构成一个三角形，该三角形称为示误三角形。示误三角形的最长边一般不得超过 4cm，如在允许范围内，则取三角形内切圆圆心作为 P 点的点位。

为了提高测设点位的精度，在进行交会设计时，应使交会角 φ_1、φ_2 在 30°～120°之间。

四、距离交会法

距离交会法是由两个已知点向同一放样点测设两段距离，交会出点的平面位置的一种方法。当地面平坦又无障碍物，且待放样点离控制点间的距离不超过钢卷尺一个尺段时，采用此方法较方便。

如图 11-9 所示，P_1、P_2是待放样点，A、B、C、D 为控制点。根据 P_1、P_2点的设计坐标和各控制点的已知坐标，反算求得点 P_1、P_2 距附近控制点间的距离 S_1、S_2、S_3、S_4。用钢卷尺分别以 A、B 为圆心，以 S_1、S_2 为半径在地面上画弧，其交点即为 P_1点的位置；同样以 C、D 为圆心，以 S_3、S_4 为半径交出 P_2点的位置。最后，量取 P_1P_2 的实地长度，并与设计长度相比较，其误差应在允许范围以内，以检核放样精度。

五、方向线交会法

方向线交会法主要是利用两条视线交会定点。

如图 11-10 所示，某厂房内设计有两排柱子，每排 6 根，共计 12 根。为了将这 12 根柱子的中心测设于地面上，事先可按照其间距在施工范围以外埋设距离控制桩 1—1′、2—2′、…、6—6′和 a—a'、b—b'，然后利用方向线即可交会出柱子的中心位置。例如，图 11-10 中的 m 点，可由视线 1—1′和 a—a'交会而得。

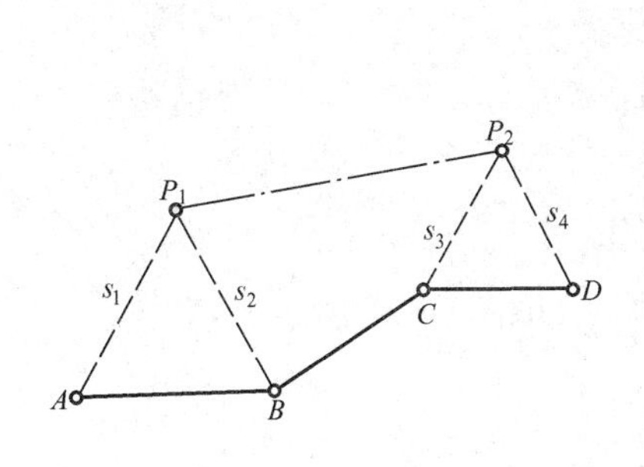

图 11-9 距离交会法

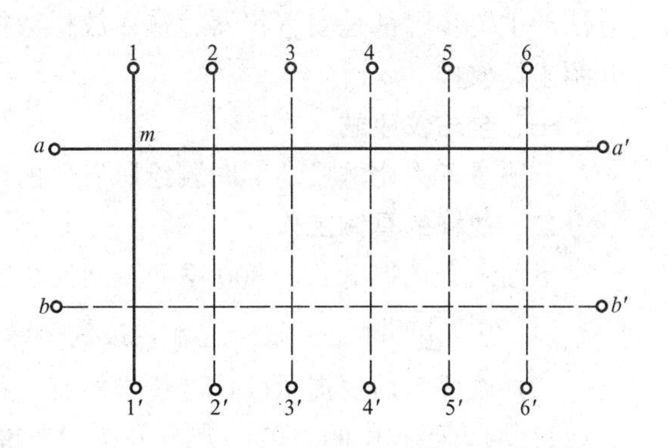

图 11-10 方向线交会法

由于方向线交会法不需计算测设数据，放样方法简单，标定点位迅速。因此，在工业厂房柱列轴线的测设及桩基施工测量等细部放样中得到广泛应用。

第四节 直线坡度的放样

在修筑道路、敷设给、排水管道、平整建筑场地等工程的施工中，常常需要将设计的坡度线测设于地面，据以指导施工。

如图 11-11 所示，A 为已知点，其高程为 H_A，要求沿 AB 方向测设一条坡度为 1%的直线，其施测步骤如下：

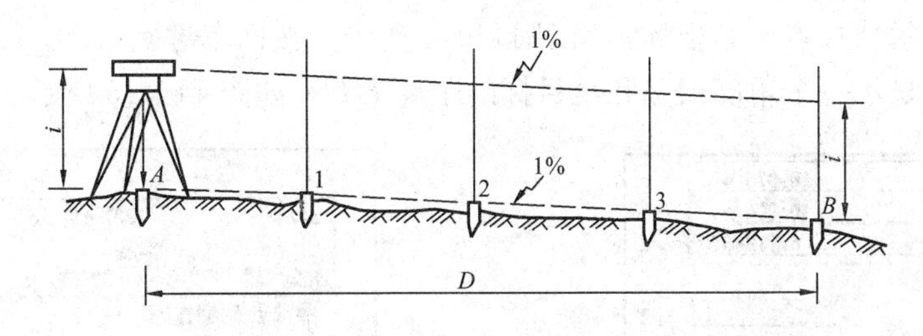

图 11-11 直线坡度的放样

(1) 根据 A、B 两点间的水平距离 D 及设计坡度，计算 B 点的设计桩顶高程，即

$$H_B = H_A - D \times 1\%$$

(2) 按照高程放样的方法，放样出 B 点的设计高程。

(3) 将水准仪（或经纬仪）安置于 A 点，使一个脚螺旋位于 AB 方向上，另外两个脚螺旋连线垂直于 AB 方向，量取仪器高 i。

(4) 用水准仪望远镜照准 B 点处的水准尺，转动微倾螺旋或在 AB 方向上的一个脚螺旋，使视线在水准尺上的读数为仪器高 i，然后分别在中间点 1、2、3 上打入木桩，使这些桩上的水准尺读数都等于仪器高 i，则各桩顶的连线即表示坡度为 1%的直线。

第五节 全站仪坐标放样

利用全站仪进行放样的方法有角度距离、坐标放样、分割线和参考线四种方法。这四种方法的主要步骤都是安置仪器、输入放样数据、操作全站仪根据指示找到放样点。本节主要介绍坐标放样。

一、全站仪建站

方法参考大比例尺地形图测绘所讲述的全站仪设站方法。

二、放样的具体工作

下面结合瑞得 RTS－800 系列全站仪介绍放样的具体工作。

（1）按[放样 8 DEF]键显示放样选单，按数字键 2 选择坐标放样，如图 11－12 所示。

（2）放样对话框提示放样点位坐标有三种方式：

1）输入要放样的点名 / 点号并按回车键；

2）输入代码或距仪器的半径来指定放样点；

3）用输入范围来指定放样列表。

（3）如果找到了多个点，则会列表显示，如图 11－13 所示。再用［◀］/［▶］和［▲］/［▼］箭头键选择所需点，并按回车键。

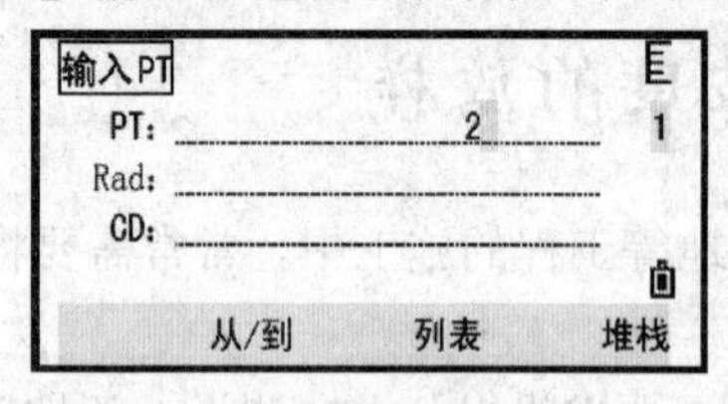

图 11－12 放样对话框

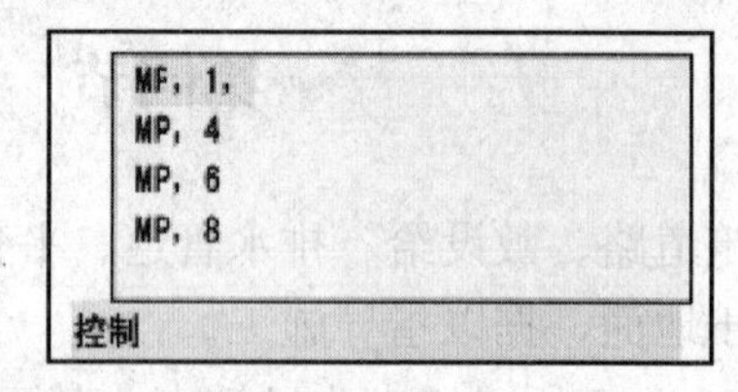

图 11－13 多点显示窗口

（4）屏幕显示选择点名的坐标，如图 11－14 所示，按回车键确认。

（5）此时会显示一个角度误差和至目标的距离 HD，如图 11－15 所示。

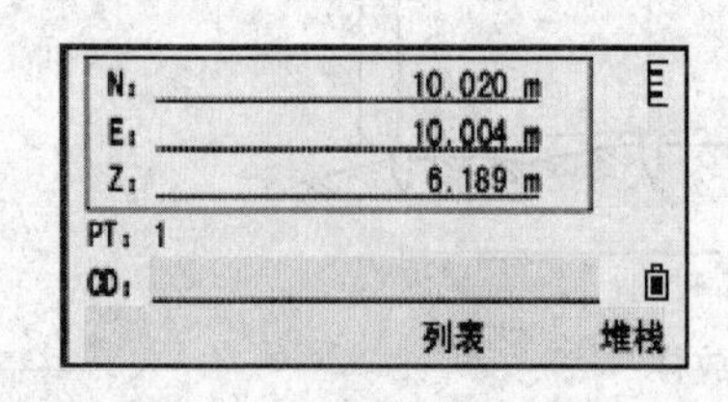

图 11－14 点的坐标显示窗口

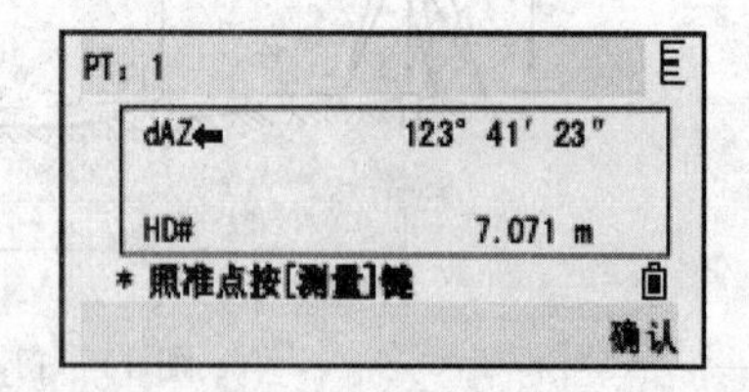

图 11－15 所需放样的距离差和旋转的角度窗口

（6）再旋转仪器直至 dHA 为 0 时按下“测量 1”/“测量 2”，测量完成后，显示测量点与放样点的差值，如图 11－16 所示。

（7）按箭头方向指挥立尺员前后移动棱镜，使第四行“远/近”项显示的距离值为 0m，如图 11－17 所示。

（8）当第三、四行均显示为0值，表明当前的棱镜点即为放样点。第五行显示的为填挖数据。

（9）放样完毕，若要记录该放样点，可按回车键。

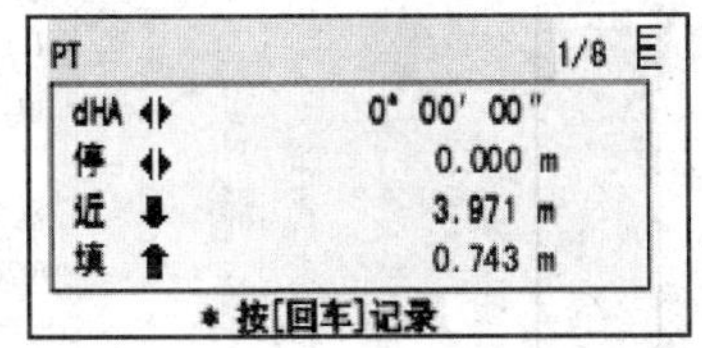

图 11－16　角度差、距离差和高程差显示窗口

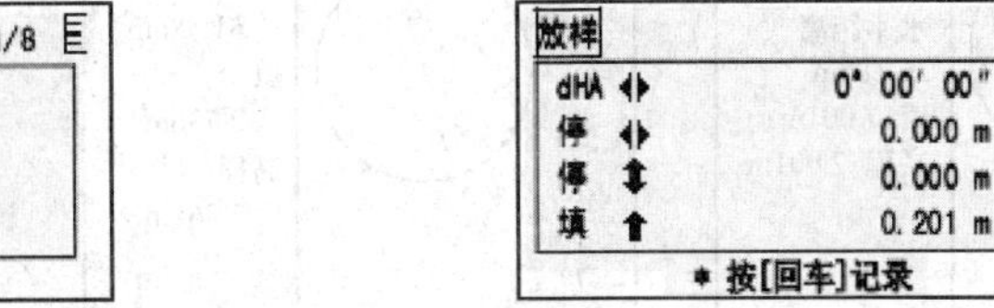

图 11－17　放样角度和距离已经正确窗口

第六节　GNSS RTK 坐标放样

利用 GNSS RTK 技术进行放样也需要进行基准站与流动站的配置，其配置方法可按照第九章第四节的方法进行。配置完成后，按照以下步骤进行放样工作。

（1）放样需事先将放样数据键入控制器。

1）先将需要放样的点、直线、曲线、道路“键入”或由“TGO”导入控制器。

2）从主选单中，选“测量”从“选择测量形式”选单中选“RTK”，然后选“放样”后回车，显示如图 11－18 所示选单。

（2）放样/点。将光标移至点，回车显示“无点”，按 F1（控制器内数据库的点增加到放样/点选单中）显示如图 11－19 所示选单。

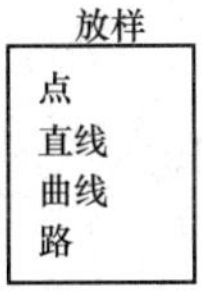

放样

点
直线
曲线
路

图 11－18　放样选单

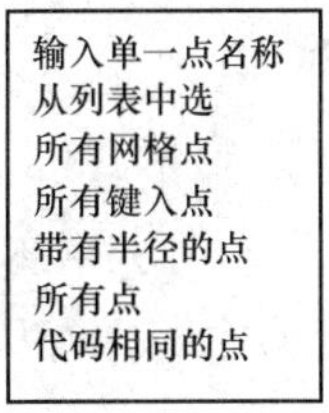

输入单一点名称
从列表中选
所有网格点
所有键入点
带有半径的点
所有点
代码相同的点

图 11－19　增加放样点选单

（3）选“从列表中选”，选择所要放样的点，按下 F5，后就会在点左边出现一个“√”，那么这个点就增加到放样选单中。按回车返回“放样/点”选单，选择要放样的点，回车显示图 11－20 中的一种。

两个图可以通过 F5 来转换，根据需要而选择。

（4）当当前位置很接近放样点时，就会出现如图 11－21 所示界面。

◎表示杆所在位置，“＋”表示放样点位置，此时按下 F2 进入精确放样模式，直至出现“＋”与◎重合，放样完成。然后按两下 F1，测量 3～5s，按 F1 存储此点，再按 F1 就可以放样其他点。

其他形式的放样工作（直线、道路等）可以参照点的放样步骤，根据控制器的操作提示来完成。

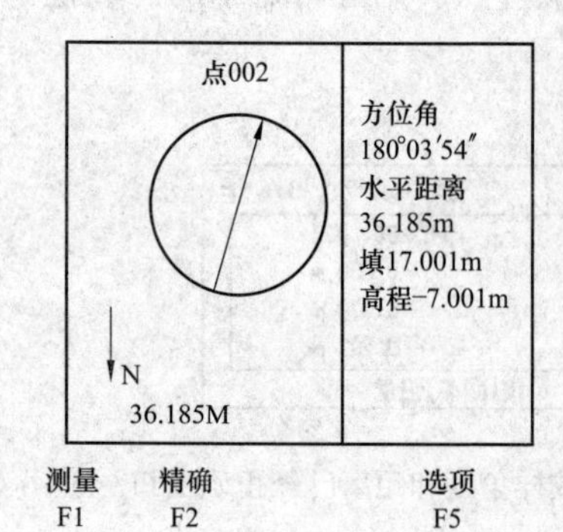

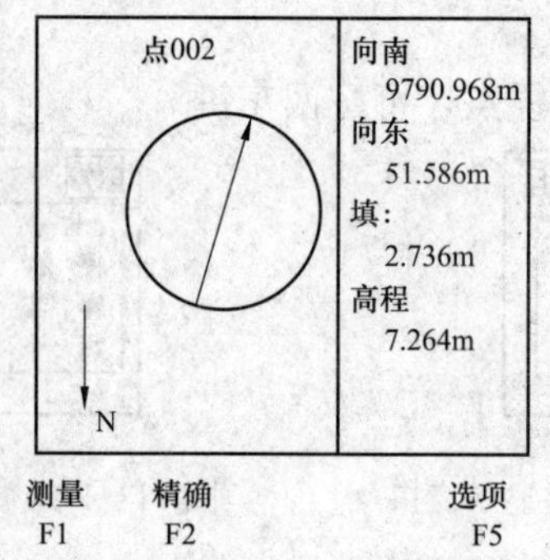

图 11－20　放样基本数据显示窗口

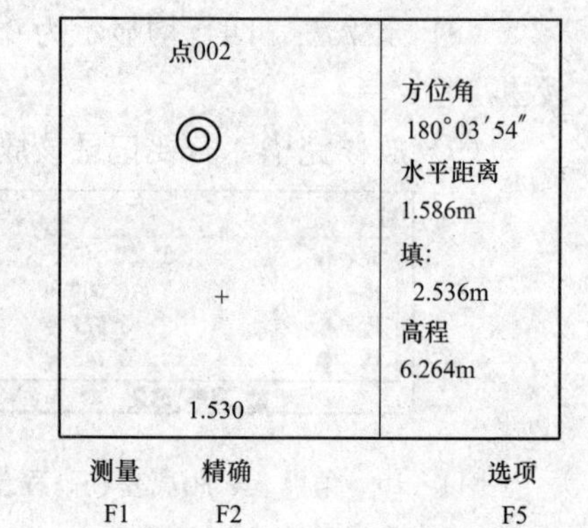

图 11－21　放样点与目前位置关系图窗口

第十二章

工业与民用建筑中的施工测量

第一节　工业厂区施工控制测量

为工业厂区勘测设计阶段施测地形图而布设的测图控制网，主要是从测量地形图来考虑的，这些控制点的分布、密度以及精度，都难以满足建筑物施工时测设的要求；而且从勘测到施工阶段，一般要历经一段时间，控制点可能丢失。因此，施工以前，必须在工业厂区布设专门的施工控制网，作为建筑物施工放样的依据。为建立施工控制网而进行的测量工作，称为施工控制测量。这样做的优点在于：

（1）可以保证工业厂区各建筑物的相对位置满足设计的要求，避免测量误差的累积。

（2）借助于控制点可以将厂区的建筑物分成若干片，便于分批分期地组织施工。

施工控制网的布置形式应便于建筑物的放样。大型工业场地上的施工控制网通常分两级布设：厂区控制网和厂房矩形控制网。前者主要用来放样厂房轴线和各种管线。在厂区控制网的基础上布置的厂房矩形控制网是工业厂区的二级控制，它用于放样厂房的细部尺寸、位置。

一、厂区控制网

厂区控制网可根据具体情况布设成导线或三角网。关于导线与三角网的布置形式和施测方法，在第八章中已经作了较详细的阐述，下面着重介绍工业建筑场地常用的建筑方格网的布设和施测方法。

1. 建筑方格网的布设和主轴线的选择

建筑方格网常由正方形或矩形组成。如图 12-1 所示，为建筑设计总平面图上建筑群的一部分，各建筑物相互平行。为放样建筑物各轴线的位置，应在总平面图上布置建筑方格网。布置时应根据建筑设计总平面图上各建筑物、构筑物和各种管线的布设，结合施工现场的地形情况，先选定建筑方格网的主轴线，然后布置方格网。当厂区面积较大时，方格网本身又可分为两级，首级为基本网，可采用“十”字形，“口”字形或“田”字形，然后在此基础上加密。如厂区面积不大时，应尽可能布置成全面方格网（见图 12-2）。

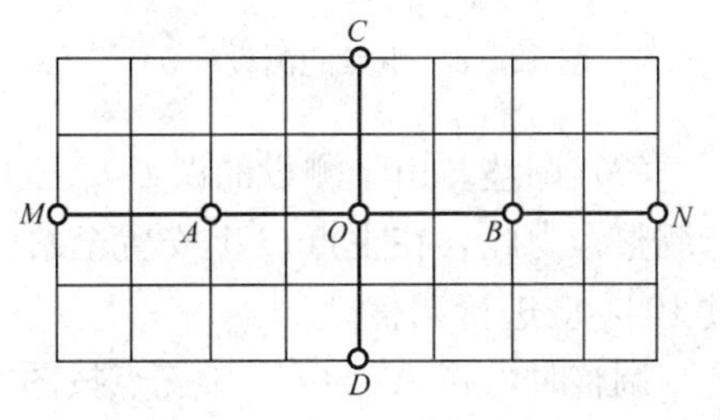

图 12-1　建筑方格网

设计方格网时应注意以下几点：

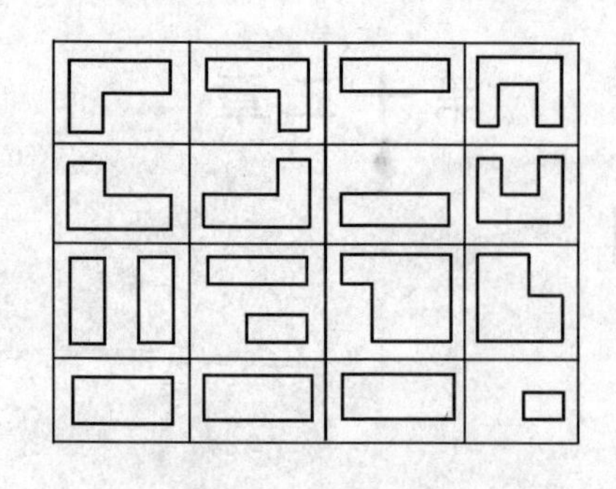
图 12－2　全面方格网

(1) 方格网的主轴线应选择在整个厂区的中部，并与主要建筑物的基本轴线平行。

(2) 方格网的折角应严格呈 90°。

(3) 正方形格网的边长一般为 100～200m；矩形格网的边长视建筑物的大小和分布而定，一般为几十米至几百米的整数长度。

(4) 相邻方格网点之间应保持通视，便于量距，埋设的标点应能长期保存。图 12－1 中，MN、CD 为建筑方格网的纵横主轴线，它是建筑方格网扩展的基础。当厂区较大、主轴线较长时，可以只测设其中的一段（见图 12－1 中的 AOB 段），A、O、B 是主轴线的定位点，称为主点。

2. 确定各主点的施工坐标

前面已经讲到，设计建筑方格网时，应使其主轴线与主要建筑物的基本轴线平行。为了便于计算与放样，常在设计总平面图上建立施工坐标系，令其坐标轴的方向与建筑物主轴线的方向平行，并将坐标原点设在总平面图的西南角，使所有建筑物的设计坐标与主点坐标都为正值，这样，施工坐标系即为设计坐标系。

将主轴线上的主点测设于地面上，通常是根据工业厂区内已有的测量控制点来进行的，而这些测量控制点的坐标系统大多为国家坐标系或当地的城市坐标系，它与施工坐标系常常不一致。因此，由测量控制点测设主点，必须将主点的施工坐标换算为测量坐标，以使坐标系统一致，这就存在着坐标换算的问题，关于坐标换算请参考相关资料。

3. 建筑方格网主轴线的测设

(1) 主点的测设。如图 12－3 所示，点 1、2、3 为测量控制点，A、O、B 为建筑方格网主轴线的主点，欲将主点 A、O、B 测设于地面，首先在施工总平面图上求得 A、O、B 的施工坐标，然后换算为测量坐标，将控制点及主点坐标输入全站仪，由测量控制点 1、2、3 分别测设出 A、O、B 三个主点的概略位置，以 A'、O'、B'表示（见图 12－4），为便于调整点位，在测量的概略位置埋设混凝土桩，并在桩的顶部设置一块 10cm×10cm 的铁板。

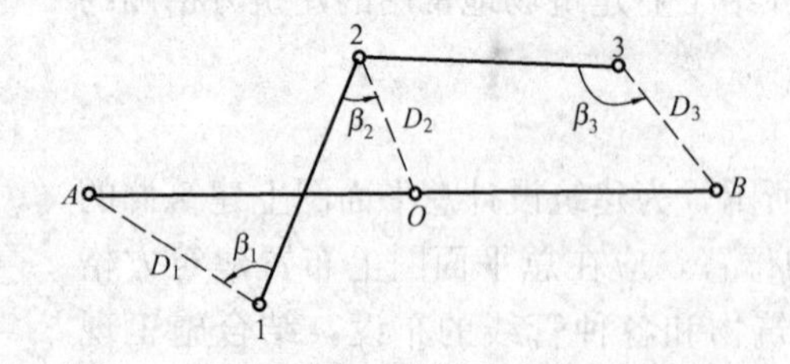

图 12－3　主点的测设

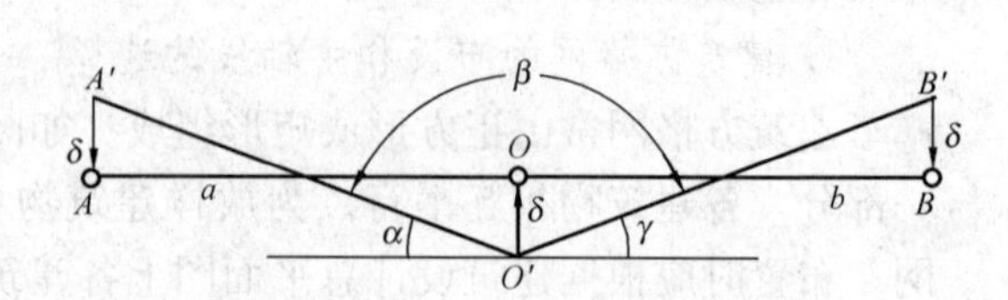

图 12－4　主点的调整

(2) 调整。由于测设的误差，三主点 A'、O'、B'一般不在一条直线上，因此需要检查与调整。为此，在主点 O'上安置全站仪，精确地测量$\angle A'O'B'$的角度β，如它与 180°之差超过 10″，应进行调整。

调整时，将 A'、O'、B'三点按图 12－4 中所示的箭头方向各移动一个微小的改正值δ，使 A、O、B 三点成一直线，δ值计算式为

$$\delta = \frac{ab}{2(a+b)} \times \frac{180° - \beta}{\rho''} \tag{12-1}$$

式中 a、b——分别为 AO、OB 的长度。

式（12-1）的推导如下：

由图 12-4 知

$$\alpha + \gamma = 180° - \beta \tag{12-2}$$

因 α、β 很小，所以

$$\alpha = \frac{2\delta}{a}\rho'', \gamma = \frac{2\delta}{b}\rho'' \tag{12-3}$$

$$\frac{\alpha}{\gamma} = \frac{b}{a}$$

$$\alpha = \frac{b}{a}\gamma \tag{12-4}$$

将式（12-4）代入式（12-2），得

$$\gamma = \frac{a}{a+b}(180° - \beta) \tag{12-5}$$

将式（12-5）代入式（12-3），即得式（12-1）。

如 $a=b$，则得

$$\delta = \frac{a}{4} \times \frac{180 - \beta}{\rho''} \tag{12-6}$$

按 δ 值移动 A'、O'、B' 三点以后，再测量 $\angle AOB$，如测得的角度与 180°之差仍超过规定的限差时，应继续进行调整，直到误差在容许范围以内。

主轴线上的三主点 A、O、B 定出以后，将全站仪安置于 O 点，测设另一主轴线 COD（见图 12-5）。测设时，全站仪望远镜先瞄准 A 点，分别向左、向右各转 90°，在地面上定出 C'、D' 两点，精确测量 $\angle AOC'$ 和 $\angle AOD'$，分别计算出它们与 90°之差 ε_1、ε_2，求得距离改正值 l_1、l_2，即

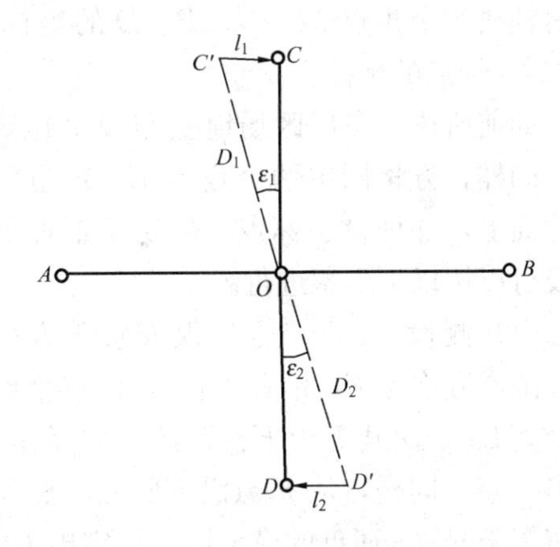

图 12-5 垂直向主点的测设与调整

$$l_1 = D_1 \frac{\varepsilon_1}{\rho''}, l_2 = D_2 \frac{\varepsilon_2}{\rho''} \tag{12-7}$$

式中 D_1、D_2——分别为 OC' 和 OD' 两点间的距离。

改正时，将 C' 沿垂直 OC' 方向移动距离 l_1 得 C 点，同法可以定出 D 点。需要指出的是，改正时的移动方向应根据实测的角度大小决定。最后还应精确实测改正后的 $\angle COD$，其角值与 180°之差不应超过 ±10″。

以上仅测设了两条主轴线的方向，为了定出各主点的点位，还必须按方格网设计的边长沿主轴线测量距离。量距时，全站仪置于 O 点，沿 OA、OC、OB、OD 方向精确放样所需要的距离，最后在各主点桩顶的铁板上刻划出主点 A、O、B、C、D 的点位。

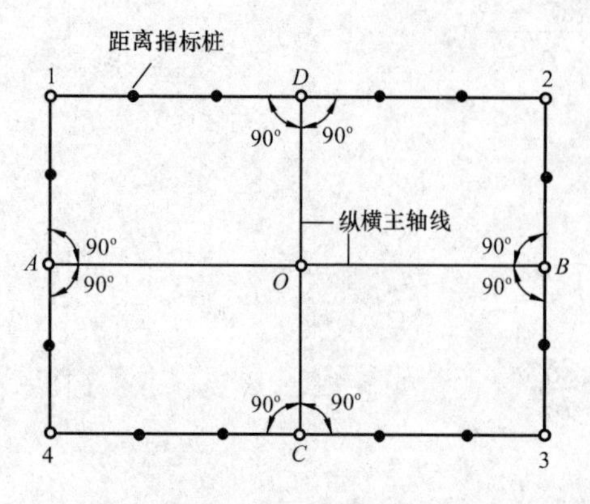

图 12-6　建筑方格网的测设

4. 建筑方格网的测设

纵横主轴线测定以后，可以按以下步骤测设建筑方格网。

如图 12-6 所示，在主轴线的 4 个端点 A、B、C、D 上分别安置全站仪，均以主点 O 为起始方向，分别向左、右各测设 90°角，由全站仪测距可以定出方格 4 个角点 1、2、3、4。同时，在另一方向进行测角测距校核。如果校核的角点位置不一致时，则可适当地进行调整，以定出 1、2、3、4 点的最后位置，并以混凝土桩标定，这样就构成了“田”字形的方格点；再以此为基础，沿各方向用全站仪定出各方格点，这就构成了方格网。各方格网点亦同样要用混凝土桩或大木桩标定，称距离指标桩。

二、厂房矩形控制网

前面已经讲过，厂区建筑方格网是用来放样厂房轴线及各种管线的，为了放样厂房的细部位置，必须在建筑方格网的基础上测设厂房矩形控制网，作为工业厂区的二级控制。

如图 12-7 所示，M、N、P、Q 为某厂房轴线，R、S、T、U 是为放样厂房细部位置而设置的厂房矩形控制网，为了不受厂房基坑开挖的影响，设计时应使厂房矩形控制网位于厂房轴线以外 1.5m，E、F 系建筑方格网中已测设的两个方格点。方格点的坐标是已知的，厂房轴线 4 个角点 M、N、P、Q 的坐标已知，根据具体情况设计厂房矩形控制网 R、S、T、U 4 个点的坐标。

如前所述，在厂区场地上布设了建筑方格网，同样，方格网中两个角点 E、F 也已测设于地面上，并埋设了标点。厂房矩形控制网的测设可以按以下步骤进行。

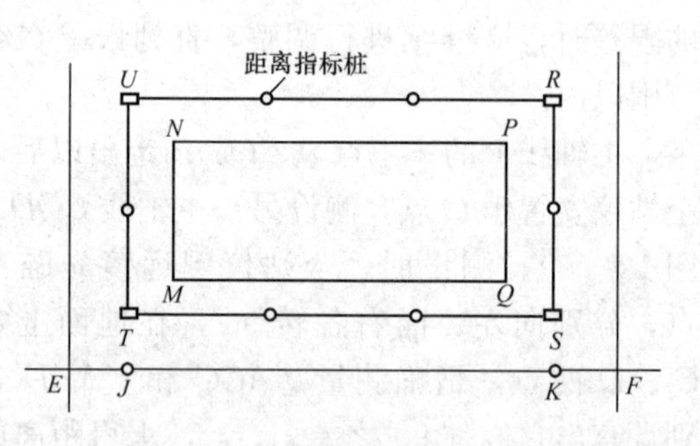

图 12-7　厂房矩形控制网

（1）测设 J、K。全站仪安置于方格点 E 上，瞄准方格点 F，沿此方向从 E 点精确地测设距离 EJ，使其等于 E、T 两点的横坐标差，定出 J 点。同样，从 F 点沿 FE 方向测设一段距离等于 F、S 两点的横坐标差，定出 K。

（2）矩形控制网点的测设。全站仪安置于 J 点，瞄准 E 点，分别用正、倒镜测设 90°角，得 JU 方向，沿此方向精确测设距离 JT 及 JU（距离 JT 为 E、T 两点的纵坐标差，JU 为 E、U 两点的纵坐标差），在地面上可以定出 T、U 两点。定点时，可以选用盘左位置粗略地定出两点的位置，打入大木桩，再用盘左、右位置精确地标定点位，并在桩顶刻划“+”记号标明 T、U 两个厂房矩形控制网的角点。然后将仪器安于 K 点，用同样的方法，可以定出 S、R 两个厂房矩形控制网的角点。

（3）检查。用钢卷尺或全站仪精确地测量矩形控制网各边的长度，检查其与矩形控制网的设计长度是否相符，相对误差不得超过 1/10 000；再将全站仪分别安于 U、R 点，检查 $\angle RUT$、$\angle SRU$ 是否为 90°，误差不得超 $\pm 10''$。

(4) 标定距离指标桩。厂房矩形控制网是放样厂房细部位置（如厂房柱子）的依据。因此，在厂房矩形控制网测设好以后，应沿 *UR* 及 *TS* 方向上定出距离指标桩的位置，钉以大木桩，并在桩顶刻划“+”记号，距离指标桩间的距离通常为设计柱子间距（一般为 6m）的整倍数（如 24、48m）。根据厂房柱跨距亦可定出标明跨距的距离指标桩。

以上所述方法一般用于小型或设备基础较简单的中型厂房。对于大型或设备基础较复杂的中型厂房，应先测设厂房矩形控制网的主轴线，据此测设厂房矩形控制网。

三、厂区的高程控制

为进行厂区各建筑物的高程放样，必须在厂区的建筑场地上布设水准点。水准点的密度应尽可能地满足安置一次仪器即可测设出所需要的高程。测绘建筑场地地形图时所敷设的水准点的数量，对施工阶段来说，一般是不够的，因此必须在此基础上加密水准点，加密的方法可以采用闭合或附合水准路线。应指出的是，在加密水准点以前，需要对测绘地形图时所布设的水准点进行现场检查，只有在确认其点位无变动时才可使用。在一般情况下，建筑方格网点可以兼作高程控制点，即在已布设的方格网点桩面的中心点旁设置一个突出的半球状标志。

布设高程控制的精度要求视不同的情况而定。一般情况下，宜采用四等水准测量的方法构成闭合或附合水准路线测定各水准点的高程，对于连续生产的车间或管道线路，则需提高精度等级，采用三等水准测量的方法测定各水准点的高程。

在布设厂区高程控制的同时，还应以相同的精度在各厂房场地的内部或附近专门设置 ±0 水准点，±0 是厂房内部底层的地坪高程，它主要是为了便于厂房构件的细部放样。特别需要指出的是，设计中各建筑物±0 的高程可能不一致。

第二节　厂房柱列轴线的测设和柱基施工测量

一、柱列轴线的测设

图 12-8 中，*RSTU* 是根据建筑方格网测设的厂房矩形控制网。矩形控制网经检查符合精度要求后，即可据此测设厂房柱列轴线。

图 12-8 中Ⓐ、Ⓑ、Ⓒ和 ①、②、③…轴线为厂房的柱列轴线。根据矩形控制网上所标定的距离指标桩，按设计的柱子间距或跨距可以用钢卷尺定出各柱列轴线桩（称为轴线控制桩）的位置，打入大木桩，并在桩顶钉以小钉，标明各柱列轴线方向，作为基坑放样和施工安装的依据。

应该注意的是，由于厂房的柱基类型很多，尺寸不一，所以柱列轴线不一定是基础中心线。

二、基坑的放样

基坑开挖以前，应根据厂房基础平面图和基础大样图的设计尺寸，把基坑开挖的边线测设于地面上。

如图 12-9 所示，Ⓐ～Ⓐ与⑤～⑤表示柱列轴线的方向，柱基放样时，全站仪分别安置在相应的轴线控制桩上，依柱列轴线在地上交出各柱基的位置，然后按照基础大样图的尺寸，用特制角尺，根据定位轴线放样出基坑开挖线，用白灰标明开挖范围。为了在基坑开挖过程中，较方便地交出柱基的位置，并作为修坑和立模的依据，可在坑的周围定四个定位小

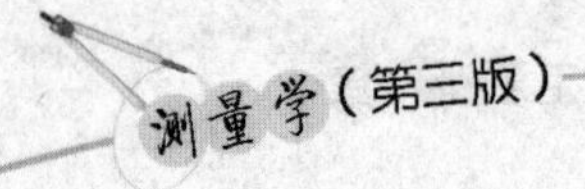

桩，桩顶钉上小钉。

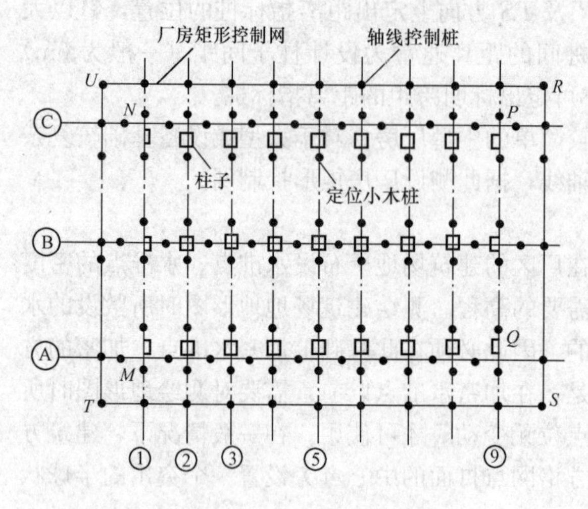

图 12-8　柱列轴线的测设

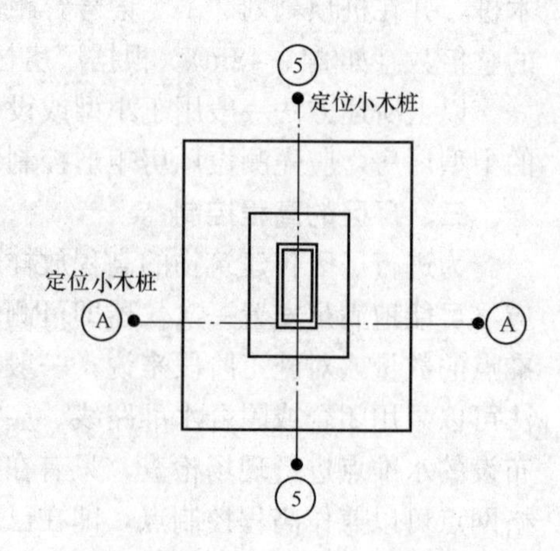

图 12-9　基坑的放样

三、基坑的高程测设

基坑挖到一定深度后，需在坑壁四周离坑底 0.3～0.5m 处设置水平桩（见图 12-10），作为基坑修坡、清底和打垫层的高程依据。

除了设置水平桩外，还应在基坑底部测设出垫层的高程。如图 12-10 所示，在坑底设置垫层标高桩，使桩顶恰好等于垫层的设计高程。

四、基础模板的定位

垫层达到设计高程以后，应根据坑边定位桩用拉线和吊垂球的方法，在垫层上放出柱基中心线，并用墨斗弹出墨线，作为支撑模板和布置钢筋的依据。竖立模板时，应使模板底线对准垫层上所标的定位线，用吊垂球的方法检查模板是否竖直。最后在模板的内壁用水准仪测设出柱基顶面的设计高程，并标出记号，作为柱基混凝土浇筑的依据。

在柱基拆模以后，根据各柱列轴线控制桩用全站仪将柱列轴线投测到杯形基础顶面上。用墨线弹出标记（见图 12-11）。同时，还要在杯口内壁用水准仪测设一标高线，从该线起向下量取一个整分米数（即到杯底的设计标高），供整修底部标高之用。

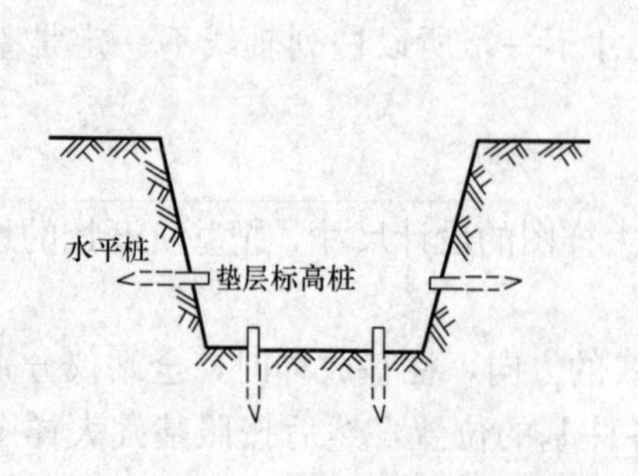

图 12-10　基坑的高程测设

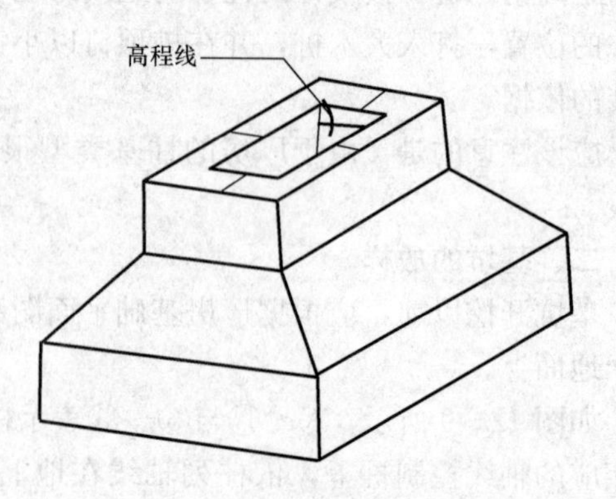

图 12-11　基础模板的定位

第三节　民用建筑施工中的测量工作

一、民用建筑主轴线的测设

根据测量工作的一般原则可知，任何建筑施工放样前，必须在施工现场进行控制测量，作为施工放样的依据。前面已讲述了在工业厂区的控制测量，常采用建筑方格网的形式。而民用建筑施工中，通常布设建筑主轴线（又称建筑基线）的控制形式，作为民用建筑施工放样的依据。

民用建筑主轴线的布置形式应根据建筑物的分布，施工现场的地形和原有控制点的情况而定，通常可布置成如图 12－12 所示的各种形式。无论采用哪种形式，应满足主轴线靠近主要建筑物，并与建筑物轴线平行，以方便使用直角坐标法进行施工放样；主轴线的点数不得少于 3 个。主轴线的测设方法如下。

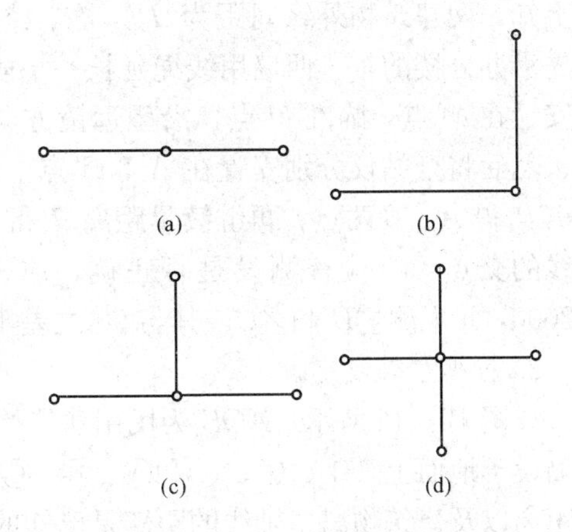

图 12－12　民用建筑主轴线的测设
（a）三点直线形；（b）三点直角形；（c）四点丁字形；（d）五点十字形

1. 根据已有控制点测设主轴线

如图 12－13 所示，1、2 为已知控制点，*A*、*O*、*B* 为布置成三点直角形的主轴线点。欲将主轴线点测设于地面上，可根据控制点和主轴线上各点的设计坐标用极坐标法进行，然后将全站仪安置于 *O* 点，用测回法观测∠*AOB* 是否等于 90°，其不符值不应超过±20″；丈量主轴线 *OA*、*OB* 距离，与设计距离比较，其相对误差不应大于 1/2000。如超过上述规定要求，则需检查测量，并进行必要的调整。

如建筑区已布设有建筑方格网，则可以利用建筑方格网采用直角坐标法测设主轴线。

2. 根据建筑红线测设主轴线

在城建区新建一幢建筑或一群建筑，须按城市规划部门批复的总平面图所给定的建筑边界线（一般称为建筑红线）来测设主轴线。如图 12－14 所示，Ⅰ、Ⅱ、Ⅲ三点为规划部门在地面上标定的边界点，其连线即为建筑红线。建筑物的主轴线，应根据建筑红线来标定，即利用全站仪测设直角并量取 d_1、d_2 距离的方法确定主轴线上 *A*、*O*、*B* 三点的位置。然后安置全站仪于 *O* 点，测量∠*AOB*，其与 90°之差不得超过±20″；否则需检查测量，并进行必要的调整。

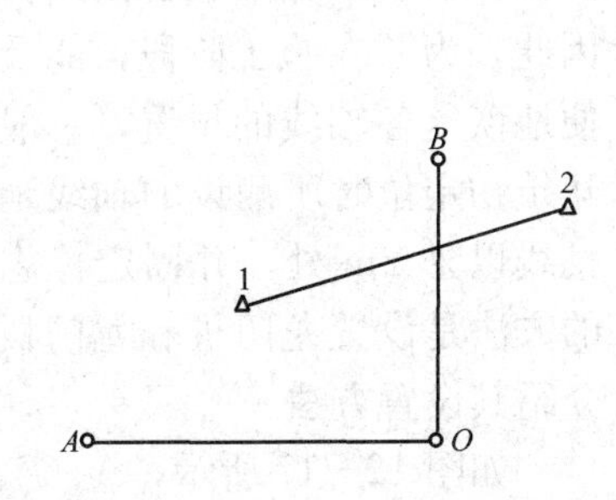

图 12－13　根据已有控制点测设主轴线

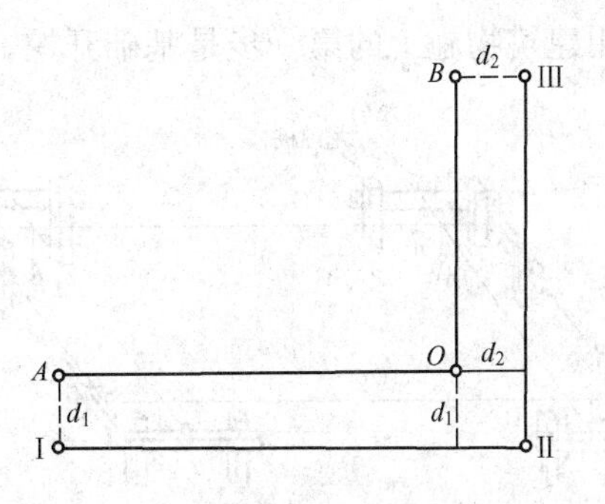

图 12－14　根据建筑红线测设主轴线

二、民用建筑物的定位

民用建筑物的定位，就是将建筑物外廓的各轴线交点测设于地面上。可以采用以下方法进行定位。

1. 根据已有的建筑物定位

如图 12－15 所示，办公楼为已有的建筑物，今欲在其东侧新建一幢教学楼，从总平面图上知，两建筑物外缘间距为 d_2，教学楼的长、宽分别为 d_3、d_4。教学楼的定位方法为：首先沿办公楼的东、西墙用线绳延长一小段距离 d_1 得 M、N 点，用木桩固定点位；将全站仪安置在 M 点，瞄准 N 点，沿望远镜方向从 N 点量取距离 d_2 得 A'，再继续量距离 d_3 得 B'；然后将全站仪分别安置在 A'、B' 点上，瞄准 M 点，照准部旋转 90°，沿视线方向量取距离 d_1 得 A、B 两点，再继续量距离 d_4 得 D、C 两点；A、B、C、D 即为教学楼外墙定位轴线的交点。为检查测设是否正确，应量取 DC 的距离，其与设计长度之差不得超过 1/2000，并观测∠D 和∠C，其与 90°之差不得超过 1′，否则应复查或重新测设。

2. 根据主轴线定位

如图 12－16 所示，AOB 为民用建筑的主轴线，它们的位置已根据已知控制点或建筑红线测设于地面上。①、②、③和Ⓐ、Ⓑ、Ⓒ是总平面图上某建筑物外墙各轴线，各轴线交点的距离以及建筑物离主轴线的距离是已知的。根据主轴线对民用建筑物定位，可以采用直角坐标法进行。最后要用钢卷尺检测各点间的距离，其误差不得超过设计长度的 1/2000，并用全站仪观测各交点的角度与 90°之差不得超过 1′，否则应复查或重新测设。

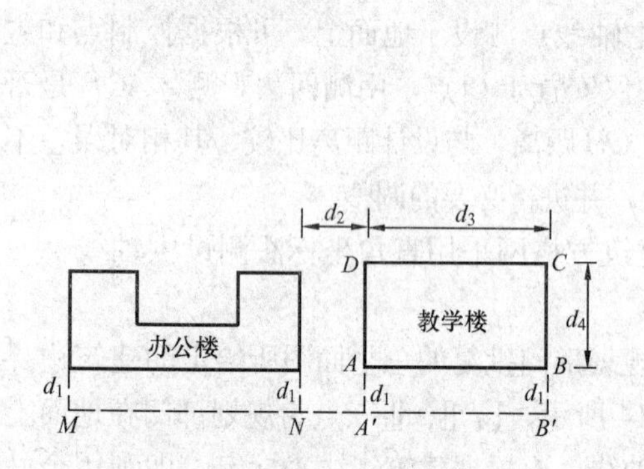

图 12－15　根据已有的建筑物定位

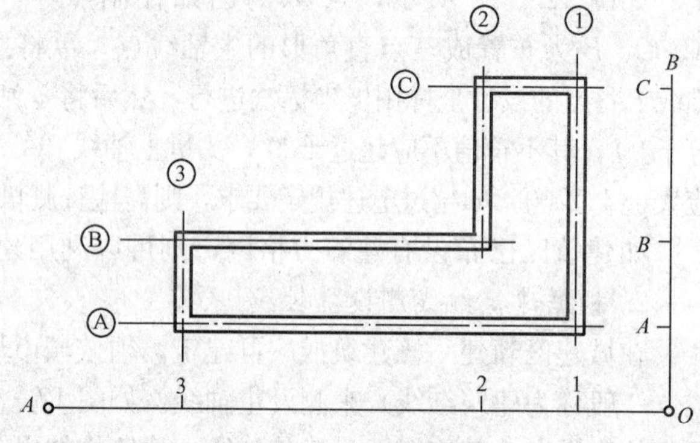

图 12－16　根据主轴线定位

三、龙门板的设置

民用建筑物施工的第一步是基础开挖，但基础开挖时，所测设的轴线交点柱将被挖掉。因此，为了在施工阶段，能及时而方便地恢复各轴线的位置，一般把民用建筑物定位时所测设的轴线延长到开挖线以外 2m 处，并固定标志。常用的方法是设置龙门桩和龙门板，下面介绍其设置方法。

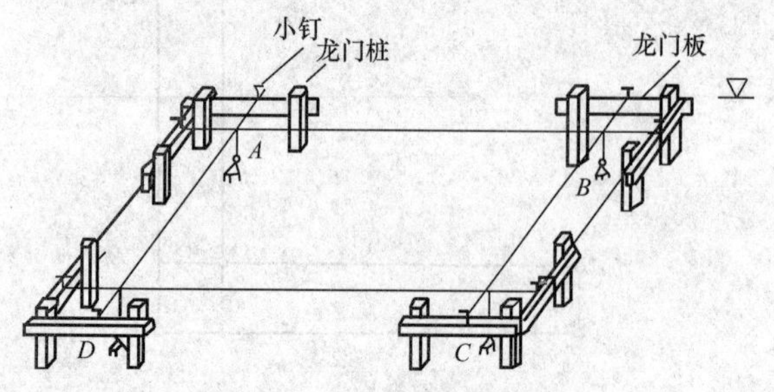

图 12－17　龙门板的设置

如图 12－17 所示，A、B、C、D 为已定位的某教学楼的外墙轴线的交

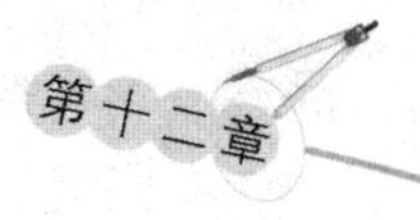

点。首先在这些轴线交点的延长线以外 2m 处，设置龙门桩，龙门桩要钉得牢固、竖直、两桩的连线尽量与该轴线垂直，桩的外侧面应与基槽平行。

然后根据施工现场附近的水准点高程，用水准仪将室内地坪设计标高±0 测设到各龙门桩上，并作上标记。若施工现场地面起伏较大，也可测设比±0 高或低一整数的高程线标志。根据龙门桩上所钉的标志，把龙门板钉在龙门桩上，使龙门板的边缘高程正好为±0。龙门板钉好后，用水准仪检测龙门板的顶面高程，允许误差为±3mm，否则应及时改正。

龙门板设置好以后，应将建筑物的定位轴线测设于龙门板上。

四、基础施工测量

基础施工测量的目的就是在施工现场测设出基槽开挖边线，并用石灰线撒出，以便开挖。测设的方法是：根据龙门板上定位轴线的位置和基础宽度，可以在地面上放样出基槽边线，实际的基槽开挖边线还应顾及基础挖深时边坡的尺寸。

当基槽开挖到接近设计深度时，应用水准仪在槽壁每隔 3m 测设水平桩，水平桩桩面的设计高程一般离槽底 0.5m，以控制槽底的开挖高程。水平桩测设方法如图 12-18 所示，设基槽底部的设计高程为 −1.500m（相对于±0），欲设置的水平桩相对于槽底的高差为 −0.5m，则水平桩桩面的高程为 −1.500−(−0.5)＝−1.000m，测设时水准仪安置于地面上，水准尺立于龙门板的顶部（即±0），如读得后视读数为 0.950m，则前视读数 b 为

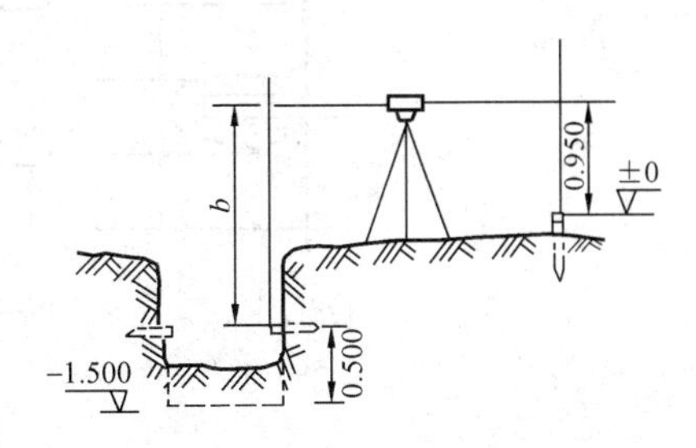

图 12-18 水平桩的测设

$$b=0.950-(-1.000)=1.950\text{m}$$

按照测设已知高程的方法，沿槽壁上下移动木桩，使前视读数为 1.950m，则尺底的高程即为欲放样的高程（−1.000m），与此同时打入水平桩。

第四节 建筑物的沉降观测与倾斜观测

一、建筑物的沉降观测

1. 沉降观测的意义

工业与民用建筑中，由于地基承受上部建筑物的重量，或工业厂房投入运行后，受机器运转的振动，或地基长期受地下水的侵蚀等，都会使建筑物产生下沉现象。下沉量过大或沉降不均匀，就会使建筑物产生倾斜、裂缝甚至破坏。为了掌握建筑物沉降情况，及时发现建筑物有无异常的沉降现象，以便采取相应措施，保证建筑物的安全；同时也为检查设计理论和经验数据的准确性，为设计和科研提供资料，在建筑的施工过程中和建成以后的一段时间，必须对建筑物进行连续的沉降观测。

2. 水准点和观测点的布设

（1）水准点的布设。建筑物的沉降观测是根据埋设在建筑物附近的水准点进行的，所以水准点本身必须稳定可靠。为了对水准点进行相互校核，防止其本身的变动，水准点的数目应不少于 3 个。布设水准点时应注意以下几点：

1）水准点应埋设在沉降区以外的通视良好，且不受施工影响的安全地点；

2）水准点与观测点之间的距离不能太远（一般不超过100m），以保证观测的精度；

3）水准点基础的埋深应在2m以下，以防止自身的下沉。

（2）观测点的布设。观测点是设置在建筑物及其基础上、用来反映建筑物沉降的标志点。观测点的数目和位置应能够全面反映建筑物的沉降情况，这与建筑物的大小、基础的形式、荷重以及地质条件等有关。一般说来，民用建筑应沿房屋的四周每隔20m左右设置一点，特别是墙角、纵横墙连接处更应设置观测点。工业厂房的观测点应布置在柱子基础、承重墙及厂房转角处。大型设备基础及较大动荷载的周围、基础形式改变处及地质条件变化处，最容易产生沉陷，宜布设适量的观测点。烟囱、水塔、高炉、油罐等圆形建筑物，则应在其基础的对称轴线上布设观测点。

观测点的标志形式，如图12-19所示。

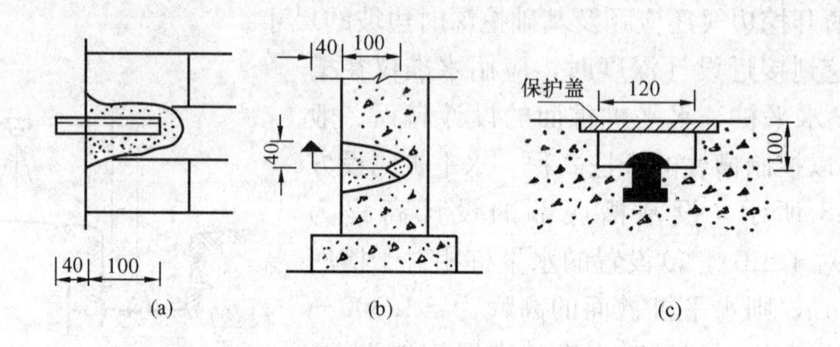

图12-19　观测点的标志形式

(a) 墙上的观测点；(b) 钢筋混凝土柱上的观测点；(c) 基础上的观测点

（3）观测时间。沉降观测的时间和次数，应根据工程进度、建筑物的大小、地基的土质情况以及基础荷重增加情况而定。

标志埋设稳固后，开始第一次观测，以后每增加一次较大荷重（如浇灌基础、砖墙。每砌筑一层楼、安装柱子、屋架、屋面吊装完毕或较重设备安装等），都要进行沉降观测。工程竣工投入运行后，还应连续进行观测，观测时间的间隔，可视沉降量大小及速度而定。开始可以一个月观测一次，以后随着沉降速度的减慢，可以三个月、半年、一年观测一次，直到沉降稳定为止。

3. 观测方法和精度要求

沉降观测是用水准仪定期进行水准测量，以测定建筑物上各观测点的高程，然后依其高程变化计算沉降量。

一般可以采用DS3型水准仪，对精度要求较高的沉降观测，应采用DS1型水准仪。

观测应在成像清晰、稳定的时间内进行。前、后视观测最好用同一根水准尺，水准尺离水准仪的距离应小于40m，前、后视距离要用皮尺丈量，并使其相等。

对连续生产的设备基础、高层钢筋混凝土框架结构及地基土质不均匀的重要建筑物，沉降观测点相对于后视点高差测定的容许差为±1mm（即仪器在每一测站上读完各观测点后，再回视后视点，两次读数之差不得超过±1mm）。水准路线的闭合差不得超过$\pm 1\sqrt{n}$mm（n为测站数）。对一般的厂房建筑物，沉降观测点相对于后视点高差测定的容许差为±2mm，水准路线闭合差不得超过$\pm 2\sqrt{n}$mm。

必须指出的是，沉降观测的第一次观测成果是以后各次观测成果比较的基础，如第一次观测的精度不够或存在错误，不但无法补测，而且在成果比较中将出现不可解决的矛盾。因此，首次观测值应取两次观测的平均，如有条件时，可提高观测的精度等级。

4. 沉降观测的成果整理

沉降观测的目的是要提交可靠的观测成果，以供有关部门分析，研究及进行处理。观测的数据应记入专用的外业手簿中。每次观测结束后，应检查记录计算是否有误，精度是否合格，文字说明是否齐全。然后调整闭合差，计算各沉降观测点的高程，并计算相邻两次观测之间的沉降量和累计沉降量，上述数据均应列入沉降观测成果表中。此外，还应注明观测日期和荷重情况。为了更形象地表示沉降、时间、荷重之间的关系，还应画出各观测点的沉降—荷重—时间关系曲线图（见图 12-20）。

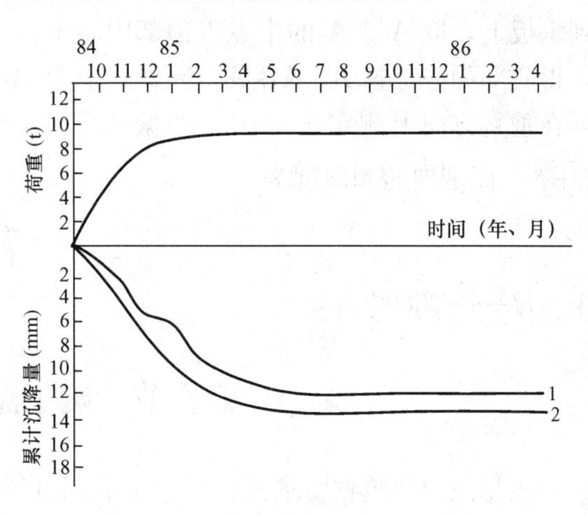

图 12-20　沉降—荷重—时间关系曲线图

二、建筑物的倾斜观测

基础的不均匀沉降，将使建筑物产生倾斜或裂缝，危及建筑物的安全，故建筑物竣工后必须进行倾斜观测。这对高大建筑物尤为重要。

进行倾斜观测时，应选择几个墙面，在墙面的墙顶作固定标志 A（见图 12-21），离墙面大于墙高的适当位置选定测站 O。观测时，全站仪置于 O 点，瞄准墙顶 A，俯下望远镜至水平位置，作标志 B。过一定时间后，再用全站仪瞄准同一点 A，如建筑物发生倾斜，向下投影得点 B'，量得偏离值 $BB'=l$，则建筑物的倾斜度为

$$i=\frac{l}{H} \tag{12-8}$$

式中　H——墙的高度。

为提高精度，每次观测应取盘左、盘右两个位置的平均结果来标定点 B 或 B'。

测定圆形建筑物（如烟囱、水塔等）的倾斜度，主要是求顶部中心对底部中心的偏离。如图 12-22 所示，

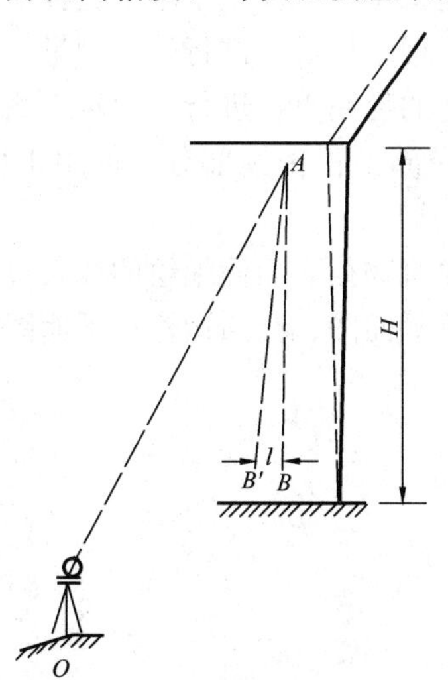

图 12-21　建筑物的倾斜测量

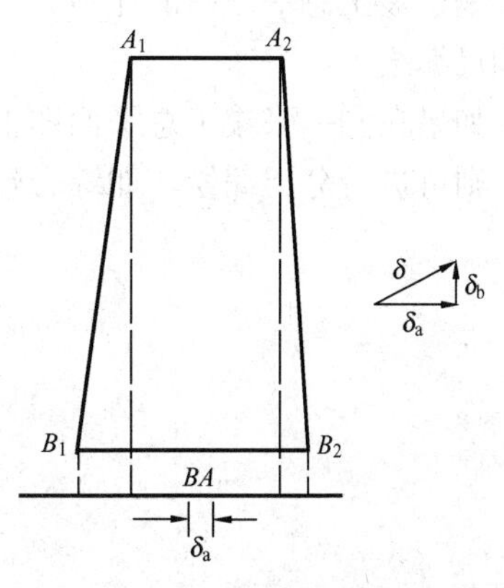

图 12-22　圆形建筑物倾斜度的测定

A_1、A_2为烟囱顶部边缘的点，B_1、B_2为烟囱底部边缘两点。观测时，先在烟囱底部放一块木板。全站仪距烟囱的距离应大于烟囱高度的1.5倍。分别瞄准顶部边缘A_1、A_2，将它们投影到木板上，取A_1、A_2的中点得顶部中心位置A，同法把底部边缘两点B_1、B_2投影到木板上，得底部中心位置B，AB间的距离δ_a就是A_1、A_2方向上顶部中心偏离底部中心的距离。同样在垂直方向上测定顶部中心的偏心距δ_b，则顶部中心相对于底部中心的总偏度$\delta=\sqrt{\delta_a^2+\delta_b^2}$，而烟囱的倾斜度为

$$i=\frac{\delta}{H} \tag{12-9}$$

式中　H——烟囱的高度。

第五节　竣工总平面图的编绘

工业与民用建筑物要求按设计总平面图进行施工，但在施工过程中，由于设计时没有考虑到的因素而变更设计之事时有发生，而这种变更设计的情况必须通过实测才能反映到竣工总平面图上（特别是地下管道等隐蔽工程），以便为建筑物的使用、管理、维修及扩建、改建等提供必要的资料和依据。因此，在工程竣工后，必须编绘竣工总平面图，以反映施工后工程的全面实际情况。

竣工总平面图应包括下列内容：

（1）施工现场保存的测量控制点、建筑方格网、主轴线、矩形控制网等平面及高程控制点；

（2）地面建筑物和地下构筑物竣工后的平面及高程；

（3）给水、排水、通信、电力及热力管线的平面位置及高程；

（4）交通线路及设施的平面位置及高程。

竣工总平面图的编绘，一般包括室外实测和室内资料编制两方面的工作。

室外实测工作是在每一单项工程完成后，由施工单位进行竣工测量，提交工程的竣工测量成果。

竣工总平面图的编绘是一项十分重要而细致的工作。施工单位应在整个施工过程中，随时积累有关变更设计的资料；特别对隐蔽工程，绝不能在工程结束后才进行竣工测量，而应及时验收、测绘。地面建筑物在竣工后，应根据建筑物场地的控制点，进行全面竣工测量。

编绘竣工总平面图的比例尺，一般采用1∶1000，对局部工程密集部分，可用1∶500比例尺编绘。

如果在同一张竣工总平面图上，由于涉及地面和地下建筑物很多而使编绘的线条过于密集，则可进行分类编绘，如综合竣工总平面图、管线竣工总平面图、交通运输总平面图等。

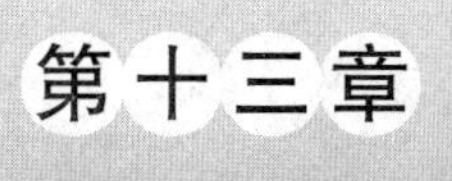

隧 洞 施 工 测 量

第一节 概　　述

在水利工程建设中，为了引水发电、修渠灌溉的需要，或是在铁路、公路建设中，常常要修建隧洞。本章主要介绍中小型隧洞施工测量的基本方法。

隧洞施工可以一端单向开挖或两端双向开挖，有时为了加快进度，还需要增加工作面，可以在隧洞中心线上较低处开挖竖井（见图 13-1），也可以在适当位置向中心线开挖旁洞或斜洞。隧洞施工测量的任务是：标定隧洞中心线，定出掘进中线的方向和坡度，保证按设计要求贯通，同时还要控制掘进的断面形状，使其符合设计尺寸。隧洞测量工作一般包括：洞外定线测量、洞内定线测量、隧洞高程测量和断面放样等。

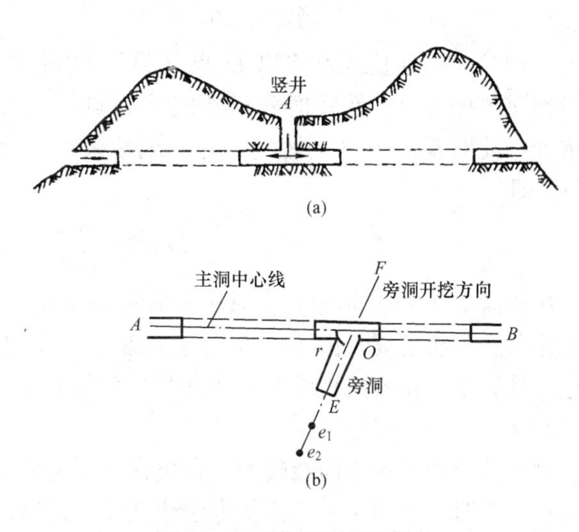

图 13-1　隧洞开挖示意图

(a) 竖井；(b) 旁洞开挖

在隧洞开挖时需要严格控制开挖方向和高程，保证隧洞的正确贯通。要保证隧洞的正确贯通，就是要保证隧洞贯通时在纵向、横向及竖向等几方面的误差（称为贯通误差）在允许范围以内。相向开挖的隧洞中线如果不能理想地衔接，其长度沿中线方向伸长或缩短，即产生纵向贯通误差，其允许值一般为±20cm；中线在水平面上互相错开，即产生横向贯通误差，其允许值一般在±10cm，但对于中小型工程的泄洪隧洞和不加衬砌的隧洞可适当放宽（如±30cm）；中线在竖直面内互相错开，产生竖向贯通误差，也称高程贯通误差，其允许值一般为±5cm。隧洞的纵向贯通误差主要涉及中线的长度，对于直线隧洞影响不大，有时将其误差限制在隧洞长度的 1/2000 以内，而竖向误差和横向误差一般应符合上述要求。

第二节 洞外定线测量

洞外定线测量的任务主要是在地面上标定隧洞进出口、竖井、旁洞、斜洞等位置及其开挖方向。

一、隧洞中心线的测设

在地面上测设隧洞中心线，可以根据隧洞的大小长短采用不同的方法。

1. 直接定线测量

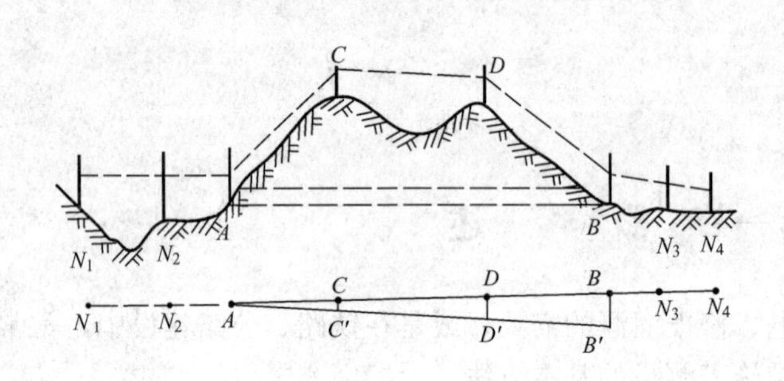

图 13-2 隧洞直线定线示意图

对于较短的隧洞，可在现场直接选定洞口位置，然后用全站仪按正倒镜测直线的方法标定隧洞中心线掘进方向，并求出隧洞的长度。如图 13-2 所示，A、B 两点为现场选定的洞口位置，且两点互不通视，欲标定隧洞中心线，首先初选一点 C'，使其尽量在 AB 的连线上，将全站仪安置在 C'点上，瞄准 A 点，倒转望远镜，在 AC'的延长线上定出 D'点（为了提高定线精度，可用盘左、盘右观测取平均，作为 D'点的位置）；然后把全站仪搬至 D'点，同法在洞口附近定出 B'点。通常 B'与 B 不相重合，此时量取 $B'B$ 的距离，并用全站仪测得 AD'和 $D'B'$的水平长度，求出改正距离 $D'D$，即

$$D'D=\frac{AD'}{AB'}\times B'B \tag{13-1}$$

在地面上从 D'点沿垂直于 AB 方向量取距离 $D'D$ 得到 D 点，再将全站仪安置于 D 点，依上述方法再次定线，由 B 点标定至 A 洞口，如此重复定线，直至 C、D 位于 AB 直线上为止。最后在 AB 的延长线上各埋设两个方向桩 N_1、N_2 和 N_3、N_4，以指示开挖方向。

2. 解析法定线测量

对于较长的隧洞或曲线隧洞，直接在地面上用上述方法测定隧洞中心线及其长度，将会很困难，此时可以用小三角测量方法建立施工控制网进行定线。

图 13-3 中 ABC 为隧洞中心线，A、C 为洞口位置，在 B 处隧洞转了一个 θ 角。定线

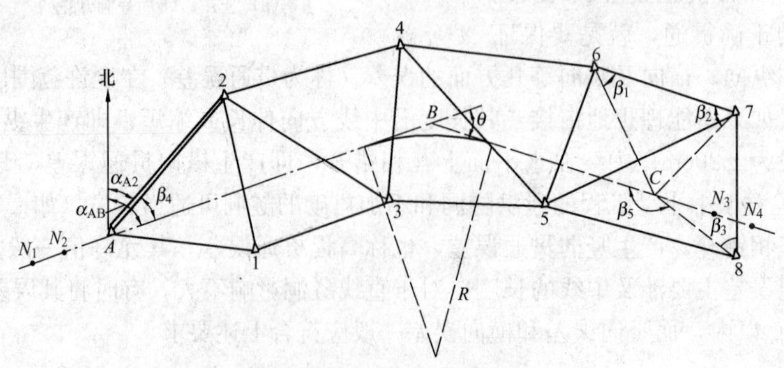

图 13-3 隧洞三角网布置图

时，在地面上沿隧洞中心线布设三角锁作为施工控制网，并以洞口中心点 A 作为一个三角点，以减少测量的计算工作。

小三角测量的布设方法、精度要求以及平差计算可参照本书第八章所述方法。

通过计算，求得施工控制网中各点的坐标及各边的方位角。据此在地面上标定隧洞的开挖方向 AB 与 CB 及洞口 A、C 的位置，其方法如下。

(1) 洞口位置的标定。洞口 A 正好位于三角点上，而洞口 C 不在三角点上，这样，就可根据 6、7、8 三个控制点用角度交会法将 C 点在实地测设出来。为此，需依各控制点的已知坐标和 C 点的设计坐标计算出各边方位角（α）和交会角（β），即

$$\alpha_{6c} = \arctan\frac{y_c - y_6}{x_c - x_6};\ \alpha_{7c} = \arctan\frac{y_c - y_7}{x_c - x_7};\alpha_{8c} = \arctan\frac{y_c - y_8}{x_c - x_8}$$

$$\beta_1 = \alpha_{6c} - \alpha_{67};\ \beta_2 = \alpha_{76} - \alpha_{7c};\ \beta_3 = \alpha_{87} - \alpha_{8c}$$

(2) 开挖方向的标定。为了在地面上标出隧洞开挖方向 AB 和 CB，同样是根据各点的坐标先算出方位角，然后算出定向角 β_4、β_5，即

$$\alpha_{AB} = \arctan\frac{y_B - y_A}{x_B - x_A};\alpha_{CB} = \arctan\frac{y_B - y_C}{x_B - x_C}$$

$$\beta_4 = \alpha_{AB} - \alpha_{A2};\beta_5 = \alpha_{CB} - \alpha_{C8}$$

测设时，在 A、C 点安置全站仪，分别测设定向角 β_4、β_5，并以盘左、盘右测设取其平均位置，即得到开挖方向 AB 和 CB，然后倒转望远镜，在地面上标定掘进方向桩 N_1、N_2、N_3、N_4。

(3) 隧洞长度计算。对于上述曲线隧洞，其长度计算式为

$$D = D_{AB} + D_{BC} - 2R\tan\frac{\theta}{2} + R\times\frac{\pi\theta}{180^\circ} \tag{13-2}$$

二、竖井、旁洞位置的测定

对于较长的隧洞，往往要增加工作面以加快开挖进度，此时需要设置竖井或旁洞。

竖井是在隧洞地面中心线上某处，如图 13-1 (a) 中的 A 处，向下开挖至该处隧洞洞底，然后对向开挖增加工作面。它的测量工作包括：在实地确定竖井开挖位置，测定高程以求得竖井开挖深度，在开挖至洞底时再将开挖方向及洞底高程通过竖井传递至洞内作为掘进依据。

旁洞是在隧洞一侧开挖，与隧洞中心线相交后，沿隧洞中心线对向开挖以增加工作面。根据洞口的高低可分为平洞和斜洞，平洞沿隧洞设计高程开挖，斜洞洞口高于隧洞设计高程。图 13-4 所示为旁洞开挖平面图，A、B 为隧洞洞口位置，E 为旁洞洞口位置，K 为控制点，其坐标均已知。旁洞中线与主洞中线的交角 γ 可根据需要设定。为了在 E 点指示旁洞的开挖，必须算出定向角 β 和 EO 的距离 S。为此，应先算出 O 点的坐标，然后再推算 β 和 S。

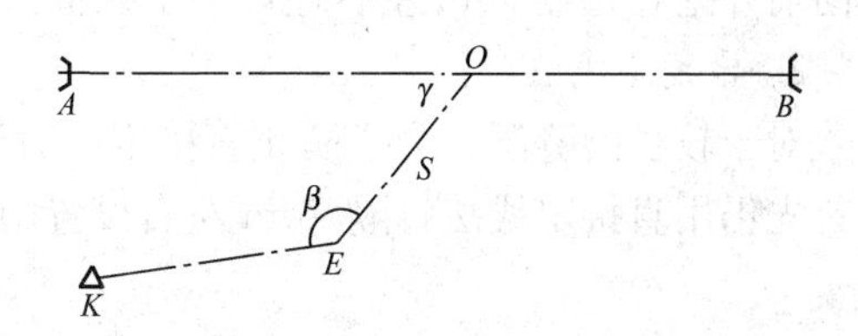

图 13-4　旁洞开挖平面图

根据图 13-4 及已知坐标可知

$$\alpha_{OA} = \alpha_{BA} = \arctan\frac{y_A - y_B}{x_A - x_B},\alpha_{OE} = \alpha_{OA} - \gamma$$

则交点 O 的坐标计算式为

$$\left.\begin{aligned}\tan\alpha_{OA} &= \frac{y_A - y_O}{x_A - x_O} \\ \tan\alpha_{OE} &= \frac{y_E - y_O}{x_E - x_O}\end{aligned}\right\} \tag{13-3}$$

由此得定向角为

$$\beta = \alpha_{EO} + 360° - \alpha_{EK} \tag{13-4}$$

式中 $\alpha_{EK} = \arctan\dfrac{y_K - y_E}{x_K - x_E}$。

距离 $$S = \sqrt{(y_E - y_O)^2 + (x_E - x_O)^2}$$

现场测设时，在 E 点安置全站仪，后视 K 点，精确测设 β 角，得旁洞的开挖方向，当开挖至 O 点后，即可根据 γ 标定沿主洞中线的开挖方向。

开挖斜洞时，由于斜洞洞口高程高于隧洞设计高程，开挖的是倾斜长度，故应根据所得的水平距离 S 及两洞口间的高差 h，计算出斜距及开挖坡度 i。

第三节　洞内定线及断面放样

洞外定线测量完毕后，为了指导洞内施工，应将隧洞中心线引入洞中，并进行隧洞断面放样。

一、洞内定线测量

洞内定线测量的方法，视隧洞的长短而异，下面介绍常用的两种方法。

1. 直接定线法

此法适用于开挖短且直的隧洞。如图 13-2 所示，$ACDB$ 为隧洞的中心线，N_1、N_2 和 N_3、N_4 分别为洞口的方向桩。

为了指示隧洞的开挖方向，可将全站仪安置于 N_2 点，后视 N_1 点，倒转望远镜，此时望远镜的视线方向即为隧洞中心线方向，以此来控制开挖。隧洞开挖一段距离（如 20m 左右）后，应在洞内设置中线桩，中线桩通常是在洞底与洞顶上钻一小孔，塞上木桩做成。为了较精确的使中线桩的标点位于隧洞中心线的方向上，通常采用正倒镜定线。此后，随着隧洞向前开挖，每隔 20m 左右埋设一中线桩。

2. 导线定线法

对于较长的隧洞，为了防止直接定线时误差的累积，可以在洞内测设导线进行定线。为此首先仍用直接定线法每隔 20m 左右设置中线桩（洞顶与洞底需埋设标志）。然后选择相隔 100m 左右的中线桩作为导线点，由于按上述直接定线法所埋设的洞底中线桩常受爆破、出渣运输等施工干扰，故导线点可按图 13-5 所示进行埋设，即采用混凝土包裹铁桩心，并在上加设活动盖板，铁桩心可用直径 12～16mm、长约 25cm 的钢筋，铁桩顶刻划十字线，十字线交点即为导线点点位。

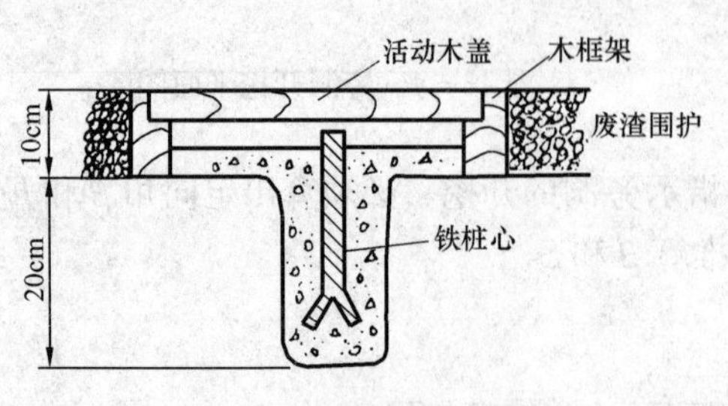

图 13-5　导线点的埋设

导线的边长可用检定过的钢卷尺往返丈量，相对误差应小于 1/3000～1/6000，导线的角度用全站仪施测两个测回，第一测回测左角，第二测回测右角，以便检查错误，观测精度按本书第八章所述要求进行。

在直线隧洞施工测量中，由于导线沿隧洞的中心线布设，故影响隧洞贯通精度的主要因素是角度测量的误差；因而测角时，必须利用光学对中器进行对中，观测标志可用较细的目标，以减少仪器对中与目标偏心误差的影响。在曲线隧洞中，还必须注意提高导线的量距精度，以减少量距误差对隧洞贯通的影响。

根据洞外平面控制点进行洞内导线计算时，为了计算方便，常以隧洞轴线为 X 坐标轴。为了保证不出现错误，洞内导线应由两组分别进行观测和计算。由于定线和测量误差的累积影响，所布设的导线点不可能位于隧洞的中心线上，这时应根据求得的导线点坐标进行改正，使其位于隧洞的中心线上，继续指示隧洞开挖方向。

对于曲线隧洞，可以用较高精度的全站仪进行导线测量。

二、隧洞断面放样

随着隧洞向前开挖，必须及时将隧洞断面放样到待开挖的工作面上，以便布置炮眼，并检查断面开挖情况。

如图 13－6 所示为一圆形的隧洞断面。放样时，将全站仪安置于洞内中线桩上，后视另一中线桩，倒转望远镜，即可在待开挖的工作面上用红油漆标定出中垂线 AB。为了定出隧洞断面，还应在中垂线上找出断面的圆心。因此，应根据洞口设计高程、隧洞的纵坡以及开挖工作面与洞口的距离，算出圆心应有的高程；然后根据洞内水准点，将圆心测设出来，按照圆心和测设半径即可在岩面上画出圆形的断面形状。

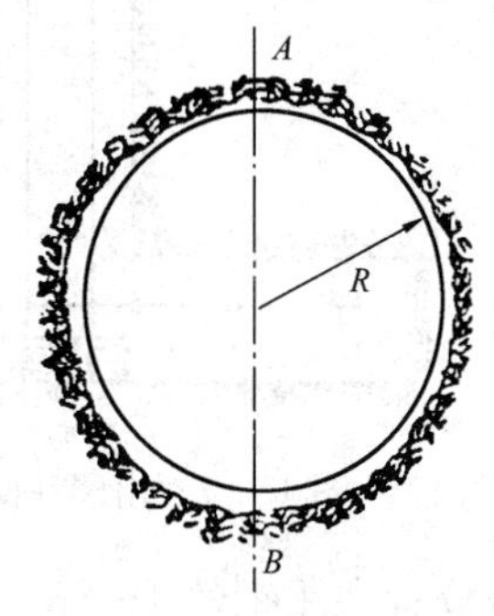

图 13－6　圆形隧洞断面图

第四节　隧 洞 水 准 测 量

一、洞外水准测量

为了保证隧洞开挖的正确贯通，除了要进行隧洞定线外，还要根据隧洞的长短与大小，在洞外测设三等或四等水准点，以便控制开挖高程。

在布设水准点时，要求水准点在爆破影响范围之外，但离洞口也不能太远，引测 2～3 站即可将高程传递到洞口为宜。一般在洞口、竖井、旁洞或斜洞附近都应布设水准点。水准点应构成闭合或附合水准路线，以便校核。

二、洞内水准测量

为了保证隧洞洞底高程符合设计要求，应根据洞外水准点将高程引入洞内，并在洞内布设水准点，作为开挖时进行高程放样的依据。

洞内水准测量通常采用往返观测的方法，每隔 30m 左右测设一个临时水准点，每隔 150～200m测设一个固定水准点。为了防止施工爆破的影响，对洞内水准点的高程应随时检查。

第五节　竖井传递开挖方向

采用开挖竖井来增加工作面时，需要将洞外的隧洞中线通过竖井传递到洞内，以控制开挖方向。其方法较多，现仅介绍方向线法。

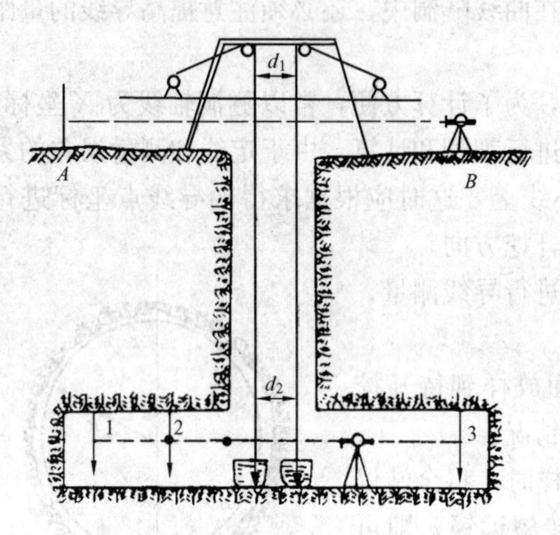

图 13-7　由竖井传递开挖方向

如图 13-7 所示，A、B 为隧洞中线上的方向桩，为了将方向传递到洞内，可在 B 点上安置全站仪，瞄准 A 点，仔细移动井内悬挂吊有重锤的两条细钢丝（可用绞车控制移动），使其严格位于全站仪的视线上；钢丝的直径与吊锤的重量随井深而不同，将吊锤浸入盛有稳定液（如废机油或水）的桶中；为了提高传递方向的精度，两条钢丝之间的距离应尽可能大些，但不能碰着井壁，为此，待悬锤稳定后可从井上沿钢丝下放信号圈（小钢丝圈），看其是否顺利落下；并在井上、井下丈量两悬锤线间的距离，其差不大于 2mm 则满足要求；然后在井下将全站仪安置在距钢丝 4～5m 处，并用逐渐趋近的方法，使仪器中心严格位于两悬锤线的方向上，此时根据视线方向即可在洞内标定出中线桩（如1、2、3 等），控制开挖方向。

第十四章

渠 道 测 量

第一节　渠道选线测量

在水利工程建设中，无论是以蓄、引、提方式进行灌溉，或利用水力进行发电，或排除洪涝积水，往往都要修建渠道。渠道测量则是渠道兴建中不可缺少的一项工作，渠道测量的内容一般包括踏勘选线、中线测量、纵横断面测量、土石方计算和断面放样等。

一、选线测量

对于灌溉渠道，选线的任务是选定一条由水源贯穿灌区的合理渠线，在地面上标定渠道中心线的位置。渠道线路选择的好坏将直接影响到工程效益和修建费用，以及占用耕地、拆除或迁移地面建筑物等许多重要问题。因此，在选线时，必须认真进行调查研究，深入了解灌渠面积、农田需水量、地形、地质、土壤、水文，以及修建附属建筑物时的材料来源、施工条件和群众要求等情况。

灌区面积较大、渠线较长的渠道选线，一般是在调查研究的基础上根据渠系规划布置：先在灌区地形图上初步选定渠道的线路，即根据灌区的主要灌溉任务确定渠道大致走向和必须经过的位置，然后进行实地勘查，察看地形图上初选线路是否合理，最后加以肯定或修改。灌区面积较小、渠线不长的渠道，可以根据调查研究的资料和渠系规划布置方案直接到实地去查勘选线，而不必进行图上选线。

总的来说，选定渠线时应尽量符合以下条件：灌溉面积较大，而且占用耕地少；开挖或填筑的土石方量少，所需修建的附属建筑物少；同时也要考虑到渠道沿线有较好的地质条件，尽量避免通过沙滩等不良地段，以免发生严重的渗漏和塌方现象。

在平原地区选择渠线时，渠线应尽可能选成直线。如遇接线转弯时，应在转折处打下木桩，在山区或丘陵地区选择渠线时，渠道一般是环山而走（见图 14－1）。为了控制渠道高程，必须探定渠线位置。若渠线选得过低，则施工时要填高渠底才能过水，而填方容易被冲垮，增加维护渠道的困难，所以盘山渠一般要求挖方而避免填方。但是，若选得过高，则开挖的土方量过大，造成不必要的浪费。为此，可根据渠首引水高程、渠道比降和渠道上某点至渠首的距离，算出该点应有的高程，然后用水准仪或全站仪在地上探测其位置。

如图 14－1 所示，为了探测 B 点的实地位置，从中线丈量（见本章第二节）得知 B 点至渠首 A 的距离为 300m，A 点的高程为 86.00m（即渠首引水高程 83.5m 加渠深 2.5m）。

图 14-1　渠道选线

渠道比降为 1/2000，可算出 B 点的渠顶高程为 85.85m。如果采用水准仪探高，可将水准仪安置在 BM_0 和 B 点之间。后视 BM_0（BM_0 的高程为 86.102m）读数为 0.482m，则 B 点的前视读数应为

$$86.102+0.482-85.85=0.734\ (\mathrm{m})$$

施测时，如果前视读数为 1.544m，则表示立足点偏低，这时用目估把木桩打在比立尺点高 1.544−0.734=0.81m 处，这就探定了 B 点位置。按同法可探定 C、D、E 等各点的位置。

如果采用全站仪探高，可以将全站仪安置于水准点上，应用全站仪进行三角高程测量即可，具体测量方法参见本书第五章。

二、水准点的测设

从前述可知，为了探测渠线各点的位置，需要根据附近已知水准点进行引测。所以，为了满足渠线各点的探高测量和以后进行纵断面测量的需要，在渠道选线的同时，应沿渠线附近每隔 1～2km 测设一个水准点，一般要求按四等水准来观测（大型渠道有的采用三等水准测量）。

第二节　中　线　测　量

当渠道中线的转折点在地面上标定后，即可用测距仪、全站仪、皮尺或测绳丈量渠线的长度，标定渠道的中心桩，这个工作称为中线测量。丈量时一般每隔 100m（或 50、20m 等整数）在渠道中心线上打一个标明里程的木桩，称为里程桩。丈量渠线的工作应从渠首开始，起始桩的里程为 0+000（意思为 0km 又 000m）。若每 100m 打一个桩，则第二个桩的里程为 0+100，依此类推。

当渠道越过山沟、山丘等地形突然变化的地方，除按每隔一定的距离打一个里程桩之外，为了反映实际地形情况，还必须在地形变化的地方增打一些桩，称为加桩。图 14-2 所示为中心桩布置图（遇到沟的情况），在沟的一边加桩的桩号为 2+265，沟对边加桩号为 2+327，表示沟宽 62m，沟中加桩 2+310 表示沟底。2+200，2+300，2+400 均为每隔 100m 所打的里程桩。渠线上拟修建的各种建筑物的位置，例如渡槽、隧洞和涵洞的位置，其起点和终点部位要另打加桩。在渠道上所打的里程桩和加桩，通称为中心桩。在丈量中线

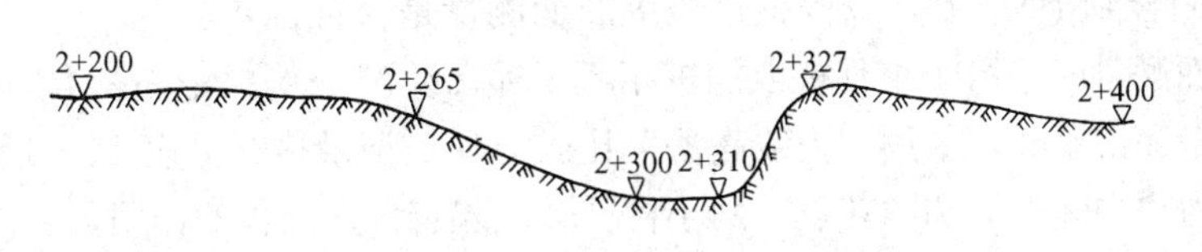

图 14-2 中心桩布置图

和打里程桩的同时，应由专人绘画沿线地形、地物草图。在图上标出各里程桩的位置和记录沿线地质、地貌、地物和土、石分界线等情况。

在中线测量时，对于直线渠道应用花杆定出直线。对于渠道上的拐弯处，若渠道的流量不大，可以适当多打一些加桩，随弯就弯，使水能平顺地流动。若是流量较大的渠道，则应在渠道拐弯处测设一段圆曲线，使水沿着曲线方向流动，以免冲刷渠道，这时渠线上的里程桩和加桩均应设置在曲线上，并按曲线长度计算里程。

对于环山而走的渠道，当渠线的大致走向确定以后，中线测量往往是和探测渠线的位置同时进行，以便根据中线丈量的距离算出各探测点的高程。

第三节 纵断面测量

当打好里程桩和加桩以后，便要测出各桩的地面高程，了解纵向地面高低起伏的情况，并绘制渠道的纵断面图。纵断面测量包括如下外业和内业工作。

一、纵断面测量外业

纵断面测量外业是以在渠线附近所测设的水准点为依据，按等外水准测量的要求，从一个水准点引测高程，测出这一段渠线所有中心桩的地面高程，然后闭合到相邻的水准点，其闭合差不得大于 $\pm 10\sqrt{n}$ mm（n 为测站数）。

如图 14-3 所示，从 BM_1 引测高程，依次测出 0＋000，0＋100，…直至 1＋000 各桩

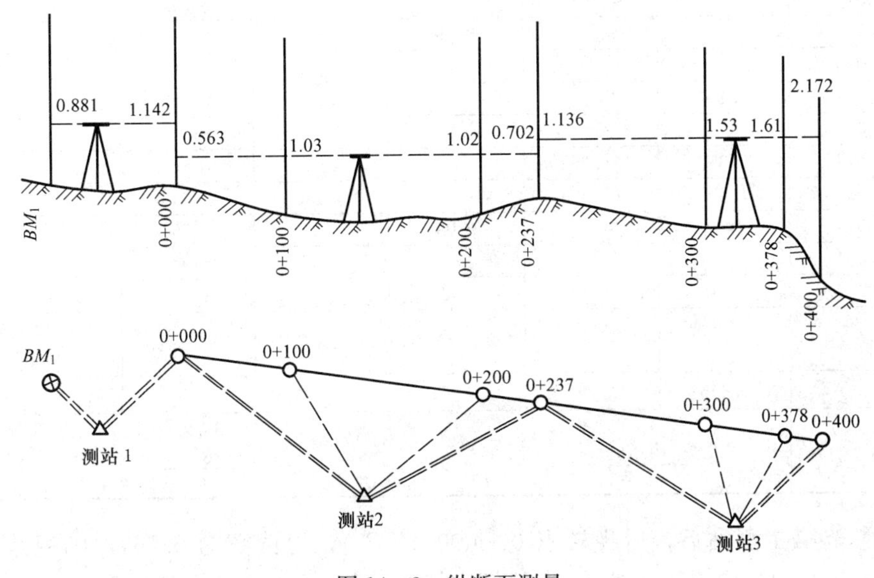

图 14-3 纵断面测量

的高程，然后闭合到 BM_2 上，以校核这段纵断面测量是否符合要求。

进行纵断面测量时，由于里程桩或加桩相距不远，设置一个测站往往可以测出几个桩的高程。所以在测量和记录时，采用“视线高法”比较方便，记录格式见表 14-1。表中“前视读数”一栏内分为“中间点”和“转点”两小栏。转点起着传递高程的作用，它的读数误差直接影响到以后各点，因此对转点的读数要仔细，要求读至毫米。只有前视读数而没有后视读数的点，称为“中间点”。中间点的读数误差不影响以后各点，读至厘米即可。其计算方法为

视线高程＝后视点高程＋后视读数

测点高程＝视线高程－前视读数

例如：在图 14-3 中，已知 BM_1 的高程为 86.102m（见表 14-1），仪器设在测站 1，后视 BM_1，得后视读数为 0.881m，此时

视线高程＝86.102＋0.881＝86.983（m）

前视起始桩（0＋000），得读数为 1.142，这是转点的前视读数，因而求得

起始桩的高程＝86.983－1.142＝85.841（m）

表 14-1　　纵断面水准测量测量手簿

日期____年____月____日　　天气　　观测者______　　记录者______

测点	后视读数（m）	视线高程（m）	前视读数（m）		测点高程（m）	备注
			中间点	转点		
BM_1	0.881	86.983			86.102	已知
0＋000（TP_1）	0.563	86.404		1.142	85.841	
0＋100			1.03		85.37	
0＋200			1.02		85.38	
0＋237（TP_2）	1.136	86.838		0.702	85.702	
0＋300			1.53		85.31	
0＋378			1.61		85.23	
0＋400（TP_3）	1.303	85.969		2.172	84.666	
0＋440（TP_4）	0.412	85.604		0.777	85.192	
0＋500			0.45		85.15	
0＋600			0.10		85.50	
0＋700			0.40		85.20	
TP_5	0.101	83.964		1.741	83.863	
0＋730			0.03		83.93	
0＋760（TP_6）	3.356	84.358		2.962	81.002	
0＋780（TP_7）	1.691	85.593		0.456	83.902	
0＋800			0.09		85.50	
0＋900			0.39		85.20	
1＋000			0.49		85.10	
BM_2				0.362	85.231	已知高程为 85.215
Σ	9.443			10.314		
校核	9.443 －10.314 －0.871				85.231 －86.102 －0.871	

仪器搬至第二测站后，后视转点 0＋000（TP_1），得读数为 0.563，则视线高程为：85.841＋0.563＝86.404m；由这一站可测得 0＋100 和 0＋200 的前视读数为 1.03 和 1.02，

它们是作为中间点来观测的。用第二站的视线高程减去这两个点的前视读数，即可分别求出这两个桩号的高程。这样随测、随记、随算，到适当距离闭合到另一个水准点 BM_2，以检校这段渠线的纵断面测量成果是否符合要求。

为了检测各测点高程是否发生了计算上的错误，在进行了这一段渠线的纵断面测量后，应进行计算校核，计算式为

$$\text{后视读数之和}-\text{转点前视读数之和}=BM_2\text{ 的高程}-BM_1\text{ 的高程} \tag{14-1}$$

在所举的例子中（见表 14-1）

$$\text{后视读数之和}-\text{转点前视读数之和}=9.443-10.314=-0.871\ (\text{m})$$

$$BM_2\text{ 的高程}-BM_1\text{ 的高程}=85.231-86.102=-0.871\ (\text{m})$$

校核结果满足式（14-1）的要求，说明计算无误。

测得 BM_2 的高程为 85.231m，但是 BM_2 的已知高程为 82.215m，因而求得此段渠线纵断面测量闭合差为

$$85.231-85.215=+0.016\text{m}=+16\text{mm}$$

此处，总共设了 8 个站，故测量的允许误差为

$$\pm 10\sqrt{n}\text{mm}=\pm 10\sqrt{8}\text{mm}=\pm 28\text{mm}$$

从以上计算可知，闭合差小于允许误差，说明这段渠线的观测成果是满足要求的。

纵断面测量的目的，是测出各点的地面高程，所以，应把水准尺放在桩边的地上。但作为转点的观测点，应在桩子附近踏入尺垫，把水准尺放在尺垫上，以免由于转点位置的改变而引起差错。在放尺垫时，最好将其选在踏入后能与木桩地面大致齐平的地方，以便尽可能减小因增加尺垫而高出地面的差错。另外，转点和中间点的选择可以根据具体情况灵活掌握。

当渠线上各里程桩及加桩的高程测出后，为了检查所选路线是否合适，并估算工程量，应根据纵断面外业测量的成果进行内业整理，绘制渠线纵断面图。

二、纵断面图的绘制

纵断面图一般绘在印有厘米和毫米的方格纸上。为了在图上能明显地表示出地面起伏的变化，一般高程比例尺（纵向比例尺）要比距离比例尺（横向比例尺）大 10～50 倍，如图 14-4 所示，高程比例尺为 1∶100，水平距离比例尺为 1∶5000。在纵断面图的下方标明桩号、地面高程、渠底高程等。现说明如下。

“桩号”一行，是从左向右按距离比例尺填入各里程桩和加桩的桩号。“地面高程”一行，是将各里程桩及加桩的地面高程凑整到厘米后，填入的地面高程；再根据各桩点的地面高程绘出地面线。

各桩点的地面高程一般都很大，在绘制纵断面图时，为了节省纸张和便于阅读，高程一般都不从零开始，而从某一合适的数值开始，算例中的高程是从 80.00m 开始的。

“渠道比降”是由设计确定的，图 14-4 中的斜线表示渠底坡降的方向，算例中渠底的坡度采用 1/2000。

各桩点的渠底高程，是根据渠线起始点（0+000）的渠底设计高程、渠道比降和各桩点离起始点的距离计算出来的。算例中起始点（0+000）的渠底设计高程为 83.50m，则桩号 0+100 的渠底设计高程为

$$83.50-100\times\frac{1}{2000}=83.45(\text{m})$$

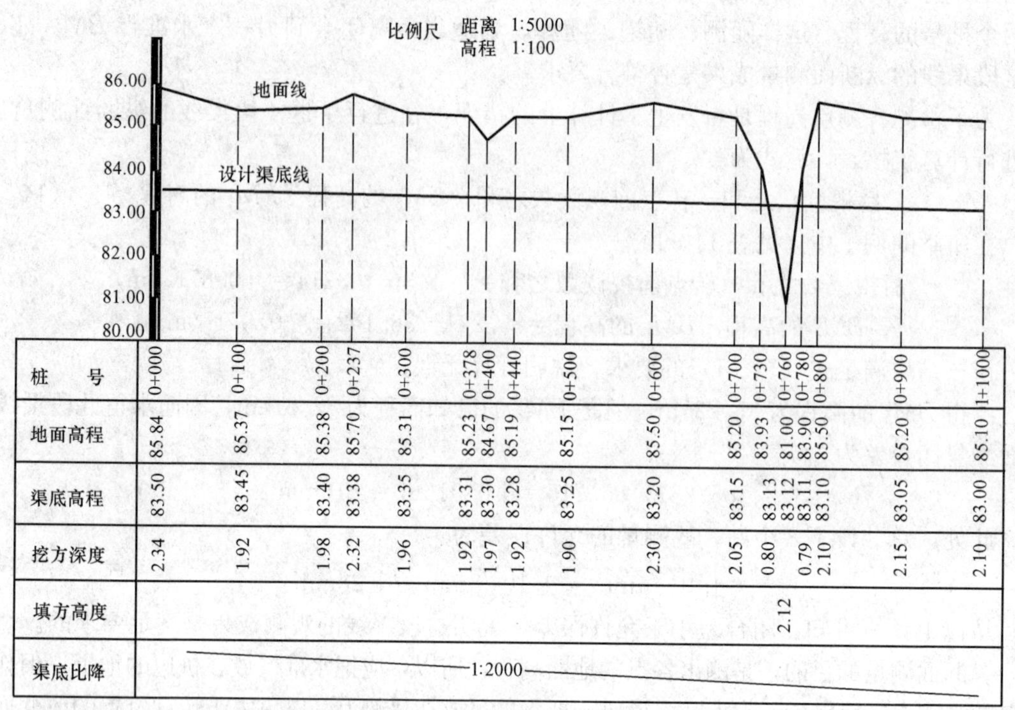

桩号	0+000	0+100	0+200	0+237	0+300	0+378	0+400	0+440	0+500	0+600	0+700	0+730	0+760	0+780	0+800	0+900	1+1000
地面高程	85.84	85.37	85.38	85.70	85.31	85.23	84.67	85.19	85.15	85.50	85.20	83.93	81.00	83.90	85.50	85.20	85.10
渠底高程	83.50	83.45	83.40	83.38	83.35	83.31	83.30	83.28	83.25	83.20	83.15	83.13	83.12	83.11	83.10	83.05	83.00
挖方深度	2.34	1.92	1.98	2.32	1.96	1.92	1.97	1.92	1.90	2.30	2.05	0.80		0.79	2.10	2.15	2.10
填方高度													2.12				
渠底比降	1:2000																

图 14-4 东方红水库西干渠纵断面图

算出各桩点的渠底高程后，写在“渠底高程”一行相应的位置上。

根据各桩点的地面高程和渠底高程，即可计算各点的挖方深度和填方高度，分别填写在图 14-4 中“挖方深度”和“填方高度”的相应位置上。

第四节 横断面测量

纵断面测量只反映了渠道中心线高低起伏的实地情况，而渠道都是有一定宽度的，为了较详细地反映渠线两旁一定距离内地面高低起伏情况和计算土方量，还需要进行横断面测量。

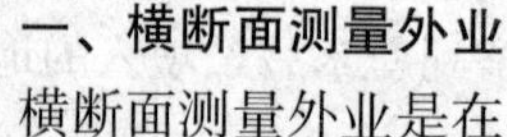

一、横断面测量外业

横断面测量外业是在各里程桩和加桩处测量垂直于渠线方向的地面高低情况。测量的宽度随渠道的大小而定；一般来说，渠道大，所要测量横断面的宽度也要大些。如遇填方和挖方较大的地段，横断面测量应适当加宽。

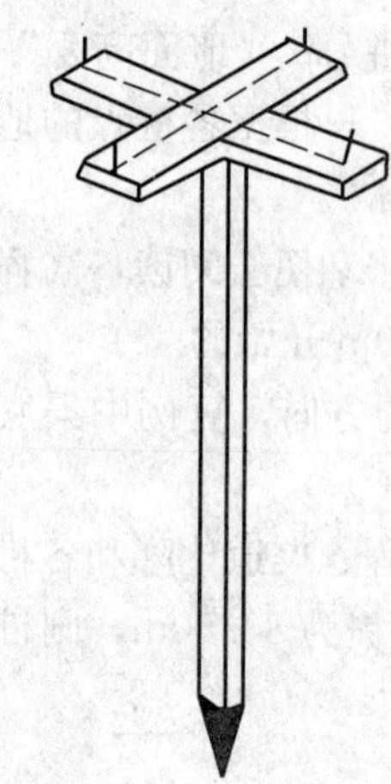

图 14-5 方向架

横断面测量时，先用十字形的方向架（见图 14-5）或其他简便方法定出垂直于渠道中线的方向，然后从中心桩开始沿此方向测出左右两侧坡度变化点间的水平距离和高差。左、右侧是以渠道水流方向为准，面向下游，左手边为左侧，右手边为右侧。

如图 14-6 所示，先测横断面的左侧，第一人将一根断面尺（或皮尺）的一端放在中心桩上，使尺子放平；第二人将另一根断面尺立于坡度变化点处，根据两尺的交点，读出水平距离和高差。例如图14－6中左侧第一段水平距离为3.0m，高差为－0.6m。用同样方法可依次测定横断面上左右侧其他各坡度变化点间的距离和高差。在地势平坦地区，有时也可采用水准仪测高差，用皮尺丈量两点间的水平距离。横断面测量记录格式见表14－2。

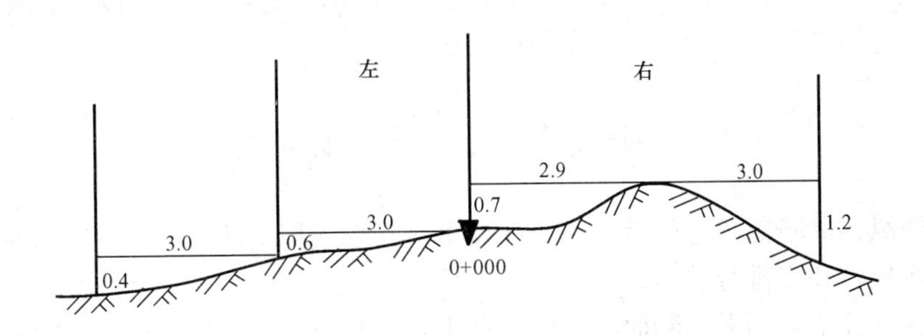

图14－6　横断面测量

表14－2　　**横断面测量手簿**

左侧横断面			中心桩	右侧横断面		
平	$\frac{-0.4}{3.0}$	$\frac{-0.6}{3.0}$	$\frac{0+000}{85.84}$	$\frac{+0.7}{2.9}$	$\frac{-1.2}{3.0}$	同坡
$\frac{-0.2}{2.3}$	$\frac{-0.3}{3.0}$	$\frac{-0.5}{3.0}$	$\frac{0+100}{85.37}$	$\frac{+0.5}{3.0}$	$\frac{-0.7}{3.0}$	$\frac{-0.3}{2.5}$
…	…	…	…	…	…	…

表14－2中所记数据为相邻两点间的水平距离和高差，其中水平距离记在横线之下，高差记在横线之上。如0＋000桩号左侧第一段记录$\frac{-0.6}{3.0}$，表示所测得的坡度变化点距0＋000里程桩3.0m，低于该里程桩0.6m；第二坡度变化点的记录$\frac{-0.4}{3.0}$，表示它与第一点距离3.0m，低于第一点0.4m，此点以后是平地，不用再测，注明“平”字。右侧断面第二点以后的坡度与上一段的坡度一致，所以在记录上注明“同坡”。在中心桩一栏中，横线之上记录里程桩或加桩的桩号，横线之下记录该桩号的高程。

二、横断面图的绘制

测完横断面后，根据所测数据，即可将各横断面绘制在方格纸上。为了计算方便，横断面图的距离比例尺与高程比例尺相同，一般采用1∶100或1∶200。如图14－7所示，比例尺

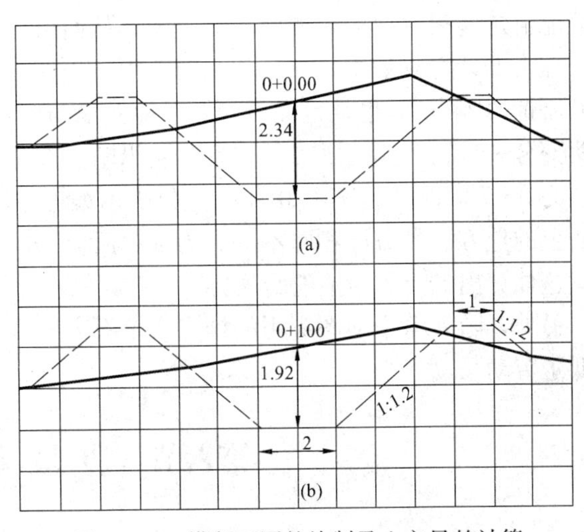

图14－7　横断面图的绘制及土方量的计算

为1：100，横向表示距离，纵向表示高差；当要绘制0+000里程桩的横断面时，先在方格纸适当位置标定0+000点，为了绘制右侧第一点，从记录中（见表14-2）查得其数据为$\frac{+0.7}{2.9}$，此时从0+000点向右侧按比例量取2.9m得一点，再由该点向上（高差为负时向下量取）按比例量取0.7m，即得右侧第一点。同法可绘出其他各点，连接各点所得的地面线（见图14-7中的实线）即是0+000点的横断面图。

第五节　土方计算

当渠道的纵、横断面图绘好后，便要计算渠道开挖或填筑的土石方量，以便编制经费预算、进行方案比较和安排劳动力。

渠道土方计算常采用平均断面法，即先算出相邻两中心桩应挖（或填）的横断面面积并取其平均值，再乘以两断面的距离，求得这两中心桩之间的土方量。以公式表示为

$$V=\frac{1}{2}(A_1+A_2)D \tag{14-2}$$

式中　V——两中心桩间土方量，m^3；

A_1、A_2——两中心桩上应挖（或填）的横断面面积，m^2；

D——两中心桩间的距离，m。

由式（14-2）求出的土方量，虽是近似值，但它简单易算，精度也能满足生产实际的需要，所以生产上大多数采用此法来计算渠道的土方量。

从式（14-2）可知，为了计算土方，必须计算各断面应挖或应填的面积。而计算面积之前，首先要在每个中心桩的横断面图上套绘渠道设计断面。套绘时，先在透明纸上按设计要求绘制标准横断面，然后再根据中心桩挖深或填高的数据转绘到横断面图上。如欲在0+000的横断面图上套绘设计断面，则先从纵断面图（见图14-4）查出里程桩0+000应挖深2.34m，再在0+000的横断面图上由里程桩向下按比例尺量取2.34m得渠底中心点；然后将透明纸上标准断面图的渠底中心点对准横断面图上的相应点，并将渠底线平行于方格的横线，用针刺或压痕的方法将设计断面转绘到横断面图上，如图14-7虚线所示。这样，从图上就能清楚地表示出应挖或应填的范围，从而可计算填、挖面积。

在土方计算过程中，如是相临两断面一为挖方、一为填方，则中间必有一点即不挖又不填的所谓“零点”，也就是纵断面图上地面线与渠底设计线的交点；这时应从零点断开，分为两部分来进行计算。零点的位置可从纵断面图上量出，如图14-4中量得两个零点的桩号分别为0+738和0+775。由于零点仅表示渠道中心线在该点的挖深、填高为零，而在该横断面上的挖方、填方面积并不一定为零。所以仍应测出零点横断面，作为计算土方的断面之一，这样算出的土方量更符合实际。

另外，随着电子地图应用的推广，土石方的计算可以由专门的程序自动解算，这样大大降低了劳动强度。

第六节　边坡桩的放样

为了标明开挖范围，以便于施工，需要把设计横断面的边坡线与原地面线的交点（见图

14－8 中的 e、f 点)，用木桩在实地标定出来，这项工作，称为边坡桩的放样。

由图 14－8 可知，边坡桩 e、f 与中心桩 M 的水平距离分别为 L_1 和 L_2，它们可直接在横断面图中量取。放样时，根据 L_1 和 L_2 分别在实地上自中心桩 M 开始，沿横断面的方向向左量取距离 L_1，即得边坡桩 e 的实地位置，向右量取距离 L_2 得边坡桩 f 的实地位置，打下木桩，作为开挖边界线的标志。

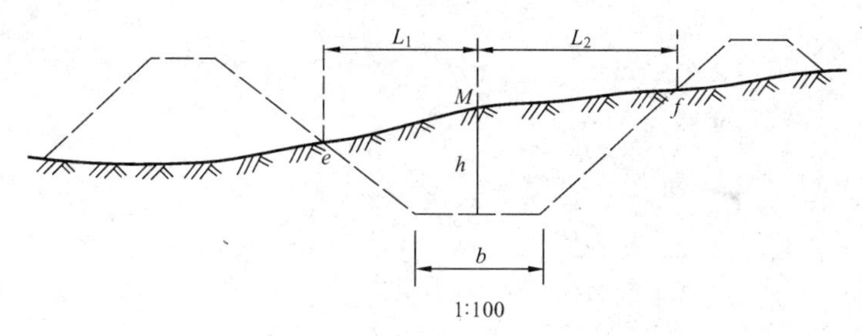

图 14－8　边坡桩的放样

第七节　数字地形图在渠道测量中的应用

在数字地形图成图软件的支持下，利用数字地形图可以设置线路中线、设计线路曲线、绘制断面图和计算土石方工程量等。南方软件 CASS 7.0 有线路工程应用的内容，现以该软件为主介绍其应用。

一、生成线路里程文件

如前所述，为了渠道施工和计算土方工程量，沿中线设置里程桩，因此首先要生成里程文件，具体操作步骤如下：

(1) 根据设计要求在地形图上用复合线绘出线路中线和线路边线。

(2) 单击 CASS 7.0 主选单中的“工程应用”项，单击“生成里程文件”，选择 I“由纵断面线生成”，并单击“新建”，在“命令栏”中将出现“选择纵断面”，此时选择已经在图上绘出的纵断面线（线路中线）；选择完成后出现如图 14－9 所示窗口，根据图示输入所需参数后单击“确定”，软件将自动生成横断面线，如图 14－10 所示。

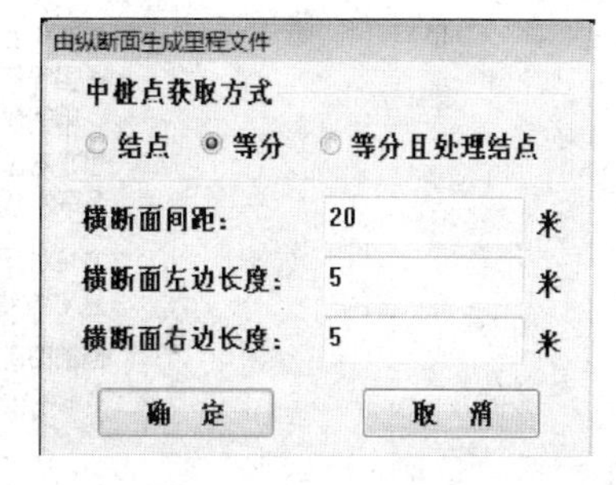

图 14－9　“由纵断面生成里程文件”对话框

(3) 单击 CASS 7.0 主选单中的“工程应用”项，单击“生成里程文件”，选择一种里程文件生成的方式（如“由等高线生成”），命令栏提示“请选取断面线”；选择完成后，弹出需要输入存储里程文件位置的对话框，选择文件夹，输入文件名就形成了里程文件。

(4) 绘制断面图的方法有多种，现在介绍通过等高线绘制断面图。单击 CASS 7.0 主选单中的“工程应用”项，单击“绘断面图”，选择“根据等高线”，在选择断面线后，弹出如图 14－11 所示对话框，输入相关信息，即可自动生成断面图。

二、线路土方量的计算

CASS 7.0 软件中路线土方量的计算方法有多种，在此介绍应用断面线计算土方量。

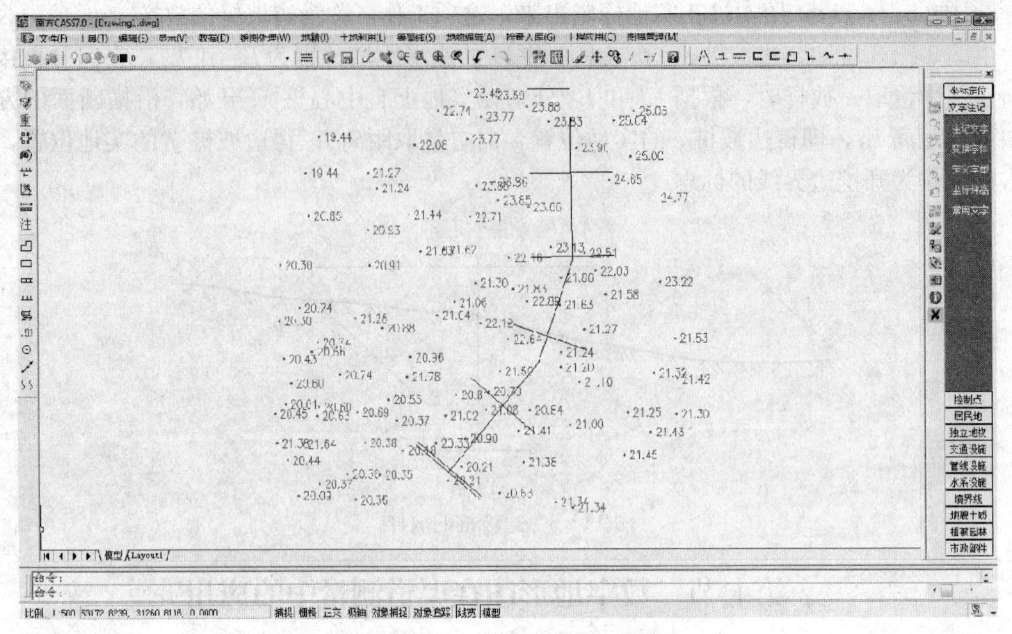

图 14－10　由纵断面生成横断面

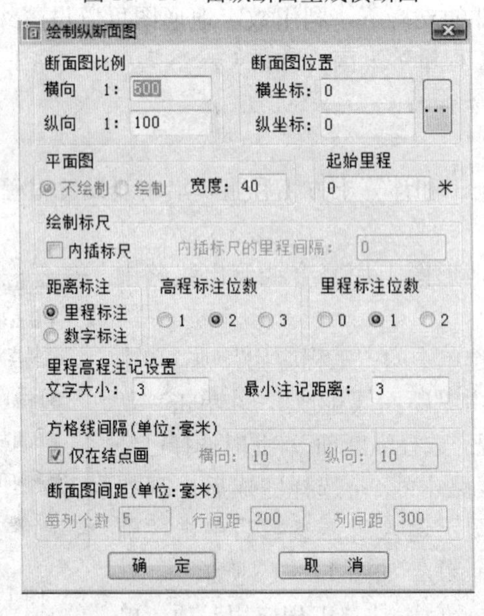

图 14－11　“绘制纵断面图”对话框

(1) 单击 CASS 7.0 主选单中的“工程应用”→“生成里程文件”→“道路设计参数文件”，会显示如图 14－12 所示窗口。如果事先编制好的渠道设计参数文件，在图中可以打开文件，否则在框中输入设计参数，最后保存。

(2) 单击“断面法土方计算”→“道路断面”，弹出图 14－13 所示窗口，按照对话框的要求输入相关内容，最后单击“确定”按钮后会弹出“绘制纵断面图”对话框（见图 14－11），输入相关内容，单击“确定”后，即可绘制渠道的纵断面和横断面图（见图 14－14）。

(3) 单击“断面法土方计算”→“图面土方计算”，弹出如下命令：“选择要计算土方的

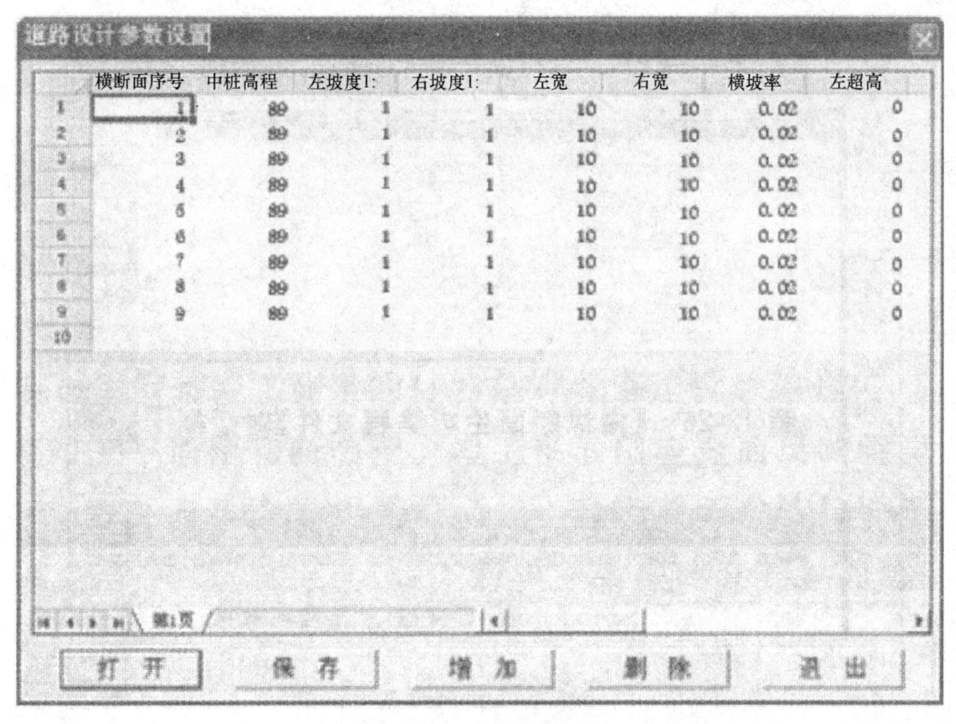

道路设计参数设置

	横断面序号	中桩高程	左坡度1:	右坡度1:	左宽	右宽	横坡率	左超高
1	1	89	1	1	10	10	0.02	0
2	2	89	1	1	10	10	0.02	0
3	3	89	1	1	10	10	0.02	0
4	4	89	1	1	10	10	0.02	0
5	5	89	1	1	10	10	0.02	0
6	6	89	1	1	10	10	0.02	0
7	7	89	1	1	10	10	0.02	0
8	8	89	1	1	10	10	0.02	0
9	9	89	1	1	10	10	0.02	0
10								

第1页

打开 保存 增加 删除 退出

图 14－12 “道路设计参数设置”窗口

断面设计参数

选择里程文件 确定

横断面设计文件 取消

左坡度 1：1 右坡度 1：1

左单坡限高：0 左坡间宽：0 左二级坡度 1：0

右单坡限高：0 右坡间宽：0 右二级坡度 1：0

道路参数

中桩设计高程：-2000

路宽 0 左半路宽：0 右半路宽：0

横坡率 0.02 左超高：0 右超高：0

左碎落台宽：0 右碎落台宽：0

左边沟上宽：1.5 右边沟上宽：1.5

左边沟下宽：0.5 右边沟下宽：0.5

左边沟高：0.5 右边沟高：0.5

绘图参数

断面图比例 横向1：200 纵向 1：200

行间距(毫米) 80 列间距(毫米) 300

每列断面个数：5

图 14－13 “断面设计参数”窗口

断面图”；在图上用框线选定所有参与计算的横断面，随后命令栏中出现“指定土石方计算表的位置”；此时在适当位置用鼠标单击图面定点，系统自动在图上绘出土石方数量计算表，如图 14－15 所示，得出总挖方和填方。

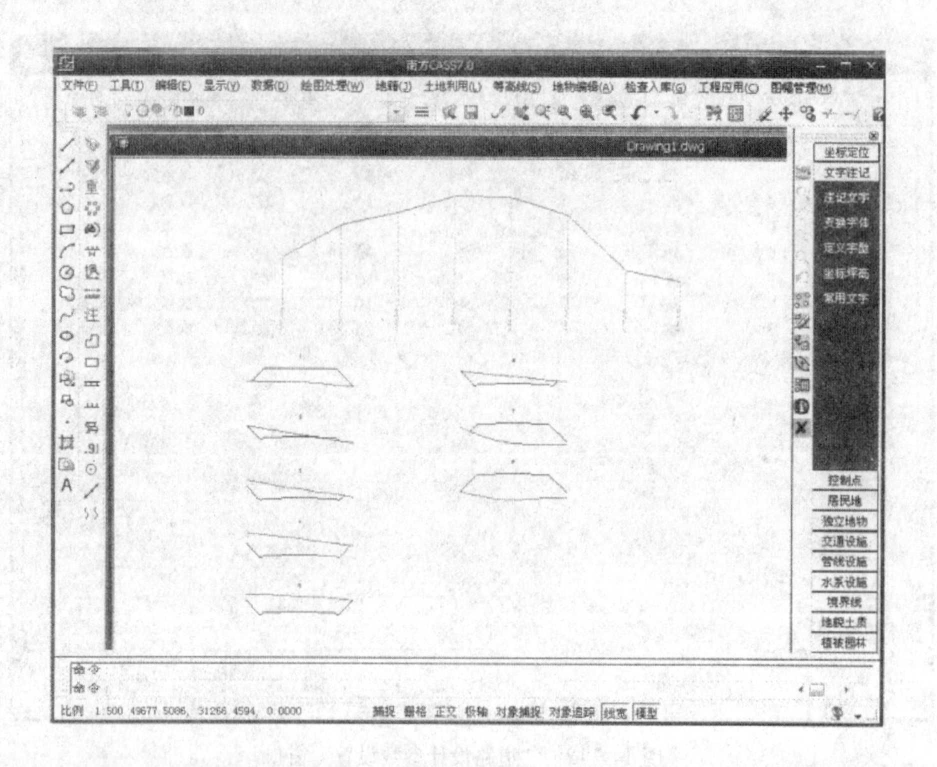

图 14－14　路线纵、横断面图

南方CASS7.0 - [Drawing1.dwg]

土 石 方 数 量 计 算 表

里　程	中心高 (m)		横断面积 (m²)		平均面积 (m²)		距离 (m)	总数量 (m³)	
	填	挖	填	挖	填	挖		填	挖
K0+0.00		1.09	0.00	26.74					
					0.00	93.34	40.00	0.00	3733.76
K0+40.00		5.59	0.00	159.95					
					0.00	187.28	40.00	0.00	7491.30
K0+80.00		7.29	0.00	214.62					
					0.00	246.30	40.00	0.00	9851.95
K0+120.00		9.56	0.00	277.98					
					0.00	275.70	40.00	0.00	11028.15
K0+160.00		9.46	0.00	273.43					
					0.00	237.63	40.00	0.00	9505.20
K0+200.00		6.95	0.00	201.83					
					3.89	108.73	40.00	155.70	4349.12
K0+240.00	0.62		7.78	15.62					
					22.75	7.81	37.81	860.19	295.37
K0+277.81	2.18		37.71	0.00					
合　计								1015.9	46254.9

按 Esc 或 Enter 键退出，或单击右键显示快捷菜单。

按住拾取键并拖动进行平移。

图 14－15　土石方数量计算表

第十五章

管道工程测量

管道工程属地下工程。在城镇和工矿企业中，地下管道工程包括给水、排水、暖气、煤气、电缆、输油管等。这些管道大多修建在建筑密集的城建区和矿区，纵横交错，上下穿插，有时在很狭窄的地段，常敷设多种管道。管道工程测量的任务，是严格按照图纸上的设计位置，正确地将管道测设于地面，便于施工人员随时掌握管道的走向和坡度。

管道工程测量的主要工作包括踏勘选线，中线测量、纵横断面测量、管道施工测量和竣工测量，本章仅介绍传统测量方法，数字地图在管道工程中的应用可参考本书第十四章第七节。

第一节 管道中线测量

根据地下管道的规划设计、图上定线，结合现场勘察，可以在地形图上初步确定管道的位置。管道的起点、终点和转折点称为主点。管道中线测量的任务包括两个方面：①将图上确定的主点测设于地面；②沿管道中线方向进行中线测设。由于管线的转折方向都用弯管来控制，所以管道工程测量中一般都不测设圆曲线。

一、主点的测设

将图上设计好的主点位置测设于地面，通常包括两方面的工作：主点测设数据的准备和现场测设。

主点的测设数据可根据现场的实际情况（如控制点的分布等）、管道的类型和精度要求的不同，采用解析法或图解法求得。依据测设数据在现场测设主点，可应用第九章所叙述的极坐标法、角度交会法、直角坐标法和距离交会等方法进行。为防止出现差错，各主点在实地测设以后，需用相应的方法进行校核。

1. 解析法

当管道附近布设有控制点，且规划设计图上已给出了管道主点的坐标时，可用解析法来求测设数据。

如图 15－1 所示，管道附近已布设有导线点 1、2、3 等点，各导线点的坐标是已知的，管道起点、转折点和管道终点的设计坐标可从规划设计图上求得。

由导线点测设各主点的测设数据可以根据坐标进行反算。例如管道起点与转折点 1 是用极坐标法放样的，其测设数据为 β_1、D_1、β_2、D_2；转折点 2 是由导线点 2、3 利用角度交会法测

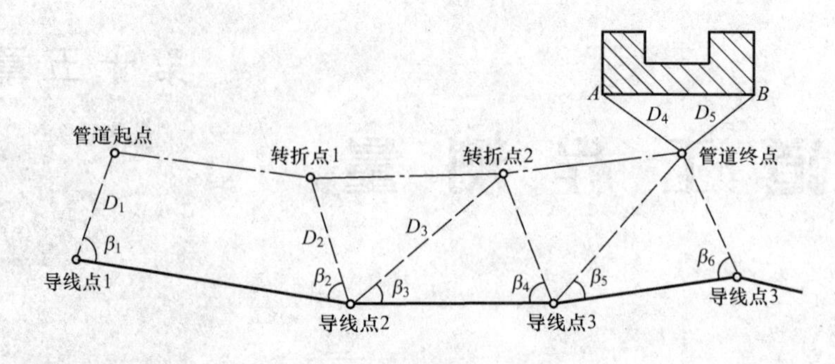

图 15－1　解析法确定主点

设的，其测设数据为交会角 β_3、β_4，并丈量导线点 2 和转折点 2 的距离与坐标计算的距离 D_3 校核；管道终点是由导线点 3、4 利用角度交会法测设的。由于在规划设计图上用图解法可求得原有建筑物墙角 A、B 至管道终点的距离，故用距离交会法可以校核管道终点的位置。

2. 图解法

当管道规划设计图的比例尺较大，且管道主点附近有可靠的地物时，则可用图解法计算测设数据。

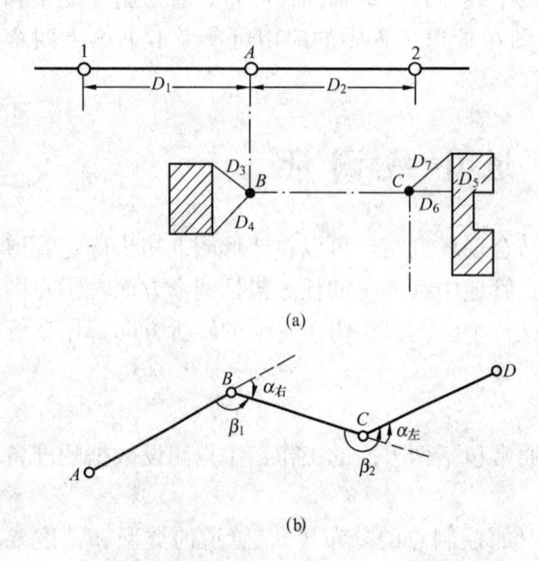

图 15－2　图解法确定主点

（a）根据地物确定；（b）根据导线确定

如图 15－2（a）所示，1、2 为原有管道检查井位置，A、B、C 等点是规划图上设计的管道各主点。测设以前，先在大比例尺规划设计图上用图解法求得测设数据 D_1、D_2、D_3、D_4、D_5 和 D_6 等距离。管道起点 A 的测设是由检查井 1 沿原有管道 12 的方向，丈量长度 D_1 得 A 点，并量取长度 D_2 进行校核；转折点 B 是用长度 D_3、D_4 以距离交会法测设的。转折点 B 之所以用距离交会法，是因为 D_3、D_4 的长度未超过一个尺段。管道转折点 C 根据图上图解的长度 D_5、D_6 以直角坐标法测设，并以长度 D_7 进行校核。

二、中线测量

将管道的起点、转折点和终点等主点测设于地面，仅表示了管道的走向，为便于计算管道的长度和绘制纵断面图，须通过量距和测角把管道中心线的平面位置在地面上用一系列木桩表示，这项工作称为中线测量。

从管道的起点开始，每隔某一整数距离在管道的中心线上打一个标明里程的柱，称为里程桩。根据不同管线的要求，里程桩之间的距离可以为 20、30m，但最长不超过 50m。距离的丈量一般使用钢卷尺；在精度要求不高时，也可用皮尺。如每隔 50m 打一个里程桩，则管道起点桩的里程（又称桩号）为 0＋000；第二个桩的桩号为 0＋050，即表示该桩离起点的距离为 0km 又 050m。各桩离管道起点的里程，即桩号，用红油漆写在木桩的侧面。

当管道穿越铁路、公路、原有管道等重要地物或管道转折处，或遇地形坡度变化处，需增设加桩。如图 15-3 增设桩号为 0+172 加桩，是因为管线在此处的地面坡度有变化。

管道在转折点处要改变方向，改变后的方向与管道原方向之间的夹角称为转角。如图 15-2（b）所示，A 为管道起点，B、C、D 等为转折点，亦即相邻两直线的交点。转角 $\alpha_{右}$ 表示管线在 B 处向右偏转，$\alpha_{左}$ 表示管线在 C 处向左偏转，β_1 表示管线在各转折点处的右角。测角时，用测回法测量转折点右角 β_1，以计算各转角 α。如图 15-2（b）所示，管道在 B 处向右偏转时

$$\alpha_{右}=180°-\beta_1$$

当管道在 C 处向左偏转时

$$\alpha_{左}=\beta_2-180°$$

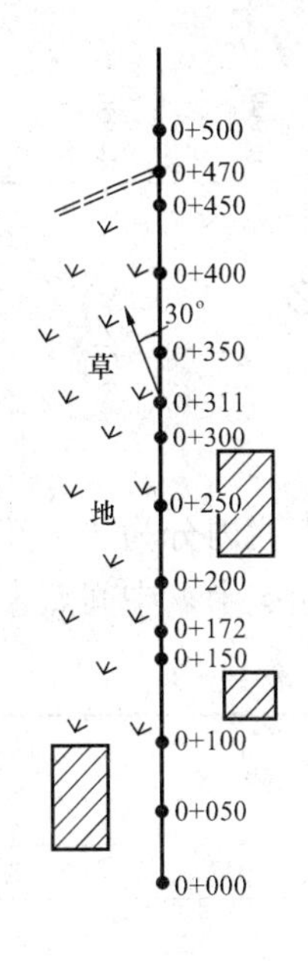

图 15-3 里程桩手簿

沿管线量距的同时，还要在现场绘出管线两侧的地物和地貌，以供断面图的绘制和设计管道之用，这种图称为里程桩手簿。如图 15-3 所示，直线表示管道的中心线，直线上的黑点表示里程桩的位置，黑点旁分别注上各桩的桩号，0+172 和 0+311 表示地面坡度变化处的加桩，同时，0+311 处也是管线的转折点，转向后的管线仍以原直线画之，箭头表明管线从 0+311 以后的走向，30°表示管线的偏角，箭头画在中心线的左侧，说明左偏，反之为右偏。加桩 0+470 表示有一道路穿越该处。

第二节 管道纵横断面测量

一、管道纵断面测量

管道纵断面测量又称管道水准测量，其目的是：测定中线上各中桩的地面高程，绘制中线纵断面图，用以反映管道纵向地面起伏的情况，作为设计管道坡度和计算中桩填挖高度的依据。

管道水准测量分两步进行：首先沿管道方向布设水准点，作为高程控制点，测定这些高程控制点的方法，称为基平测量；然后根据各高程控制点，分段进行中桩水准测量，称为中平测量。

1. 基平测量

基平测量也称为高程控制测量。其高程控制点分为永久性和临时性两种。永久性水准点一般每隔 25～30km 布设一点，在管道的起点、终点以及需长期观测高程的地方均应布设。临时性水准点的布设密度视具体情况而定：在较短管道上，一般每隔 300～500m 布设一个；在山区，每隔 0.5～1km 布设一个；在平原地区，每隔 1～2km 布设一个。

高程控制点应与附近国家水准点相连，形成一条附合的水准路线。水准点高程的测定，应采用四等水准测量或全站仪三角高程测量的方法进行观测和计算。

2. 中平测量

中平测量即为纵断面水准测量。一般是以相邻两水准点为一测段，从一水准点开始，逐点施测中桩的地面高程，附合于下一个水准点上。相邻两水准点间形成一条附合水准路线。测量时，采用视线高法。如图 15-4 所示，从水准点 BM_1 为已知高程，依次逐点测出管道各中桩 0+000、0+050、0+100 等的高程，然后附合到相邻一个水准点 BM_2，以校核该段

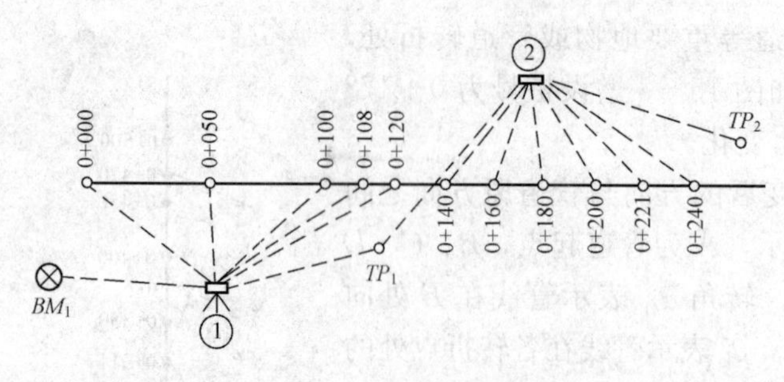

图 15-4　视线高法

观测成果是否符合要求。中桩水准测量一般采用等外水准测量的精度要求，其闭合差不得超过$\pm 10\sqrt{n}$mm（n为测站数）或$\pm 40\sqrt{L}$mm（L为千米数）。若闭合差超过容许误差，则该段必须重测。

管道纵断面水准测量的观测结果分别记入表 15-1 中。表中“前视读数”栏内分为“中间点”和“转点”。由于转点起着传递高程的作用，因此，转点要放尺垫，读至毫米；中间点直接将水准尺立在紧靠桩边的地面上，读至厘米即可。

表 15-1　　管道纵断面水准测量记录

测　点	后视读数 (m)	视线高差 (m)	前视读数 (m)		测点高程 (m)	备　注
			中间点	转点		
BM_1	2.191	14.505			12.314	已知高程
0+000			1.62		12.89	
0+050			1.90		12.61	
0+100			0.62		13.89	
0+108			1.03		13.48	
0+120			0.91		13.60	
TP_1	2.162	15.661		1.006	13.499	
0+140			0.50		15.16	
0+160			0.52		15.14	
0+180			0.82		14.84	
0+200			1.20		14.46	
0+221			1.01		14.65	
0+240			1.06		14.60	
TP_2	1.421	15.561		1.521	14.140	
0+260			1.48		14.08	
0+280			1.55		14.01	
0+300			1.56		14.00	
0+320			1.57		13.99	
0+335			1.77		13.79	
0+350			1.97		13.59	
TP_3	1.724	15.897		1.388	14.173	
0+384			1.58		14.32	
0+391			1.53		14.37	
0+400			1.57		14.33	
BM_2				1.281	14.616	(14.618)
Σ	7.498			5.196		
校核计算						

每一站的计算按式（15-1）～式（15-3）进行。

视线高程＝后视点高程＋后视读数

即
$$H_i = H_{后} + a \tag{15-1}$$
测点高程＝视线高程－前视读数

即
$$H_{点} = H_i - b \tag{15-2}$$

计算校核：

∑后视读数－∑转点的前视读数＝终点的计算高程－起点高程

即
$$\sum a - \sum b_{转点} = H_{终计} - H_{始} \tag{15-3}$$

3. 纵断面图的绘制

管道纵断面图是反映中线方向地面起伏情况、设计纵坡大小、填挖高度等重要资料的线状图。纵断面图一般绘在印有厘米和毫米的方格纸上，或利用专门的软件绘制。以道路中桩的里程为横坐标，以高程为纵坐标。为了在图中能明显地表示出地面起伏的变化，一般高程比例尺（纵向比例尺）是距离比例尺（横向比例尺）的 10～20 倍。为了节省纸张和便于阅读，高程一般不从零开始，而是选择一个能使绘出的地面线处在图上适当位置的高程作为起点。如图 15－5 中的高程是以 10m 为起点。

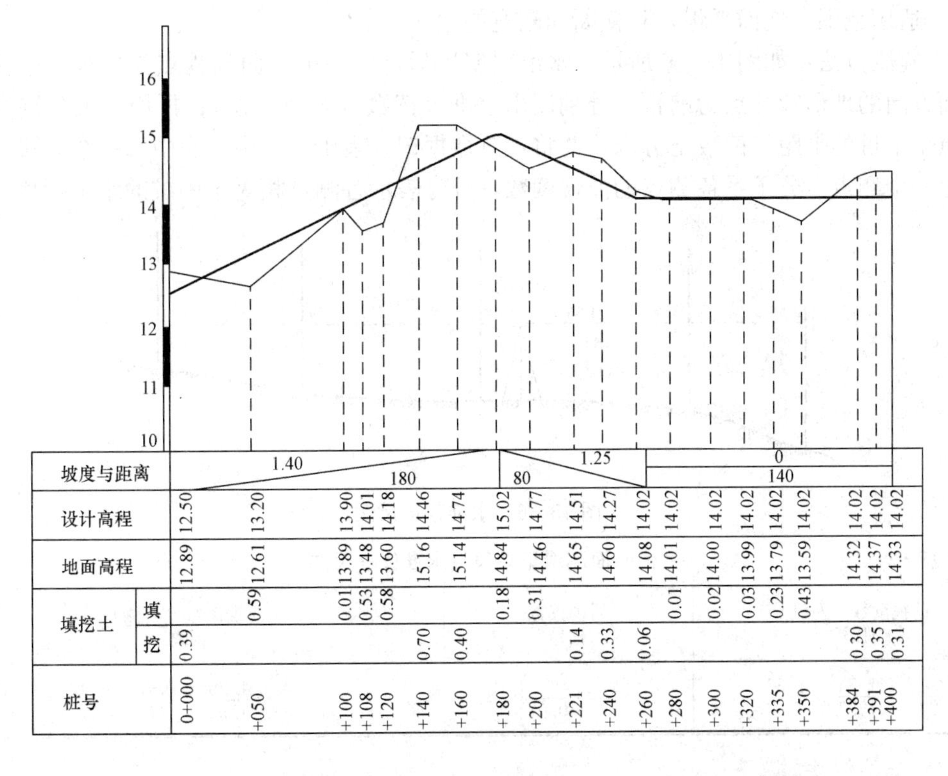

桩号	0+000	+050	+100	+108	+120	+140	+160	+180	+200	+221	+240	+260	+280	+300	+320	+335	+350	+384	+391	+400
坡度与距离	1.40 / 180							1.25 / 80				0 / 140								
设计高程	12.50	13.20	13.90	14.01	14.18	14.46	14.74	15.02	14.77	14.51	14.27	14.02	14.02	14.02	14.02	14.02	14.02	14.02	14.02	14.02
地面高程	12.89	12.61	13.89	13.48	13.60	15.16	15.14	14.84	14.46	14.65	14.60	14.08	14.01	14.00	13.99	13.79	13.59	14.32	14.37	14.33
填挖土 填		0.59	0.01	0.53	0.58			0.18	0.31				0.01	0.02	0.03	0.23	0.43			
填挖土 挖	0.39					0.70	0.40			0.14	0.33	0.06						0.30	0.35	0.31

图 15－5 纵断面图

在图 15－5 的上半部，细线表示管道中线的实际地面线，是根据桩距和中桩高程按比例绘制的；粗线是设计纵坡线，是按设计要求绘制的。此外，还要绘制以下内容。

(1) 桩号和地面高程，其数据在纵断面水准测量记录表中获得。桩号栏中，从左至右按距离比例尺注入各中桩的桩号；在地面高程一栏中，注上对应于各桩号的地面高程。并在纵断面图上按各中桩的地面高程依次绘出其相应的位置，用细直线连接相邻各点，即得地面线。

(2) 坡度与距离栏中，注明的是设计值，用符号“/、\、—”分别表示上坡、下坡和平坡，坡度线上方注明坡度值，以百分率表示，下方注明坡长，不同的坡段以竖线隔开。

(3) 设计高程栏中：设计高程＝起点高程－设计坡度×起点到该点的距离。

(4) 填挖高程栏中：填挖高度＝地面高程－设计高程。

二、管道横断面测量

横断面测量的目的是在各中桩处测出垂直于管道中线方向的地面起伏情况，绘制横断面图是管道设计时计算土方量和施工时确定断面填挖边界的依据。横断面测量的宽度应根据工程具体要求而定，一般在中线左、右两侧各测 10～50m。左、右侧规定为：面向管道的前进方向，左手为左侧，右手为右侧。横断面的方向可以用十字形方向架或全站仪确定。直线段横断面的方向与管道中线相垂直，横断面测量的精度要求较低，一般高程测至厘米，距离测至分米。

1. 横断面测量的方法

(1) 水准仪皮尺法。

1) 适用范围：地面平坦，且横断面较宽的地段。

2) 施测方法：如图 15－6 所示，水准仪安置后，以中桩地面高程点为后视，中桩两侧横断面方向的地形特征点为前视，分别读出水准尺读数（至厘米位）；再用皮尺分别量出各特征点至中桩的平距，读数至分米，并将观测数据记入表 15－2 中。表中每一个分式代表横断面上一个测点，分子系各测点的前视读数，分母表示各测点相对于中桩的水平距离。

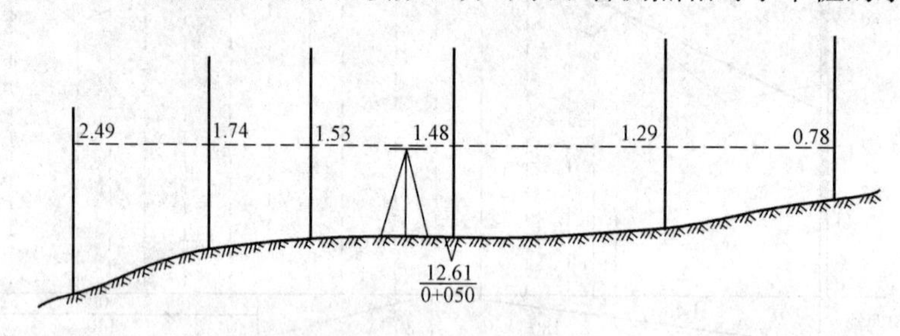

图 15－6　水准仪皮尺法

表 15－2　横断面测量记录表（水准仪皮尺法）

前视读数（左侧）/距离	后视读数/桩号	前视读数（右侧）/距离
$\frac{2.49}{20}$　$\frac{1.74}{12.7}$　$\frac{1.53}{7.4}$	$\frac{1.48}{0+050}$	$\frac{1.29}{11.2}$　$\frac{0.78}{20}$

(2) 全站仪法。

1) 适用范围：任何地段，尤其是地形复杂、横坡较陡的地段，采用此法非常方便。

2) 施测方法：将全站仪安置于中桩上，量取仪器高至中桩地面，用全站仪测出横断面上各特征点至中桩的水平距离和高差。

(3) 花杆皮尺法。

1) 适用范围：精度较低、地形起伏多变的低等级管道工程。

2) 施测方法：如图 15－7 所示，将一根花杆立于中桩地面上，另一根花杆立于横断面方向的某特征点上，拉平皮尺量出中桩至该点的距离；读出皮尺截于花杆的高度，即为两点间的高差，上坡为＋、下坡为－。同法连续测出相邻两点间的平距和高差，直至达到所需测量宽度为止。测量数据记入表15－3中。表中所记数据为相邻两点间的水平距离和高差，其中水平距离记在横线以下，高差记在横线以上。

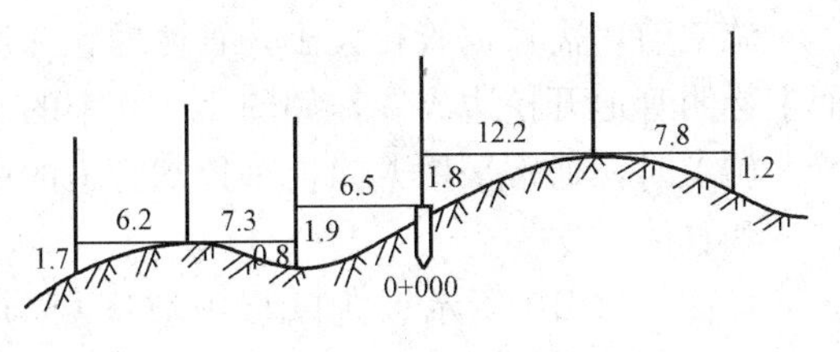

图15－7 花杆皮尺法

表15－3 横断面测量记录表（花杆皮尺法）

左 侧	中 桩 号	右 侧
$\frac{-1.7}{6.2}$ $\frac{+0.8}{7.3}$ $\frac{-1.9}{6.5}$	0＋000	$\frac{+1.8}{12.2}$ $\frac{-1.2}{7.8}$

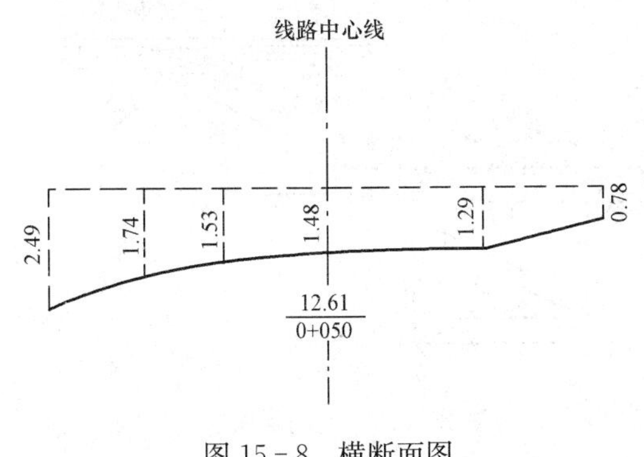

图15－8 横断面图

2. 横断面图的绘制

根据横断面测量数据，可在毫米方格纸上或专用软件上绘出各桩号的横断面。为了便于计算各横断面的面积和确定管道各桩号的边坡线，横断面的水平距离和高差比例尺一致，一般为1∶100或1∶200。绘图时，先在图纸上标定好中桩位置，再由中桩开始，分左右两侧逐一按各特征点间的平距和高差点绘于图纸上，并用直线连接相邻各点，即得地面线，如图15－8所示。然后，套绘设计的标准断面于图中。

第三节 管道施工测量

根据纵、横断面测绘成果及其他的有关资料，进行管道的技术设计，包括确定管道的坡度、计算各里程桩、加桩的埋设深度，即可进行管道的施工测量。如经设计所确定的管道中线位置与管道中线测量所定的中线位置一致，而且原在地面上定出的管道起点、转折点、管道终点以及里程桩和加桩的位置无损坏、丢失，则在施工前，只需进行一次检查测量即可。如管线位置有变化，则需要根据设计资料，在地面上重新定出各主点的位置，并进行中线测量，确定中线上里程桩、加桩的位置。

管道属地下工程，为了便于检修，设计时在管道中线的适当位置常设置检查井。因此，在施工前，需根据设计资料用钢卷尺在管道中心线上定出检查井的位置，并用木桩标定。

由于管道施工过程中，原在中心线上所定出的中线桩、检查井的木桩都将被挖掉。为了在施工过程中能随时恢复中线桩和检查井的位置，可以在施工前设置中线控制桩和井位控制桩。如图15－9所示，点1为管道的起点，3为转折点，它们均位于管道中线方向上，挖槽后，点位将不能保存。为此，可在点1、3的延长线两端分别埋设2个中线控制桩，利用这4个中线控制桩，可以随时恢复管道中线的方向；2、4、5等点是管道上各检查井的位置，为了能及时恢复它们的位置，可以在每个检查井处垂直于中线方向的两侧各设置2个井位控制桩。中线控制桩、井位控制桩应设置在不受施工影响，且容易保存的地方。为了引测的方便，中线控制桩离主点的距离、井位控制桩离中线的距离最好是一个整米数。

施工前，需根据管径大小，管道埋置深度和土质情况，决定挖槽宽度，并用石灰线在地面上标明管道开挖边界线，如图 15-9 中的虚线。

施工时，通常采用龙门板来控制管道的中线和高程，称为龙门板法。下面结合实例来讲述它的具体作法。

如图 15-10 所示，龙门板由坡度板与坡度立板组成。管道中线测量时，里程桩之间的距离一般较大，当进行管道施工时，需加密中线桩，即每隔 10～20m 设置一个龙门板。管道的施工包括挖槽和埋设管道，相应的测量工作主要是管道中线的测设与高程的测设。

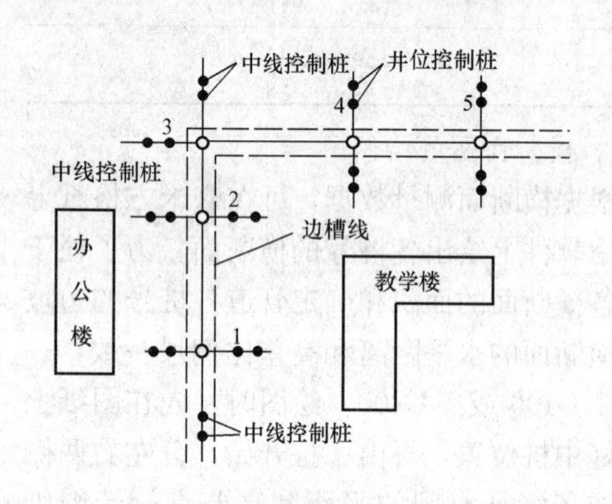

图 15-9　中线控制桩的测设

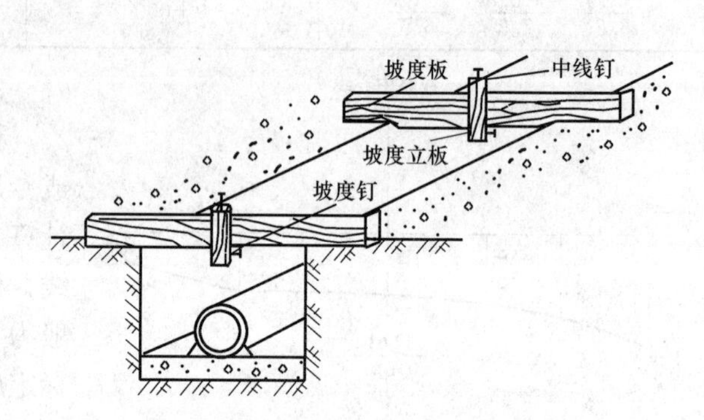

图 15-10　龙门板法

一、管道中线测设

当管槽挖到一定深度后，如图 15-10 所示，在槽顶上用钢卷尺丈量距离，每隔 10m 设置一个龙门板，将经纬仪安置在一端的中线控制桩上，瞄准另一端的中线控制桩，即得管道中心线方向；俯下望远镜，把管道中线投影到各坡度板及坡度立板上，并用小钉标明其位置，称中线钉，各坡度板上的中线钉的连线就是管道中心线的方向。管道施工时，在各坡度板的中线钉上吊锤球线，即可将中线投影到管槽内，以控制管道中线与管道的埋设。

二、高程测设

为了控制管槽的开挖深度与管道的埋设，必须在龙门板上设置高程标志。高程的测设包括坡度板板顶高程的测定与坡度钉的测设。

1. 坡度板板顶高程测定

安置水准仪于管道中线的一侧，后视附近的水准点 BM_1，读取后视读数 1.788m，求得视线高程为 39.592m（见表 15-4）；然后将水准尺立于各坡度板的板顶上，依次读得各前视读数，即可求得各坡度板板顶的高程。

表 15-4　　板顶高程测定记录

板　号	后视（m）	视线高程（m）	前视（m）		板顶高程（m）	备　注
			中间点	转点		
BM_1	1.788	39.592			37.804	
0+000			1.028		38.564	
0+010			1.136		38.456	

续表

板号	后视(m)	视线高程(m)	前视(m)		板顶高程(m)	备注
			中间点	转点		
0+020			1.227		38.365	
0+030			1.279		38.313	
0+040			1.395		38.197	
0+050			1.488		38.104	
…			…		…	
0+100	1.647	39.348			37.701	
0+110			1.729		37.069	
…			…		…	

2. 坡度钉的测设

在每一坡度板上钉一坡度立板，使立板的一边正好对齐中线钉。

通过测出的各坡度板板顶高程，以及管道起点的管底设计高程、管道坡度和各坡度板之间的距离，可以计算出各坡度板处管底的设计高程。坡度板板顶高程与其相应管道处管底的设计高程之差，就是从板顶向下开挖到管底的深度（实际开挖深度还应加上管壁和垫层的厚度），通常称为下反数。下反数往往不是整数而是零数，且各坡度板的下反数都不一致；因此，施工时以此数来检查各坡度板处的挖槽深度是很不方便的。如果能使某一段管线内各坡度板的下反数为一预定的整分米数，这对施工时控制挖槽深度和埋设管道将方便得多；为此，应对各坡度板加一调整数，每一坡度板板顶应向下或向上量的调整数的计算方法为

$$板顶高程调整数=选定的下反数-(板顶高程-管底高程) \qquad (15-4)$$

根据式（15－4）算得的调整数，便可在坡度立板上用小钉定出下反数的位置，这个钉称为坡度钉（见图15－11）。计算出的调整数有正负，负数表示应由板顶向下量取的调整数，正数为向上量取的调整数。各坡度钉的连线即与设计管底坡度线相平行，且高差为选定的整数；这样，在某一段管道施工时，施工人员只需用一木杆，在木杆上标出选定的下反数的位置，便可随时检查管槽是否挖到管底的设计高程。

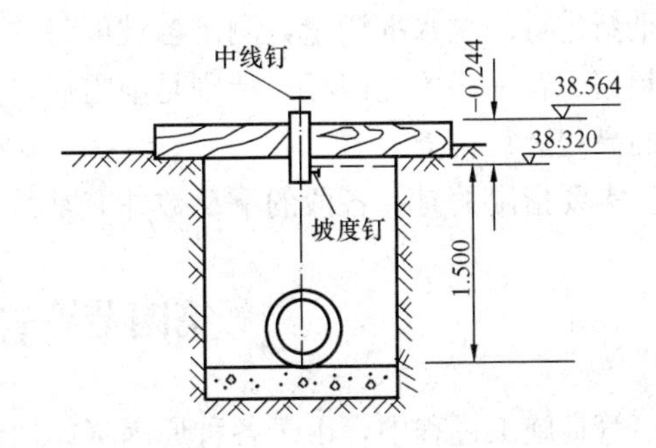

图15－11　坡度钉高程计算

现结合表15－5说明坡度钉高程的计算方法。表中第3栏系纵断面图上第一段的设计坡度，第4栏是根据管道起点的管底高程、坡度和距离计算的管底高程，第5栏系用水准仪测定的各板顶高程。由表15－5第6栏可知，计算的下反数为一零数，且各值不等，现选定下反数为1.500m，根据式（15－4）即可算得各坡度板板顶高程的调整数。

表 15 - 5　　坡度钉高程计算表

板　号	距离 (m)	坡度	管底高程 H_1 (m)	板顶高程 H_2 (m)	H_2-H_1 (m)	下反数 (m)	调整数 (m)	坡度钉高程 (m)
0+000	10		36.820	38.564	1.744		−0.244	38.320
0+010	10		36.740	38.456	1.716		−0.216	38.240
0+020	10		36.660	38.365	1.705		−0.205	38.160
0+030	10	8‰	36.580	38.313	1.733	1.500	−0.233	38.080
0+040	10		36.500	38.197	1.697		−0.197	38.000
0+050			36.420	38.104	1.684		−0.184	37.920
…								

以 0+000 桩为例，其板顶高程调整数为

$$0+000\text{桩板顶高程调整数}=1.500-(38.564-36.820)=-0.244(\text{m})$$

如图 15 - 11 所示，由板顶用钢卷尺向下量取 0.244m，钉以小钉，即得坡度钉的位置。各坡度钉的高程计算式为

$$\text{坡度钉高程}=\text{管底设计高程}+\text{选定的下反数}$$

例：0+000 桩的坡度钉高程=36.820+1.500=38.320m。

龙门板上坡度钉的位置是管道施工时的高程标志，为防止出现错误，在坡度钉钉好后，应重新进行一次水准测量，测定各坡度钉的高程，以资校核。另在施工过程中，由于来往交通频繁，容易碰撞龙门板，特别是雨雪后，龙门板可能发生下沉现象；因此，需定期对坡度钉的高程进行检查。

需要指出的是，各段的下反数并非常数，选用何值为好，应根据实际情况而定。

第四节　管道竣工测量

管道施工过程中，由于各种原因（如地质条件）而修正原设计是常有的事。因此，在管道竣工后，必须施测管道竣工图（包括竣工平面图和管道竣工断面图），以便全面反映管道施工后的成果。这些资料对检查管道的施工质量是否符合设计要求，对管道运行后的管理和维修工作以及对管道工程的扩建与改建是不可缺少的。因为管道是地下工程，如果没有这些资料，将对今后的工作带来很大的困难，并浪费大量的人力、物力和时间。

竣工图的测绘必须在管道埋设后、回填土以前进行。

管道竣工图的测量主要包括以下工作：

（1）管道主点、检查井以及附属构筑物施工后的平面位置；

（2）管道主点处管底高程，检查井井顶与井底高程以及检查井井间的距离和管径；

（3）对于给水管道，还应测量阀门、消火栓以及排气装置等的平面位置和高程，并用规定的符号标明之。

图 15－12 所示为给水管道竣工平面图，图中标明了检查井的编号、井口高程、管底高程、井间距离以及管径等，还用专门的符号标明了阀门、消火栓以及排气装置等。

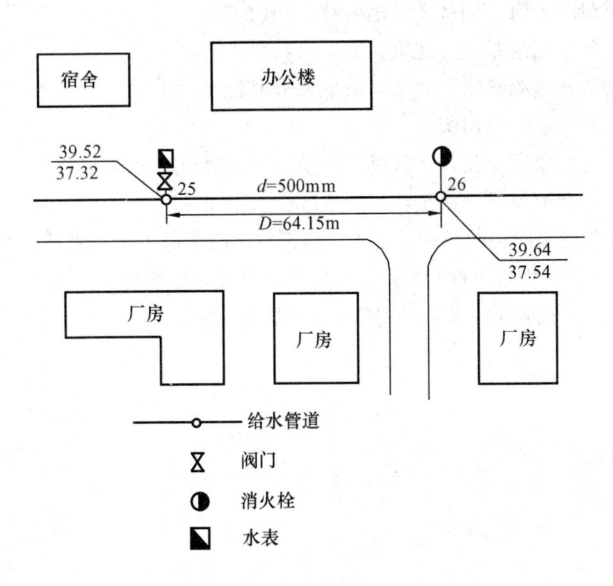

图 15－12　给水管道竣工平面图

参考文献

[1] 邓念武. 测量学. 2版. 北京：中国电力出版社，2010.

[2] 岳建平，邓念武. 水利工程测量. 北京：中国水利水电出版社，2008.

[3] 覃辉. 土木工程测量. 上海：同济大学出版社，2013.

[4] 杨晓明，苏新洲. 数字测绘基础. 北京：测绘出版社，2005.

[5] 王依，过静珺. 现代普通测量学. 北京：清华大学出版社，2009.

[6] 陈改英. 测量学. 北京：气象出版社，2013.

[7] 叶晓明，凌模著. 全站仪原理误差. 武汉：武汉大学出版社，2003.

[8] 孔祥元，梅是义. 控制测量学. 武汉：测绘出版社，2006.

[9] 邓明镜. 全球定位系统(GPS)的原理及应用. 成都：西南交通大学出版社，2014.

[10] 徐绍铨，王泽民. GPS测量原理及应用. 武汉：武汉大学出版社，2008.

[11] 李征航，黄劲松. GPS测量. 武汉：武汉大学出版社，2013.